全国高校安全工程专业本科规划教材

防灾减灾工程

教育部高等学校安全工程学科教学指导委员会组织编写

主　编　李树刚

副主编　刘志云

中国劳动社会保障出版社

图书在版编目(CIP)数据

防灾减灾工程/教育部高等学校安全工程学科教学指导委员会组织编写. —北京：中国劳动社会保障出版社，2011

全国高校安全工程专业本科规划教材

ISBN 978-7-5045-9212-5

Ⅰ.①防… Ⅱ.①教… Ⅲ.①防灾-高等学校-教材 Ⅳ.①X4

中国版本图书馆 CIP 数据核字(2011)第 198897 号

中国劳动社会保障出版社出版发行

(北京市惠新东街1号 邮政编码:100029)

出 版 人:张梦欣

*

北京市白帆印务有限公司印刷装订 新华书店经销

787 毫米×960 毫米 16 开本 19.5 印张 330 千字

2011 年 11 月第 1 版 2024 年 5 月第 8 次印刷

定价: 46.00 元

营销中心电话: 400-606-6496

出版社网址: http: //www.class.com.cn

编 审 人 员

主　　　编　李树刚

副　主　编　刘志云

编 写 人 员　林海飞　李　莉　成连华　王红胜　黄金星
潘宏宇

序　言

党的十六届五中全会确立了“安全发展”的指导原则，极大地促进了我国安全科学事业的发展，同时为安全工程学科提供了良好的发展机遇。据初步统计，到目前为止，全国开设安全工程专业的高校已达百余所，安全工程专业已成为我国高等教育中重要的新兴专业之一。

加强教材建设，是促进我国安全工程专业健康发展的重要基础工作。教育部高等学校安全工程学科教学指导委员会（2004—2008 年）在充分吸收和借鉴上届安全工程学科教学指导委员会安全工程专业教材成功编写经验的基础上，于 2006 年启动了“全国高校安全工程专业本科规划教材”的组织编写和出版工作。第一批 15 种安全工程专业本科规划教材已基本完成。在此基础上，教育部高等学校安全工程学科教学指导委员会（2008—2010 年）组织开发了第二批规划教材共 14 种，包括《安全评价》《安全法学》《安全工程专业英语》《安全监察》《消防工程概论》《安全工程概论》《安全检测与监控》《防灾减灾工程》《矿山安全工程》《交通运输安全技术》《建筑施工安全技术》《计算机在安全领域中的应用》《安全科技概论》《安全工程专业毕业设计与论文指南》。

本套规划教材的编写力求满足安全工程专业课程体系和课程教学的新发展，立足现实，反映前沿，力求创新，既包括已经成熟并被公认的理论与学术思想，又反映安全工程学科领域具有前瞻性与代表性的最新理论、技术和方法，并借鉴吸收世界上发达国家的先进理论、理念与方法。

在本套教材开发过程中，全国数十所高等学校、科研院所的近百名专家和学者积极参与了教材的编写和审订工作，安全工程学科教学指导委员会秘书处、教材开发分委员会和中国劳动社会保障出版社做了大量的组织工作，在此向他们表示衷心的感谢！

本套教材的编写和出版，是我国安全工程学科在教材建设方面又迈出的重要一步。虽然我们尽了最大努力，但仍有不足，恳请安全工程领域的专家学者和广大师生提出宝贵意见。

教育部高等学校安全工程学科教学指导委员会

2010 年 8 月

前　言

我国是世界上自然灾害最为严重的国家之一，灾害种类多、分布地域广、发生频率高、造成损失重。在社会经济迅速、持续发展的进程中，各种灾害日趋严峻复杂，灾害风险进一步加剧。因此，加强防灾减灾工程，对于促进安全生产、保障人民生命财产安全具有重要意义，是促进建设事业可持续发展的客观要求。

灾害带来了巨大的经济损失和人员伤亡，但只要我们科学地认识灾害，了解灾害，找到灾害发生的客观规律，就会有效地预防灾害发生，减轻灾害造成的损失和痛苦。防灾减灾工程是一个具有显著综合交叉性的新型学科，它涵盖各种自然和人为灾害发生条件和发展规律、监测和预报、工程防治和发生灾害时的应急措施等科学技术难题。

为适应我国防灾减灾工作的需要以及我国普通高校安全、采矿、地质、环境等专业的培养目标，我们编写了本教材。教材是作者遵照大纲规定和要求，结合国内外最新的研究成果编写而成的。全书由8个部分组成：其中第1章为绪论，第2章为地质灾害与防灾减灾工程，第3章为地震灾害与防震减灾工程，第4章为风灾害与防风减灾工程，第5章为洪水灾害与防洪减灾工程，第6章为火灾害与防灾减灾工程，第7章为爆炸灾害与防灾减灾工程，第8章为灾害风险分析与应急管理。全书内容系统翔实、深入浅出，可使读者掌握防灾减灾的基本原理和专门技术，增强防灾减灾意识。

全书由西安科技大学的李树刚和长安大学的刘志云负责统稿，其中李树刚编写前言、第1章，刘志云编写第2章，李莉编写第3章，成连华编写第4

章，王红胜编写第 5 章，潘宏宇编写第 6 章，黄金星编写第 7 章，林海飞编写第 8 章。本教材在编写过程中，参阅了国内外许多学者的论文、著作及教材，并吸纳了其中的成果，在此特表感谢。

防灾减灾工程涉及安全、地质、气象、地震工程、建筑学、土木工程、水利工程、信息和管理等多个学科，知识面广，一些问题尚在探索之中。虽然编者在编写过程中力求叙述准确，但由于编者学术水平及经验等方面的限制，加之时间仓促，书中难免会有疏漏和不足之处，恳请专家和读者批评指正。

编　者

2011 年 10 月

目　　录

第一章 绪 论

我国是世界上灾害最为严重的国家之一，素有“三岁一饥、六岁一衰、十二岁一荒”“天灾人祸”之说，灾害种类多，成灾比例大，受灾面积广。灾害给我国带来了巨大的经济损失和人员伤亡，但是，只要我们科学地认识灾害、了解灾害，找到灾害发生的客观规律，就能有效地预防灾害发生，减轻灾害造成的损失。

第一节 灾害及其类型

一、灾害及相关概念

1. 灾害的概念

世界上的任何事物都是处于运动中的。当某种事物的某种运动状态因自然或人为作用而变异并且导致生命、财产等发生伤害和损失时，便成为灾害。如蝗虫虫害的现象在生物界广泛存在，当蝗虫大量繁殖、大面积传播并毁损农作物造成饥荒的时候，即成为蝗灾；传染病的大面积传播和流行、计算机病毒的大面积传播即变成灾害。一切对自然生态环境、人类社会建设，尤其是人们的生命财产等造成危害的天然事件和社会事件，如地震、火山喷发、风灾、火灾、水灾、旱灾、雹灾、雪灾、泥石流、疫病等，都可称为灾害。

但是，对于“灾害”的确切定义，目前还没有一个为大家所普遍接受的统一定义。日本学者矢野认为：灾害是某现象作为外力克服阻力，打破平衡，造成国土和设施的破坏，或生命财产的损失以及使其功能降低。我国学者江见鲸等认为：灾害是引起人员伤亡、经济损失的恶性事件，且其规模超出社区承受能力而必须向外界求援。现代灾害的定义众多，但总体上讲，关于灾害的分类大多集中在“自然—人为灾害”与“人为—自然灾害”两种。一般某种物质运动变化是否被判定为灾害，主要是看它是否造成了人员伤亡和物质财产损失。因此，专家认为：灾害是指自然发生的或者人为造成的，对人类或人类社会具有危害性后果的事件与现象。根据此定义，灾害具有以下基本特征：

（1）危害性。灾害会对人类生命、财产以及赖以生存的其他环境和条件产生严重的危害，其程度往往是本地区难以承受的而需要向外界求援。

（2）突发性。绝大部分灾害是在短暂时间里发生的，有些仅在几秒钟内就可能造成惨重损失，如地震、泥石流、爆炸等。

（3）频繁性和不重复性。各种灾害都按照自身的规律频繁发生，相互间又可交织诱发。虽然地震、洪水和台风等部分灾害的发生具有一定的周期性或准周期性（灾变期），但这些灾害又不会那么准确地按固定周期重复发生。

（4）广泛性与区域性。各种灾害的分布十分广泛，几乎遍及地球的每一个角落。但是，在世界上不同的地区，由于自然环境、人类活动、经济基础和社会政治等方面存在差别，灾害的类型、特性及其产生的影响有所不同。

2. 灾害的相关概念

（1）安全。安全是指各种事物（自然的和人为的）对人和物质财产不产生危险，不导致危害，不产生事故，不造成损失，运行正常，进展顺利。它是在人类生产过程中，将系统的运行状态对人类的生命、财产、环境可能产生的损害控制在人类所能承受水平以下的状态。

（2）防灾。防灾是指尽量防止灾害的发生以及防止区域内发生灾害对人和人类社会造成不良的影响。防灾不仅包括防御或防止灾害的发生，还包括对灾害的监测、预报、防护、抗御、救援和重建等。

（3）减灾。减灾包含两重含义：一是指采取措施减少灾害的发生次数和频率；二是指采取措施减少或减轻灾害所造成的损失。减灾的根本目的是保护人民生命财产安全，保证人民正常生活和各项产业活动的正常进行，保护资源环境，促进社会稳定与经济可持续发展。

（4）灾害监测。自然灾害监测是指监视测量与自然灾害有关的各种自然因素变化数据的工作。灾害监测工作的直接目的是取得自然因素变化的资料，用来认识灾害的发生规律和进行预测。如监视地下岩石的运动和应力的变化可以预测地震。

（5）灾害预报。灾害预报是指根据灾害的周期性、重复性、灾害间的相关性、致灾因素的演变和作用、灾害发展趋势、灾源的形成、灾害载体的运移规律以及灾害前兆信息和经验类比，对灾害未来发生的可能性作出估计或判断。

(6) 救灾。救灾是灾害已经发生后采取的最紧迫的减灾措施。救灾是一场动员全社会甚至国际社会力量对抗自然灾害的斗争，从指挥运筹到队伍组织，从抢救到医疗，从物资供应到维护生命线工程，构成一个严密的系统，需周密计划、严密组织。救灾的效率与减灾的效益直接关联，为了取得最佳的救灾效果，应根据灾害危险区灾害特点和发展趋势，预先制定综合救灾预案，防患于未然。

(7) 灾后重建与恢复生产。灾后重建是指遭受毁灭性的自然灾害，如地震、洪水、飓风等之后，在特殊情况下的建设。恢复生产是指在灾害发生后所进行的各种生产活动。恢复生产是减轻灾害损失，保证社会秩序稳定和人民生活正常化的重要措施，是灾后重建中的重要一环

二、灾害的形成机制及其分类

1. 灾害形成机制

人类居住的地球，从诞生之日起，就不停地运动变化。人类出现以后，地球仍在运动，自然界仍在变化。运动变化的结果，一方面，为人类生存繁衍创造了有利的条件；另一方面，异常的变异和运动，也会破坏人类赖以生存的自然与社会环境，甚至直接危及人类生命财产的安全，引发灾害。因此，自然运动具有“利”与“害”双重性，可以说，只要地球在运动，自然界在变化，就会出现灾害。

人类出现以后，便以生物界前所未有的能力对自然界进行了干预。人类社会的早期，人口稀少，生产能力低下，缺乏改造自然的能力，主要是顺应自然以求生存，对自然界改造与破坏的程度不大。但是，随着人口的增长，科学的进步，特别是社会组织功能的发挥，人类改造自然的能力越来越大，在地球环境系统演变中的作用越来越强。为了满足人口增长和社会经济发展的需求，人类无节制地向自然界索取土地、淡水、空气、矿产等资源，并将各类垃圾遗弃在地球表层，以致产生灾害的综合指标——熵值不断增加。加之人类工程活动对自然环境随心所欲的改造和破坏，使地球生态环境日益恶化，这是灾害丛生的一个重要原因。由此可以认识到，人类的发展和进步，常常以损耗资源、牺牲环境为代价，如果不加以节制，就会形成灾害，反过来危害或影响人类的发展和生命财产安全。

同时，人类为了生存与发展，一方面努力生产，与自然作斗争；另一方面为了维护自身的财富利益和生存条件掠夺他人的财富，破坏社会的生存条件，从而导致了多种纯属人为造成的灾害，如战争。人类在生产、生活过程中，由于自身的能力低下或违反操作规程，或疏忽大意，也会导致一些纯属人为造成的灾害发生，如医疗事故等。

当然，灾害的发生过程往往是很复杂的，其中一种灾害可由几种灾因引起，而一种灾因也可能同时或先后引起多种灾害。对于许多灾害，特别是大灾的发生，常常会诱发一连串的其他灾害，这种现象称做灾害连发性或灾害链（见图1—1）。例如，2011年3月11日，日本东北地区宫城县北部发生里氏9.0级强震，强震引发海啸产生10 m高的巨浪，海啸造成福岛核电站发电机组爆炸，重创岩手、宫城、福岛县境内多个城市，损失惨重。在这个致灾过程中，地震→海啸→核泄露构成了一个灾害链。这个灾害链具有直接的因果关系。还有一些接连发生的灾害，虽无直接的因果关系，但它们在成因上同源或在空间分布上同地，也称为灾害链。如在太阳活动高峰期内，洪涝、旱灾、地震等自然灾害常会接连发生，由此构成并发型的灾害链。

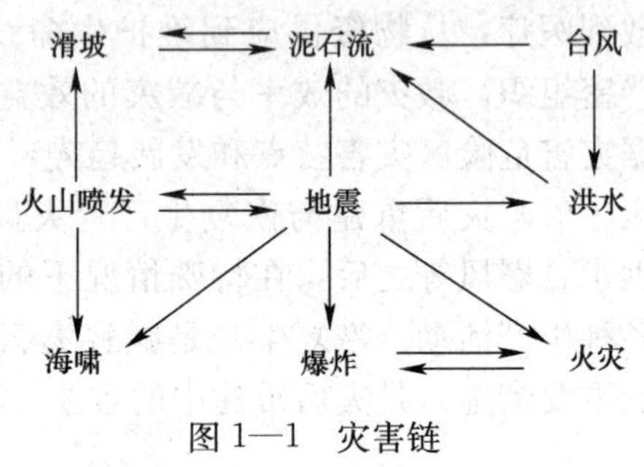

图1—1　灾害链

2. 灾害的分类

（1）灾害的主要分类。从灾害的形成机制上来看，灾害发生的原因主要有自然变异和人为影响。而其表现形式也有两种，即自然态灾害和人为态灾害。因此，通常把以自然变异为主因产生的表现为自然态的灾害称为自然灾害，如地震、风暴潮等；把在一定自然环境背景下以人为影响为主因产生的表现为自然态的灾害称为人为自然灾害，如煤矿过度开采导致的地表塌陷、滥伐森林引起的水土流失等；把由于自然变异引起的，但却表现为人为态的灾害称为自然人为灾害，如气候变化引起的疾病流行等；把以人为影响为主因产生的而且表现为人为态的灾害称为人为灾害。

1）自然灾害。自然灾害的分类很多，目前尚不统一。从成因来看，自然灾害是由于天文系统以及地球及其各个圈层运动变化引起的，因此，可分为天文灾害和地球灾害两类。前者主要包括行星爆炸、陨击等；后者主要包括生物灾害、气象灾害、海洋灾害、地质灾害、地震灾害等。

2）人为自然灾害。人为自然灾害尚无统一分类方法，从成因上来看，这类灾害都是在一定自然环境下由于人类社会活动引起的，故据此暂作以下划分：

①破坏水土环境引起的自然灾害，如水土流失、土地沙化等；

②过量开发水资源引起的自然灾害，如地面沉降、地面塌陷、地裂缝、海水入侵等；

③因物理、化学、生物污染环境引起的自然灾害，如赤潮、酸雨、大气污染等；

④采矿引起的自然灾害，如岩爆、突水、突泥、突瓦斯、冒顶、矿井塌陷等；

⑤工程与生产活动引起的自然灾害，如滑坡、塌方、岩崩等；

⑥人类过失行为引起的自然灾害，如森林大火、水灾等。

3）人类及社会灾害。这类灾害主要是由于人为原因造成的，但人的行为在一定条件下，也受到自然因素的影响。因此，人类及社会灾害系统实际上除人为灾害外，也包含了自然人为灾害在内，主要分以下几种：

①火灾，如森林火灾、房屋火灾等；

②事故灾害，如交通事故、空难、海难、工程事故等；

③卫生灾害，如职业病、传染病、食物中毒等；

④科技灾害，如核事故、卫星发射失败、计算机病毒事故等；

⑤政治灾害，如战争、劫机、暴乱等。

(2) 灾害的其他分类。目前国内外对灾害的分类尚不统一，除成因分类外还有许多其他分类方法。

1）根据灾害发生的地理位置分类

①陆地灾害。陆地灾害包括地质灾害（发生在地壳中，主要有地震、火山、沉陷等）、地貌灾害（发生在地表，主要有水土流失、泥石流、沙漠化、滑坡等）、气象灾害（干旱、暴雨、台风、陆龙卷、热浪、寒流、冰雹等）、水文灾害（洪水、地下水位下降、水污染等）、土壤灾害（土壤盐碱化等）、生物灾害（物种减少、农林病虫害、森林火灾等）、环境污染（大气污染、温室效应、酸雨、化学烟雾等）。

②海洋灾害。海洋灾害主要包括风暴潮、海浪、海冰、海啸、赤潮、海底滑坡、海底火山、海温异常等。

2）根据灾害波及范围分类

①全球性灾害。全球性灾害包括地震、火山、沙漠化等；

②区域性灾害。区域性灾害包括水土流失、火灾、土壤盐碱化等；

③局域性灾害。局域性灾害包括滑坡、地裂缝、地陷等。

3）根据地貌类型分类

①山地灾害；

②平原灾害；

③滨海灾害。

4）根据灾害持续时间的长短分类

①突发性灾害。突发性灾害包括地震、火山、台风等，发生具有突发性。

②缓变性灾害。缓变性灾害包括沙漠化、水土流失等，会长期持续地产生影响。

③偶然性灾害。偶然性灾害包括森林火灾、交通事故等。

5）根据灾害出现时间的先后（主次）分类

①原生灾害。原生灾害是主发灾害，即最先出现的灾害。

②次生灾害。次生灾害是原生灾害诱发的灾害。可进一步分为前导灾害、主灾害、次生灾害。还可分为控制性灾害、从属性灾害。

③衍生灾害。衍生灾害是由原生灾害、次生灾害衍生的间接灾害。

6）根据灾害过程及发生体的物理状态分类

①固体灾害。固体灾害包括地震、沙漠化、岩崩等；

②流体灾害。流体灾害包括火山、洪水等；

③气体灾害。气体灾害包括地气、废气等。

7）根据灾害发生时间远近分类

①地史灾害。地史灾害发生在地质时代，对人类没有影响；

②历史灾害。历史灾害发生在人类产生较早的历史时期；

③现今灾害。现今灾害是近百年来发生的灾害；

④未来灾害。未来灾害是未来可能出现的灾害。

此外，还有其他分类，如根据灾害与环境的关系，可以分为生态灾害和非生态灾害两类。前者指环境（包括气候、地理、海洋等）变化引起生态变化进而诱发灾害，如物种灭绝等；后者指与生态环境的变化无直接关系的灾害，如交通事故、医疗事故等。

根据灾害的不同现象，可以分为明灾和暗灾两类。前者指从发生到终止所造成的后果都是显现的灾害，如明显可见的水灾、旱灾、风灾、火灾等；后者则是指造成损害后果之前是潜在的各种灾害，如地震、火山爆发，生态环境方面的“三废”污染等。

根据灾害的可防性，可以分为可避免性灾害和不可避免性灾害。前者通过人类自身的努力可以避免其出现，如污染灾害、卫生灾害等；后者则不以人类的意志为转移，只能防范或适度控制而不可避免，如地震、火山爆发、海啸等。

根据灾害的相关性，可以分为连带型灾害（如旱灾—蝗灾、毁林开荒—水土流失—水旱灾害等）、并发型灾害（如风—沙、雨—涝、台风—暴雨等）、渐变型灾害（如碱荒、海侵、环境污染等）、突发型灾害（如地震、雪崩、建筑物倒塌等）四类。

根据灾害的不同危害对象，可以分为城市灾害、农村灾害、工矿灾害、农业灾害、林木灾害、卫生灾害、海洋灾害、其他灾害等几类。

根据灾害造成的损失程度，可以分特大灾害、大灾害、中灾害和小灾害四类。

综上所述，有关灾害分类的依据和方法很多，不同的灾害还有更加具体的划分。由于侧重面不同，分类的目的不同，很难统一。然而达成共识的是一致承认灾害既有自然属性，也有社会属性。前者的分类必须考虑我国的自然科学分类；后者的分类则与社会的构成有关，两者的结合与我国现行的灾害科研与管理体制具有很密切关系。对灾害研究的最终目的，是为灾害管理部门和社会实施减灾决策与行动服务；由此在分析了以上有关灾害的各种分类方法之后，专家们认为，以灾害成因与灾害管理为基础的分类方法最适合我国的国情，我国灾害分类见表1—1。

表1—1　　我国灾害分类

成因分类	灾害种类
大气圈	干旱、雨涝、洪流、热带气旋、冷、热、雹、雾、陆龙卷
海洋圈	风暴潮、海冰、海潮、海浪、海雾
岩石圈	地震、火山、滑坡、泥石流、山崩、地陷、地裂
生物圈	农业病虫害、鼠害、森林病虫害、林火
社会圈	火灾、交通事故、工程及企业事故、疫病、中毒

3. 灾害的分级

灾害有大有小，具体级别主要由两个基本因素决定：致灾因子变化强度、受灾地区承受灾害的能力。致灾因子变化强度是对致灾因子本身变化强度的度量，但其值的高低并不等同于真正灾害的大小。而受灾地区承受灾害的能力则与该地区经济的发展程度以及当地政府防灾减灾的政策措施和重视程度密切相关。事实上，对灾害大小的描述，目前国内还难以统一标准，不同的灾种有不同的分级方法。如地震以释放的能量来分级，崩塌、泥石流则以移动的土方量来衡量。但不论何种灾害，均会造成人员伤亡和经济损失，因此，可以按灾害造成的人员伤亡和经济损失来衡量灾害的等级。根据我国国情，一般将灾害分为巨灾、大灾、中灾、小灾和微灾五个等级，见表1—2。

表 1—2　　　　我国灾害分级

灾害分级名称		死亡人数（人）	经济损失（万元）
A级	巨灾	＞10 000	＞10 000
B级	大灾	1 000～10 000	1 000～10 000
C级	中灾	100～1 000	100～1 000
D级	小灾	10～100	10～100
E级	微灾	＜10	＜10

注：①各类灾害等级的标准，只要达到该指标的任何 1 项即可。

②死亡人口包括因灾死亡人口和失踪 1 个月以上的人口。

③直接财产损失为因灾造成的当年财产实际损毁的价值。

④成灾面积为因灾造成的有人员伤亡或财产损失，或生态系统受损的灾区面积。

第二节　灾害的危害

一、灾害的影响方式

1. 危及人类生命和健康，威胁人类正常生活

自然灾害直接危害人类生命和健康。一次严重的灾害会导致成千上万乃至上亿人受灾，并造成巨大的人员伤亡。例如，1556 年 1 月 23 日，陕西华县、潼关大地震造成 83 万人死亡；1954 年夏季长江中下游地区特大洪水灾害造成 3.3 万人死亡；1975 年 8 月淮河水系的洪汝河、沙颍河、唐白河等发生特大洪水，造成 2.6 万人死亡；1976 年 7 月 28 日河北省唐山大地震造成 24.2 万人死亡。据统计资料显示，1949—1959 年我国因灾害累计死亡 94 914 人，年平均死亡 8 629 人；1960—1967 年，因灾害累计死亡 43 084 人，年平均死亡 5 386 人；1978—1997 年，因灾害累计死亡 131 511 人，年平均死亡 6 573 人。

2. 破坏公益设施和公私财产，造成严重经济损失

自然灾害对房屋、公路、铁路、桥梁、隧道、水利工程设施、电力工程设施、通信设施、城市公共设施以及机器设备、产品、材料、家庭财产、农作物等造成严重破坏，其直接经济损失无疑是巨大的。据统计，1980—1997 年的 18 年间，我国大陆发生的自然灾害，累计倒塌房屋 5 752 万间，年均 320 万间，按 1990 年可

比价格计算的累计直接经济损失13 487亿元，年均749亿元。特别是进入21世纪以来，我国自然灾害造成的年均直接经济损失至少1 000亿元，且呈逐年上升趋势。先后出现的2003年的“非典”，2008年年初南方特大冰雪灾害、“5·12”汶川大地震，2010年发生在云南、贵州、广西等地的大干旱，青海玉树大地震，江淮流域、四川及南方多个省大洪涝，甘肃舟曲特大泥石流等严重自然灾害所造成的生命财产和经济损失都是不可估量的。据国家统计局2010年上半年发布的统计资料，仅2010年上半年受灾人口2.5亿人（次），因灾死亡3 514人，失踪486人，直接经济损失2 113.9亿元。

自然灾害还经常威胁生产活动，从而造成严重的间接损失，其中以农业生产最为突出。我国常因受干旱、洪涝以及风灾、雪灾、低温冻害、虫害等自然灾害导致农作物大量减少，造成经济损失，制约农业生产发展。1980—1997年累计受灾面积8.2亿 km^2，每年因自然灾害损失粮食约550亿kg，相当于全国粮食总产量的10%以上。

除农业种植业外，林业生产、牧业生产、渔业生产也常常遭受水灾、病虫害以及雪灾、寒潮、赤潮等多种自然灾害的威胁。火灾是林业的大敌，据初步统计，我国每年发生森林火灾1.5万次以上，受害森林面积近80万 km^2。1987年5月6日发生在黑龙江省大兴安岭林区的一场特大火灾，过火面积101万 hm^2，其中有森林面积70万 hm^2，延烧了21天。烧毁储木场存材85万 m^3，汽车、拖拉机等各种设备2 488台，房屋61万 m^2，铁路专线9.2 km，通信线路483 km，输变电线路284 km。

工业生产也常常因自然灾害的发生造成巨大损失。地震、洪水、滑坡、泥石流、台风、风暴潮等灾害可损坏甚至摧毁厂房、设备，造成停工停产。如1981年7月上旬，四川盆地发生特大洪水灾害后，停产或半停产的企业2 691家，停产时间长达两个多月，损失产值数亿元。1991年淮河和长江下游地区的严重洪涝灾害，仅江苏省就有42 000多家企业进水，35 700多家企业停产或半停产，损失数百亿元。

3. 破坏资源和环境，威胁国民经济的可持续发展

灾害与环境具有密切的作用与反作用关系，环境恶化可以导致自然灾害，自然灾害又反过来促使环境进一步恶化。灾害和环境变化除了直接影响人类生活和生产活动外，还对人类所必需的水土资源、矿产资源、生物资源、海洋资源等产生长远的影响，进而威胁人类的生存与发展。例如，干旱、风沙、洪水、泥石流及与之密切相关的水土流失、土地沙漠化、土地盐碱化等自然灾害，严重破坏水

土资源和生物资源；森林火灾、生物病虫害等直接破坏生物资源。

近年来，随着世界人口的急剧增长和社会经济的迅速发展，资源危机和环境恶化问题日益突出，不仅对当代人构成直接危害，而且也对子孙后代的生存与发展形成潜在的威胁。据估计，近十年来，生态环境的破坏或环境污染对国民经济造成的损失大约高达国内生产总值的10%。因此，协调人口、资源、环境关系，实现人类可持续发展，已成为当今世界各国的共识。

二、我国自然灾害特征

我国是一个幅员辽阔、地形复杂、人口稠密的灾害多发国家。人类面对自然灾害的严重威胁和挑战，虽然还不能主动地消除和阻止所有灾害的发生，但是，正确地认识灾害，研究其基本特征与发生发展规律，科学地制定减灾防灾对策，有效地组织实施，可以大大地减轻灾害损失，不断提高人类抗御自然灾害的能力。我国的自然灾害具有以下几个主要特点：

1. 灾害种类多

我国的自然灾害主要有气象灾害、地震灾害、地质灾害、海洋灾害、生物灾害和森林草原火灾。除现代火山活动外，几乎所有自然灾害都在我国出现过。

(1) 大气圈和水圈灾害。主要包括洪涝、干旱、台风、风暴潮、沙尘暴以及大风、冰雹、暴风雪、低温冻害等。1954 年我国长江流域发生特大水灾，受灾面积 16 亿 hm^2，371 万 hm^2 农田受淹，死亡 3 万余人。1963 年的华北大水，仅海河流域直接经济损失就达 60 亿元。1975 年 8 月台风在福建登陆，淹没农田 137 万 hm^2，冲毁京广线 100 km，死亡 10 万人，直接经济损失 100 亿元。1991 年夏季江淮流域发生的特大洪灾，受灾面积 2 100 万 hm^2，损失达到 725 亿元。1998 年长江大水，造成几千人死亡，直接经济损失 2 500 亿元。

(2) 地质、地震灾害。主要包括地震、崩塌、滑坡、泥石流、地面沉降、塌陷、荒漠化等。我国是地震多发国家，1949 年以来，因地震死亡达 30 余万人，伤残近百万人，倒塌房屋 1 000 多万间。其中，1976 年唐山发生震惊世界的 7.8 级强烈地震，造成 24.2 万人死亡，16.4 万人伤残，损失 100 亿元；2008 年 5 月，四川汶川、北川发生 8 级强震，69 227 人遇难，374 643 人受伤，失踪 17 923 人，造成的直接经济损失 8 451 亿元。全国崩塌、滑坡、泥石流灾害点有 41 万多处，每年因灾死亡近千人。全国荒漠化土地面积 262 万 km^2，土地沙化面积以每年 2 460 km^2 的速度扩展，水土流失面积超过 180 万 km^2。

(3) 生物灾害。全国主要农作物病虫鼠害达 1 400 余种，每年损失粮食约 5 000 万 t，棉花 100 多万 t；草原和森林病虫鼠害每年发生面积分别超过 2 000 万 hm^2 和 800 万 hm^2。

(4) 森林和草原火灾。1950 年以来，全国平均每年发生森林火灾 1.6 万余次，受灾面积近 100 万 hm^2。受火灾威胁的草原 2 亿多 hm^2，其中火灾发生频繁的近 1 亿 hm^2。

2. 分布地域广

我国各省（自治区、直辖市）均不同程度受到自然灾害影响，70%以上的城市、50%以上的人口分布在气象、地震、地质、海洋等自然灾害严重的地区。2/3 以上的国土面积受到洪涝灾害威胁。东部、南部沿海地区以及部分内陆省份经常遭受热带气旋侵袭。东北、西北、华北等地区旱灾频发，西南、华南等地的严重干旱时有发生。各省（自治区、直辖市）均发生过 5 级以上的破坏性地震。约占国土面积 69%的山地、高原区域因地质构造复杂，滑坡、泥石流、山体崩塌等地质灾害频繁发生。

3. 地区差异明显

根据我国自然灾害的特点，以及灾害管理的实际情况，现阶段，将统计的 31 个省（自治区、直辖市）分为三种类型地区。

第一类地区有 7 个省（自治区），主要分布在西部，少数在北部。此类地区自然灾害直接经济损失的绝对值较小，但由于经济欠发达，直接经济损失率（即灾害直接经济损失与其国内生产总值之比，下同）为中等或较大，抗灾能力较弱。此类地区大部分是我国的严重干旱区，人口密度较低。主要灾害是干旱、雪灾、地震，其次为沙尘暴、滑坡、泥石流及山洪，对农牧业生产影响较大。

第二类地区有 16 个省（自治区、直辖市），主要分布在中部，少数在东北、华北、西南等地。此类地区经济发展、自然灾害直接经济损失和抗灾能力为中等水平；北部受极地反气旋影响较大，南部为亚热带多雨区，是我国大江大河的中游地区；人口密度中等或较大。主要灾害是干旱、洪涝、地震、冻害、风雹、农业病虫害，其次为滑坡、泥石流和森林自然灾害，对农业、工业、交通运输业影响较大。

第三类地区有 8 个省、直辖市，主要分布在东部沿海地区。此类地区自然灾害直接经济损失的绝对值较大，但由于经济较发达，直接经济损失率为中等或较小，抗灾能力较强；受副热带高压与热带气旋影响最大，是我国大江大河的下游地区；

人口密度大。主要灾害是洪涝、干旱、台风、风暴潮，其次为地震、冰雹、地面沉降。对工业、农业、交通运输业和城市基础设施都有影响。

4．发生频率高

我国受季风气候影响十分强烈，气象灾害频繁，局地性或区域性干旱灾害几乎每年都会出现，东部沿海地区平均每年约有7个热带气旋登陆。我国位于欧亚、太平洋及印度洋三大板块交汇地带，新构造运动活跃，地震活动十分频繁，大陆地震占全球陆地破坏性地震的1/3，是世界上大陆地震最多的国家。森林和草原火灾时有发生。

5．造成损失重

我国是世界上自然灾害损失最严重的少数国家之一。随着国民经济持续高速发展、生产规模扩大和社会财富的积累，同时由于减灾建设不能满足经济快速发展的需要，使自然灾害损失呈上升趋势。按1990年不变价格计算，自然灾害造成的年均直接经济损失为：20世纪50年代480亿元，60年代570亿元，70年代590亿元，80年代690亿元；进入90年代以后，年均已经超过1 000亿元。

据统计，1990—2008年19年间，平均每年因各类自然灾害造成约3亿人次受灾，倒塌房屋300多万间，紧急转移安置人口900多万人次，直接经济损失2 000多亿元。特别是1998年发生在长江、松花江和嫩江流域的特大洪涝灾害，2006年发生在四川、重庆的特大干旱，2007年发生在淮河流域的特大洪涝灾害，2008年发生在我国南方地区的特大低温雨雪冰冻灾害，以及2008年5月12日发生的汶川特大地震灾害等，均造成重大损失。

三、全球主要灾害简介

1．亚洲主要灾害

亚洲是世界上灾害最多的一个洲，自然灾害、人为灾害此起彼伏，所带来的灾难巨大。

（1）地震。亚洲位于两大地震带相交会的地方，地震灾害最为突出，特别是日本、中国更为频繁。日本有“地震国”之称，日本附近地区平均每年释放的地震能估计占全球的1/10左右，每年平均发生地震7 500次，其中有感地震1 500次，破坏性地震420次。

（2）火山。在日本最为突出，日本共计有火山270多座，活火山约80座，约占世界活火山的10%左右，分别分布在八条火山带上。

（3）沙漠化。沙漠化在中国、印度最为突出。我国沙漠化面积已达110万km^2，其中有16万km^2是人为造成的，并以每年1 560 km^2的速度扩大。毛乌素沙漠的边缘近200年间向前移动了600多km。印度塔尔沙漠约65万km^2，其边缘每年向前推进0.8 km。

(4) 水土流失。中国、印度的水土流失最为突出。我国黄土高原水土流失严重，印度有140万km^2的土地受到侵蚀。

(5) 植被减少。这是一个普遍现象，但以东南亚最为严重，马来西亚热带雨林的植被群落虽然是世界上物种最为丰富的，但消亡的速度却十分惊人。

(6) 环境污染。酸雨影响着日本和中国，广大地区均面临酸雨的威胁。

(7) 人口、粮食问题。亚洲受饥饿人口约占世界受饥饿人口的60%，特别是越南、柬埔寨、阿富汗等国更为突出。

(8) 森林火灾。主要在前苏联亚洲部分、中国等国的温带地区。在1987年4月份、5月份，前苏联次塔州发生森林火灾600起；同年4月底，阿木尔州国家的森林发生火灾125起，集体农庄和国营农场的森林发生火灾19起。1987年5月，中国东北发生特大森林火灾，过火面积达100万hm^2，其中森林面积约65万hm^2，经济损失达69亿元。

2. 欧洲主要灾害

欧洲自然灾害比较少，但工业化程度高，人为环境污染很严重。

(1) 酸雨。由于大气污染，臭氧含量成倍上升，加剧了酸雨的形成。由于酸雨的影响，瑞典有2 500个湖泊酸化，大量鱼类死亡；挪威南部有1 750个湖泊里的鱼类绝迹。由酸雨直接造成的破坏现象更普遍，中欧和北欧曾在一年内因酸雨毁坏了森林809万hm^2。

(2) 污染。由于欧洲大气污染普遍，水污染也很严重，特别是莱茵河、地中海污染更严重，每年有1 000亿t垃圾倾入地中海，2/3的海滩不符合卫生标准。

(3) 森林火灾。森林火灾以法国最为普遍，主要发生在每年的7、8月份，为此法国政府制定了有关法案，防止森林火灾。

3. 非洲主要灾害

非洲大陆是一块古老稳定的大陆，地质灾害较少，但气象灾害较多，而且人为灾害也较严重。

(1) 沙漠化。在沙漠的边缘，即在稀树草原区，由于人为滥垦、滥伐、滥牧，导致沙漠向湿润区扩散。如在撒哈拉沙漠南部，沙漠每年向毛里塔尼亚推进10 km。

(2) 人口问题。人口增长过快，生活水平下降。

(3) 粮食问题。由于人口增长过快，粮食供给不能保证，大部分国家不能自给。世界有33个最不发达国家，其中27个在非洲。

(4) 旱灾。周期性的旱灾给非洲带来巨大影响。在1984—1985年的旱灾期间，约有100多万人死亡，1 000万人流离失所。

(5) 动物灭绝。非洲是世界上大型哺乳动物种类、数量最多的一个洲，由于人为狩猎，许多动物濒临灭绝，如犀牛总数由1980年的14 000头下降到1985年的8 000头。

4. 北美洲主要灾害

北美洲灾害以自然、人为并重为特点。自然灾害有陆龙卷、飓风、地震等，人为灾害有酸雨、森林火灾等。

(1) 陆龙卷，即黑风暴。1934年5月在美国西部大草原区刮起黑风暴，大气含尘量达40 t/km^2，毁掉耕地3×10^{10} m^2。

(2) 飓风。形成于墨西哥湾，影响美国南部地区。

(3) 地震。北美位于环太平洋地震带，火山地震灾害频繁，有不少火山在活动。如美国圣海伦斯火山等。墨西哥地震、火山均有，特别是1985年9月，墨西哥城发生7.8级地震，死亡3 100人，伤11 000人，4 000多人失踪，30万人无家可归。

(4) 酸雨。北美酸雨是一大公害，在加拿大大西洋沿岸各省，有许多湖泊的酸度曾在20年内增加了10～30倍，约有50%的酸性沉降物来自美国。美国东北部空气污染，90%是人为造成的，约有9 400个湖因受酸雨影响而变质，农作物、森林也遭殃。

(5) 森林火灾。1987年5月加拿大发生森林火灾，波及5个省，仅在安大略省就有78个火灾源，烧毁13 000 hm^2 森林。

5. 南美洲主要灾害

(1) 厄尔尼诺现象。在秘鲁西海域，由于秘鲁寒流势力减弱，造成冷性鱼类死亡，给秘鲁造成经济损失；其次，厄尔尼诺现象还对全球气候有影响，一些地方暴雨成灾，一些地区异常干旱。

(2) 森林过度砍伐。在亚马逊热带雨林，每年减少4万hm^2 森林。巴拿马运河流域的森林覆盖率从1952年的85%减至20世纪90年代的35%左右。

(3) 火山地震。2010年2月27日智利发生里氏8.8级强烈地震以及由此引发的海啸等灾害，造成近千人死亡。

6. 大洋洲主要灾害

大洋洲灾害相对较少，特别是澳大利亚大陆，自然灾害更少。

（1）火山地震。新西兰、太平洋岛屿上的地震较多。

（2）家养生物野生化造成的灾害。在澳大利亚大陆上，有野兔、仙人掌等造成的灾害。

（3）盐碱化。澳大利亚盐碱化最为严重，盐碱化面积占世界盐碱化总面积的37.4%，居世界第一。

7. 南极洲主要灾害

（1）冰雪消融加快。这一灾害一方面使冰雪层厚度减小，另一方面使海平面上升，危及全球沿海大城市。

（2）冰体污染。由来自其他洲的污染物质造成。

（3）南极动物的减少。全球气候变暖，水域缩小，水体污染，这些都危及极地稀有动物的生存。

近百年来全球灾害的统计资料还表明，自然灾害的发生与地理、气象和生态因素有关，也与人类的活动密不可分。人口密集、战争频繁、基础设施匮乏、环境污染、过度破坏植被等众多因素，造成了某些地区的民众时刻面临着自然灾害侵袭的危险（表1—3为1900—2004年全球重大灾害统计）。

表1—3　　1900—2004年全球重大灾害

灾种	发生时间	受灾地区	死亡（失踪）人数（人）	经济损失（美元）
洪水	1931年	中国长江流域	14万	
	1954年8月	中国长江流域	4万	
	1998年6—9月	中国长江和松花江流域	3 650	300亿
	2000年2—3月	莫桑比克、赞比亚等	>1 000	6.6亿
	2000年8—10月	印度、尼泊尔	1 550	12亿
飓风	1900年9月	美国	6 000	3 000万
热带气旋	1942年10月	印度、孟加拉国	6.1万	
风暴潮	1953年3月	荷兰、英国	1 930	30亿
热带气旋、风暴潮	1970年11月	孟加拉国	30万	600万
热带气旋、风暴潮	1991年4月	孟加拉国	13.9万	30亿
热带气旋（台风）	1994年8月	中国浙江温州	1 100	>12亿
飓风	1998年10—11月	洪都拉斯、尼加拉瓜	9 200	55亿
飓风、风暴潮	2004年9月	美国、加勒比海、海地等	3 030	40亿

续表

灾种	发生时间	受灾地区	死亡（失踪）人数（人）	经济损失（美元）
地震	1906年4月	美国旧金山	3 000	5.24亿
	1908年12月	意大利	8.59万	1.16亿
	1915年1月	意大利	3.26万	2 500万
	1920年12月	中国甘肃	23.5万	2 500万
	1923年9月	日本东京	14.28万	28亿
	1935年5月	巴基斯坦	3.5万	2 500万
	1960年2月	摩洛哥	1.2万	1.2亿
	1970年5月	秘鲁	6.7万	5.5亿
	1976年7月	中国唐山	24万	5.6亿
	1985年9月	墨西哥	1万	40亿
	1988年12月	亚美尼亚	2.5万	140亿
	1995年1月	日本神户	6 340	＞1 000亿
	1999年8月	土耳其	1.79万	
	1999年9月	中国台湾	2 400	＞130亿
	2003年12月	伊朗	＞4万	＞110亿
火山爆发	1985年11月	哥伦比亚	2.47万	2.3亿
寒潮	2003年1月	孟加拉国、印度、尼泊尔	1 800	
热浪、干旱	2003年5—6月	孟加拉国、印度、巴基斯坦	2 000	4亿
热浪、干旱	2003年7—8月	欧洲	2.7万	130亿
地震引发的海啸	2004年12月	印尼、泰国、斯里兰卡等	23万	

第三节　防灾减灾工程的发展

一、防灾减灾对策

防灾减灾工作关系到一个国家或一个地区的经济大局，关系到国家和社会的稳定。自1990年以来，国内外开始格外关注防灾减灾的综合性研究。从广义上讲，随着科技的进步，相信任何灾害包括自然灾害和人为灾害都是可以预防的，这是人类千百年来同灾害作斗争总结出来的一条根本原则。坚持这一原则，人类才可能坚持不懈地探索灾害的成因，研究预测方法，采取防灾减灾的措施。

从目前的科技发展水平和防灾减灾能力及机制建设上看，不论是自然灾害还是人为灾害的防灾减灾对策，主要有灾前的预防对策和灾后救险对策两个方面。在不同的灾害中，两种对策各有侧重。一般来说，地震、台风、洪水等自然灾害的重点是后者，因为目前为止要防止这些灾害的发生还比较困难，但要争取能尽早预测、防范，尽量减小灾害损失，尽快恢复生产；而人为灾害的重点应该是灾害的预防，由于多数人为灾害是可以预测、预防的，只要了解了灾害的成因，掌握了其影响的因素，就可以对灾害的组成要素进行调控，从而改变致灾系统的状态，使其保持安全稳定的状态。一般来说，产生人为灾害的原因不仅有人的因素，还有物的因素，这些因素在灾害发生之前都是可以采取对策进行控制的，它要求人们以科学技术理论为基础，以系统分析方法为手段进行防灾规划。坚持防患于未然的对策要比采取灾后处理对策更为重要。

在现场防灾减灾工程实际中，由于灾害系统的复杂性，决定了防灾减灾系统也具有复杂性、综合性和交叉性的特点。这就要求防灾减灾工程专业人员必须以科学的发展观去分析灾害系统及其相互作用机制，要以致灾因素、承灾体及其社会性为分类基础，特别重视人为与自然的混合类灾害，对灾害分类进行科学界定，从而实行合理有效的防灾减灾机制。

实际上，人类防御不同灾害的能力和水平并不相同。比如对于火灾和地震灾害的预防能力就有很大差异。尽管如此，人类对绝大多数灾害仍然具有可控性。一般来说，减灾可概括为“测、报、防、抗、救、援”六个方面，是一项复杂的自然与社会、技术与经济的系统工程。我国近些年来在安全减灾的可控性上有如下的变化：从偏重科学行为的减灾转变为科学行为与社会行为并重的减灾；从被动减灾向主动性减灾转化；从减灾的单类型转变成综合型，逐步将环境科学、质量保障学和安全减灾学科融为一体；对城市规划设计及乡镇、农村的实用建筑中的缺陷提出安全改进措施；通过安全风险评价，掌握灾害事故危险分析技术；控制减灾投入与系统总价值的比例关系等。

二、世界防灾减灾发展

一部人类文明发展史，可以说是一部不断应对挑战、战胜危机的历史。事实上，人类与自然灾害的斗争从远古时代就开始了。在漫长的历史长河中，留下了无数可歌可泣的篇章。古代传说中的“羿射九日”可能是最早的人类与干旱作斗争的映射；而家喻户晓的“大禹治水”就是人类与洪水作斗争的光辉记录；东汉张衡发明的候风地动仪是我国地震预报的一大成果。国内外历朝历代均对自然灾害的防治不遗余力，特别是20世纪以来，人类在防灾减灾方面取得了巨大的成绩，而且在抗灾救灾方面，世界各国更加团结一致，做到携手并肩，共抗灾害，一方有难，八方支援。

在1984年的第八届世界地震工程大会上，美国前总统卡特的科学特别助理、地震学家F. Fress提出了开展“国际减轻自然灾害十年”活动的建议。1987年12月11日，第42届联合国大会一致通过了第169号决议，确定从1990—2000年的20世纪最后10年，在世界范围内开展一个“国际减轻自然灾害十年”（International Disaster Reduction，IDNDR）的国际活动，并明确了地震、水灾、火灾等30种灾害是全球关注的焦点。其宗旨是通过国际上的一致努力，将世界上各种自然灾害造成的损失，特别是发展中国家因自然灾害造成的损失减轻到最低程度。这种基于共同减灾目的建立起来的广泛协作，简要地说，就是要求各个国家政府和科学技术团体、各类非政府组织，积极响应联合国大会的号召，并在联合国的统一领导和协调下，广泛开展各种形式的国际合作，充分利用现有的科学技术成就和开发新技术，通过技术转让和援助，项目示范，教育培训，推广应用现有行之有效的减轻自然灾害的科学技术，以及开展其他各种减轻自然灾害的活动，从而减轻海啸、水灾、土崩、火山爆发、森林灾害、旱灾等突发性自然灾害给世界各国特别是发展中国家所造成的生命财产损失，提高各个国家防灾、抗灾能力。

此后，1988年联合国成立了“国际减轻自然灾害十年”指导委员会，并由其所属的十多个部门（如联合国教科文组织、救灾署、开发署、环境署、世界气象组织、世界卫生组织、世界银行、国际原子能机构等）的领导担任委员。联合国秘书长根据国际学术团体的推荐，亲自聘请了来自24个国家的25位国际知名防灾专家组成了联合国特设国际专家组，由F. Press担任主席。

1989年，第44届联合国大会通过了《国际减轻自然灾害十年决议》（236/44号决议）及《国际减轻自然灾害十年国际行动纲领》，并建立了相应的机构以统一协调世界各国的减灾活动，共有160个国家分别成立了国家减灾委员会。纲领明确了国际减轻自然灾害十年的目的、目标和国家一级需采取的措施及联合国系统需采取的行动等，并规定每年10月的第二个星期三为“国际减轻自然灾害日”。其目的是：通过国际社会协调一致的努力，充分利用现有的科学技术成就和开发新技术，提高各国减轻自然灾害的能力，以减轻自然灾害给世界各国，特别是发展中国家所造成的生命财产损失。其主要活动内容是：注重减轻由地震、风灾、海啸、水灾、土崩、火山爆发、森林火灾、旱灾和沙漠化以及其他自然灾害所造成的生命财产损失和社会经济失调；增进每一个国家迅速有效地减轻自然灾害的影响的能力，特别注意在发展中国家设立预警系统；要求所有国家政府都要拟订国家减轻自然灾害方案；鼓励科学和技术机构、金融机构、工业界、基金会和有关非政府组织，支持和充分参与国际社会包括各国政府、国际组织等拟订和执行的各种减灾十年方案和活动；推动宣传与普及民众防灾知识，注意备灾、防灾、救灾和援建活动等。

随后，“国际减轻自然灾害十年”（以下简称“国际减灾十年”）活动在世界许多国家开展起来，一些国际组织和国际减灾委员会为响应“国际减灾十年”活动，建立了许多防灾减灾项目，并取得了许多研究成果。比如近年来，国际组织和各国减灾“联合国全球灾害网络”“欧洲尤里卡计划”“日本灾害应急计划”“全球分大区的台风监测计划”以及“美国飓风、洪水预报及减轻自然灾害研究”等数以百计的防灾减灾研究项目，为21世纪防灾减灾的深入研究奠定了基础。

随着防灾减灾活动在全球范围获得广泛认同和推广，防灾减灾科学与工程技术也在近年得到长足发展。而当前国际上与此相关的项目研究更是方兴未艾，蓬勃发展。比如，在自然灾害危险性评估方面，发达国家多从工程角度出发研究各类灾害危险性的评估方法，建立了相应的信息库。在地震方面，从工程角度出发，主要关心地震动的作用，地震危险性分析，结构的抗震、耗能、隔震技术；从灾害角度出发，则涉及震灾要素、成灾机理、成灾条件、地震灾害的类型划分等课题；从灾害对策的角度，则主要研究减灾投入的效益、防震减震规划等。在洪水方面，对洪水成灾的研究、洪水发生时空分布规划、洪水的预测预报、防洪设防标准的研究、洪水造成经济损失的预测、洪水淹没过程的数值模拟、洪水发展的水力学模型、防洪应急的对策研究等均取得了不少成果。

2005年1月22日，由联合国主持召开的世界减灾会议在日本兵库神户市闭幕。会议为未来十年如何减少灾害给全球造成的损失描绘出行动蓝图。《兵库宣言》和《兵库行动框架》是这次会议通过的主要文件，其中《兵库行动框架》为2005—2015年全球减灾工作确立了战略目标和五个行动重点：确保减灾成为各国政府部门工作的重心之一；识别、评估和监测灾害风险，增强早期预警能力；在各个层面上营造安全和抗灾的文化氛围；减少潜在的灾害危险因素；增强准备能力，确保对灾害作出有效反应。

三、我国防灾减灾发展

我国是世界上自然灾害最为严重的国家之一。伴随着全球气候变化以及经济快速发展和城市化进程不断加快，资源、环境和生态压力加剧，自然灾害防范应对形势更加严峻复杂。我国政府历来将减灾工作作为保障国民经济和社会发展的重要工作，在发展经济的同时，努力推动减灾工作的深入开展。1952年12月，政务院（国务院前身）发出了《关于发动群众继续开展防旱、抗旱运动并大力推行水土保持工作的指示》，1956年4月中央防汛总指挥部发出了《关于1956年防汛工作的指示》，1956年9月中国共产党第八次全国代表大会通过了《关于发展国民经济的第二个五年计划的建议》等一系列政令文件，其中都贯彻了防灾减灾的思想方针。20世纪80—90年代，为了响应“国际减灾十年活动”，1989年4月3日正式成立了“中国国际减灾十年委员会”，由当时的国务院副总理田纪云担任委员会主任，委员会由28个部门组成，目标是到2000年使自然灾害造成的损失减少30%。2005年年初，中国国际减灾委员会更名为国家减灾委员会，负责制定国家减灾工作的方针、政策和规划，协调开展重大减灾活动，综合协调重大自然灾害应急及抗灾救灾等工作。2007年8月，《国家综合减灾“十一五”规划》等文件明确提出了我国“十一五”期间及中长期国家综合减灾战略目标。2009年5月11日，中国政府发布首个关于防灾减灾工作的白皮书《中国的减灾行动》。

近10年来，国家和地方政府均设置了防灾减灾工作领导小组，先后颁布实施了《中华人民共和国防洪法》《中华人民共和国防震减灾法》《中华人民共和国消防法》《中华人民共和国气象法》《建设工程安全生产管理条例》《地质灾害防治条例》《国家突发公共事件总体应急预案》《国家自然灾害救助应急预案》等国家法律和国务院政令，以法律形式确定了政府、官员和民众在防灾减灾工作中的责任和义务，形成了全方位、多层级、宽领域的防灾减灾法律体系，以确保防御与减轻灾害，保护人民生命和财产安全，保障社会主义建设事业的顺利进行。2008年5月12日发生的四川汶川特大地震，造成重大人员伤亡和财产损失，给我国人民带来巨大伤痛。我国决定，自2009年开始，每年的5月12日为国家“防灾减灾日”。经过多年坚持不懈的努力，灾害损失增长趋势得到一定抑制，特别是因灾死亡人数明显减少，取得了较大的经济效益和显著的社会效益。

1. 防灾减灾工程建设

（1）农村居民住房抗灾能力建设。自2005年以来，全国各地共投入资金175.35亿元，完成改造、新建农村困难群众住房580.16万间，使180.51万户、649.65万人受益。

（2）病险水库除险加固工程。2008年3月，国家颁布《全国病险水库除险加固专项规划》，提出在3年内完成现有大中型和重点小型病险水库除险加固。2008年，全国即安排专项规划内病险水库除险加固工程项目4 035个，占规划内全部6 240座病险水库的65%。

(3) 水土流失重点防治工程。20世纪80年代，国家开始在黄河、长江等水土流失严重地区实施水土流失重点防治工程。进入“九五”末期，开始加大投入力度并扩大治理规模，水土流失重点防治工程覆盖了全国七大江河（长江、黄河、淮河、海河、松辽、珠江、太湖）的上中游地区。截至2008年，重点防治工程共治理水土流失面积26万km^2，已实施重点区域治理的水土流失治理程度达到70%，减沙率达40%以上。长江上游嘉陵江流域土壤侵蚀量减少1/3，黄河流域每年减少入黄河泥沙3亿t左右。

(4) 生态建设和环境治理工程。21世纪初，国家开始实施天然林资源保护、退耕还林、三北（东北、华北、西北）防护林建设、长江中下游重点防护林建设、京津风沙源治理、岩溶地区石漠化综合治理、野生动植物保护以及自然保护区建设、沿海防护林建设、退牧还草等重点生态建设工程，抑制荒漠化扩张速度，缓解极端气候的危害程度。开展生态补偿试点工作，确定山西省煤炭资源开发等6个生态环境补偿试点。组织开展生态省、市、县和环境优美乡镇、生态村建设，推进建设103个重点生态环境工程示范县。

(5) 建筑和工程设施的设防工程。国家出台《市政公用设施抗灾设防管理规定》，发布《城市抗震防灾规划标准》《镇（乡）、村建筑抗震设计规程》。发布国家标准《中国地震动参数区划图》，完善重大建设工程的地震安全性评价管理制度，推进全国农村民居地震安全工程的实施，完成约245万户抗震安居房的建设和改造加固。四川汶川特大地震后，修订《建筑工程抗震设防分类标准》《建筑抗震设计规范》等。

(6) 公路灾害防治工程。从2006年起，结合公路水毁震毁等灾害发生情况，国家开始实施公路灾害防治工程。截至2008年，全国各地共投入资金15.4亿元，以增设和完善山岭重丘区公路的灾害防护设施为重点，对公路边坡、路基、桥梁构造物和排（防）水设施进行综合治理，普通公路防灾能力全面提高。

2. 非工程性的防灾减灾措施

多年来，我国逐步建立并不断完善了灾害监测预警系统，主要包括灾害及其相关要素和现象的观测网络系统，观测资料的收集传输和交换的电信系统，灾害全程动态监测及资料处理、分析、模拟和预报警报制作系统，预报警报的传播、分发和服务系统等。

(1) 灾害遥感监测业务体系。成功发射环境减灾小卫星星座A、B星，卫星减灾应用业务系统初具规模，为灾害遥感监测、评估和决策提供先进技术支持。

(2) 气象预警预报体系。成功发射“风云”系列气象卫星，建成146部新一代天气雷达、91 个高空气象探测站 L 波段探空系统，建设 25 420 个区域气象观测站。初步建立全国大气成分、酸雨、沙尘暴、雷电、农业气象、交通气象等专业气象观测网。基本建成比较完整的数值预报预测业务系统，开展灾害性天气短时临近预警业务，建成包括广播、电视、报纸、手机、网络等覆盖城乡社区的气象预警信息发布平台。

(3) 水文和洪水监测预警预报体系。建成由 3 171 个水文站、1 244 个水位站、14 602 个雨量站、61 个水文实验站和 12 683 眼地下水测井组成的水文监测网。构建洪水预警预报系统、地下水监测系统、水资源管理系统和水文水资源数据系统。

(4) 地震监测预报体系。建成固定测震台站 937 个，流动台 1 000 多个，实现了我国三级以上地震的准实时监测。建立地震前兆观测固定台点 1 300 个，各类前兆流动观测点 4 000 余个。初步建成国家和省级地震预测预报分析会商平台，建成由 700 个信息节点构成的高速地震数据信息网，开通地震速报信息手机短信服务平台。

(5) 地质灾害监测系统。从 2003 年起，开展地质灾害气象预警预报工作，已建立群测群防制度的地质灾害隐患点 12 万多处。三峡库区滑坡崩塌专业监测网和上海、北京、天津等市地面沉降专业监测网络基本建成。

(6) 环境监测预警体系。组织开展环境质量监测、污染物监测、环境预警监测、突发环境事件应急监测等，客观反映全国地表水、地下水、海洋、空气、噪声、固体废物、辐射等环境质量状况。新建成环境一号 A、B 星，大范围、快速和动态地开展生态环境宏观监测及评价，初步形成环境监测天地一体化格局。目前，全国共有 2 399 个环境监测站、49 335 名环境监测技术人员。

(7) 野生动物疫源疫病监测预警系统。建立全国野生动物疫源疫病监测总站，已在候鸟等野生动物重要聚集分布区设立 350 处国家级监测站、768 处省级监测站、1 400 多处地县级监测站，初步形成国家、省、地县三级野生动物疫源疫病监测预警网络。

(8) 病虫害监测预报系统。建立由 3 000 多个站组成的农作物和病虫害测报网，240 多个台（点）组成的草原虫鼠害监测预报网。全国性系统监测预报的农作物有害生物种类由 20 世纪 90 年代初的 15 种增加到目前的 26 种，重大病虫害由旬报制缩短为周报制。建立国家、县、乡（镇）三级 2 500 多个站点组成的森林病虫害监测预报网络，主测对象 35 个种（类），涵盖最具危险性的和常发的森林病虫害种（类）。

(9) 海洋灾害预报系统。对原有海洋观测仪器、设备和设施进行更新改造，大力发展离岸观测能力，海上浮标观测能力和断面调查能力进入整体提升阶段。新建改造一批海洋观测站点，对一些中心站进行实时通信系统改造。建设海气相互作用—海洋气候变化观测及评价业务化体系，积极开展对海平面上升、海岸侵蚀、海水入侵、咸潮等与气候变化密切相关的海洋灾害的业务化监测。

（10）森林和草原火灾预警监测系统。完善卫星遥感、飞机巡护、视频监控、瞭望观察和地面巡视的立体式监测森林和草原火灾体系，初步建立森林火险分级预警响应和森林火灾风险评估技术体系。

（11）沙尘暴灾害监测与评估体系。建立沙尘暴卫星遥感监测评估系统和手机短信平台，在北方重点区域布设沙尘暴灾害地面监测站，组成国家、省、市、县四级队伍，初步形成覆盖我国北方区域的沙尘暴灾害监测网络。

3. 应急机制、体系建立与健全

以应急预案、应急救援队伍、应急响应机制和应急资金拨付机制为主要内容的救灾应急体系初步建立，应急救援、运输保障、生活救助、卫生防疫等应急处置能力大大增强。

（1）应急预案体系。2003 年 5 月 7 日，国务院第 7 次常务会议审议通过了《突发公共卫生事件应急条例》。2005 年 1 月 26 日，国务院第 79 次常务会议通过了《国家突发公共事件总体应急预案》以及 105 个专项和部门应急预案。《国家地震应急预案》《国家防汛抗旱应急预案》《国家突发地质灾害应急预案》《国家处置重特大森林火灾应急预案》《国家处置城市地铁事故灾难应急预案》《国家安全生产事故灾难应急预案》等自然灾害和事故灾难应急预案也在 2006 年相继出台。2007 年出台《突发事件应对法》。同时，各省区市也分别完成了省级总体预案的制定工作。目前，国务院各涉灾部门的应急预案编制工作已基本完成，全国有 31 个省、自治区、直辖市以及灾害多发市县都制定了预案，全国自然灾害应急预案体系已初步建立。

（2）应急救援队伍体系。以公安、武警、军队为骨干和突击力量，以抗洪抢险、抗震救灾、森林消防、海上搜救、矿山救护、医疗救护等专业队伍为基本力量，以企事业单位专兼职队伍和应急志愿者队伍为辅助力量的应急救援队伍体系初步建立。国家陆地、空中搜寻与救护基地建设加快推进。应急救援装备得到进一步改善。

（3）应急救助响应机制。根据灾情大小，将中央应对突发自然灾害划分为四个响应等级，明确各级响应的具体工作措施，将救灾工作纳入规范的管理工作流程。灾害应急救助响应机制的建立，基本保障了受灾群众在灾后 24 小时内能够得到救助，基本实现“有饭吃、有衣穿、有干净水喝、有临时住所、有病能医、学生有学上”的“六有”目标。

（4）救灾应急资金拨付机制。包括自然灾害生活救助资金、特大防汛抗旱补助资金、水毁公路补助资金、内河航道应急抢通资金、卫生救灾补助资金、文教行政救灾补助资金、农业救灾资金、林业救灾资金等在内的中央抗灾救灾补助资金拨付机制已经建立。积极推进救灾分级管理、救灾资金分级负担的救灾工作管理体制，保障地方救灾投入，有效保障受灾群众的基本生活。

总的说来，防灾减灾是一项极其复杂的系统工程。面对近年来频繁发生的地震、水旱灾害、非典型肺炎、高致病性禽流感等一系列突发公共事件，党中央采取了一系列卓有成效的措施，推进防灾减灾事业发展。确定了我国防灾减灾的方针政策，建立健全了分级防灾减灾组织机构和工作体系，大力开展防灾减灾宣传、研究和减灾工程实践，逐步制定了一系列防灾减灾的法律、法规，先后出台了相关灾害及突发公共事件总体、专项应急预案，加强了防灾减灾国际交流与合作，在防灾减灾事业建设中取得了巨大成就。

第四节　防灾减灾工程的主要内容及目的

一、防灾减灾工程的主要内容

防灾减灾工程是一个具有显著综合交叉性特点的新型学科，它涵盖各种自然和人为灾害发生条件和发展规律、监测和预报、工程防治和灾时应急措施等科学技术难题。按现行学科体系来说，防灾减灾工程涉及地质、气象、地震工程、建筑学、土木工程、水利工程、信息和管理等学科的相关专业领域。

有关防灾减灾工程的主要内容，不同的学者提出了不同的内涵。叶义华等人编著的《城市防灾工程》认为，城市防灾工程主要包括对水灾、地震、滑坡、崩塌、泥石流、火灾、大气污染、水污染及噪声污染等防治；江见鲸等编著的《防灾减灾工程学》认为，土木工程防灾减灾学科的主要内容包括土建工程（城市）的防灾规划、结构抗灾理论、结构防灾抗灾技术理论及应用、减灾技术、结构在灾后的检测与加固等，并对火灾灾害、地震灾害、地质灾害则进行了分类阐述；陈龙珠等人编著的《防灾工程学导论》认为，防灾工程应包括地震灾害与防护、火灾与建筑防火、城市防洪、工程地质灾害与防治、风灾与防治、爆炸与雷灾及其防治等；焦双健等人编著的《城市防灾学》将城市防灾工程分为城市抗震防灾工程、城市防洪工程、城市消防工程及其他城市防灾工程。

国务院于2006年1月8日发布《国家突发公共事件总体应急预案》，将突发公共事件分为自然灾害、事故灾难、公共卫生事件、社会安全事件四类。其中，自然灾害类国家突发公共事件专项包括自然灾害救助、防汛抗旱、地震应急、突发地质灾害应急、处置重特大森林火灾应急。根据此分类，结合自然灾害、人为灾害、自然人为灾害以及人为自然灾害对人类的袭扰与危害的影响程度，本书认为，防灾减灾工程主要包括地质灾害的防灾减灾工程（滑坡、崩塌、泥石流、地面沉降与塌陷等的防灾减灾工程）、地震灾害的防灾减灾工程、风灾害的防灾减灾工程、洪水灾害的防灾减灾工程、火灾害的防灾减灾工程（火山灾害、森林火灾、城市建筑火灾等的防灾减灾工程）、爆炸灾害的防灾减灾工程以及灾害损失分析及应急管理等内容。

二、防灾减灾工程的主要目的

我国是世界上自然灾害最为严重的国家之一，灾害种类多、分布地域广、发生频率高、造成损失重。在全球气候变化和我国经济社会快速发展的背景下，近年来，我国自然灾害损失不断增加，重大自然灾害乃至巨灾时有发生，灾害风险进一步加剧。因此，加强防灾减灾工程的意义重大。一是防灾减灾工程有利于维护社会稳定。随着社会发展，人类对工程的安全性要求也越来越高，防灾减灾工程正是适应工程建设规模不断扩大的防灾要求而迅速得到发展。现阶段，加强防灾减灾工程，是全面提高综合防灾减灾应急管理能力、防范各类灾害风险，是提高人民生活水平、保障人民生命财产安全的现实需要，对于维护社会稳定、构建社会主义和谐社会具有重要意义。二是防灾减灾工程有利于可持续发展。我国的现代化水平与国外发达国家相比有较大差距，而发达国家的现代化很大程度体现在其防灾减灾工程的建设上。西方发达国家一般都有较完善的防灾减灾工程及体系，这使得发生自然灾害后能在最大限度上减少损失，并持续、健康发展。在国际市场上对于承担设计与建设防灾减灾工程的议价能力也要强于我国。因此，防灾减灾工程对我国稳定、健康发展及增强国际竞争力有着重要意义。三是防灾减灾工程是构建社会主义的必要保障。现阶段，我国正处于建设社会主义的关键时期，而自然灾害对我国的危害又较大，这在一定程度上制约了我国生产和人民生活水平的提高。因此，正确认识我国灾害现状，建立防灾减灾工程，对于全面落实科学发展观、建设社会主义具有深刻和长远的意义。

第二章　地质灾害与防灾减灾工程

第一节　地质灾害概述

自然的变异和人为的作用都可能导致地质环境或地质体发生变化，当这种变化达到一定程度，其产生的后果便给人类和社会造成危害，称为地质灾害，如崩塌、滑坡、泥石流、地裂缝、地面沉降、地面塌陷、岩爆、坑道涌水、瓦斯爆炸、煤层自燃、黄土湿陷、岩土膨胀、砂土液化、土地冻融、水土流失、土地沙漠化及沼泽化、土壤盐碱化，以及地震、火山、地热害等。

一、地质灾害的分类和等级

1. 地质灾害的分类

凡是与内动力地质作用、外动力地质作用、人类工程动力作用有关的自然灾害，即以岩石圈自然地质作用为主导因素形成的自然灾害，都属于地质灾害。

地质灾害分类体系采用三级分类体系，把地质灾害按照灾类、灾型、灾种三级层次进行划分或归类。灾类为一级结构，灾型为二级结构，灾种为三级结构。

（1）地质灾害的灾类。按致灾地质作用的性质和发生位置划分灾类。划分为地球内动力活动灾害类、斜坡岩土体运动（变形破坏）灾害类、地面变形破裂灾害类、矿山与地下工程灾害类、河湖水库灾害类、海洋及海岸带灾害类、特殊岩土灾害类、土地退化灾害类共八类地质灾害。

（2）地质灾害的灾型。按成灾过程的快慢划分灾型。根据灾害活动过程的快慢把地质灾害划分为突变型地质灾害和缓变型地质灾害两类。突然发生的，并在较短时间内完成灾害活动过程的地质灾害称为突变型地质灾害；发生、发展过程缓慢，随时间延续累进发展的地质灾害称为缓变型地质灾害。

突变型地质灾害包括地震灾害、火山灾害、崩塌灾害、滑坡灾害、泥石流灾害、地面塌陷灾害、地裂缝灾害、矿井突水灾害、冲击地压灾害、瓦斯突出灾害、围岩岩爆及大变形灾害、河岸坍塌灾害、管涌灾害、河堤溃决灾害、海啸灾害、风暴潮灾害、海面异常升降灾害、黄土湿陷灾害、砂土液化灾害共19个灾种。

缓变型地质灾害包括地面沉降灾害、煤层自燃灾害、矿井热害、河湖港口淤积灾害、水质恶化灾害、海水入侵灾害、海岸侵蚀灾害、海岸淤进灾害、软土触变灾害、膨胀土胀缩灾害、冻土冻融灾害、土地沙漠化灾害、土地盐渍化灾害、土地沼泽化灾害、水土流失灾害共15个灾种。

地质灾害分类见表2—1。

表2—1　　　　　　　　　地质灾害分类

灾类	灾型	灾　种
地球内动力活动灾害类	突变型	地震灾害（原生灾害、次生灾害）、火山灾害
	缓变型	
斜坡岩土体运动（变形破坏）灾害类	突变型	崩塌灾害（危岩、高边坡）、滑坡灾害（土体滑坡、岩体滑坡）、泥石流灾害（泥流、泥石流、水石流）
	缓变型	
地面变形破裂灾害类	突变型	地面塌陷灾害（岩溶塌陷、采空塌陷）、地裂缝灾害（构造地裂缝、非构造地裂缝）
	缓变型	地面沉降灾害
矿山与地下工程灾害类	突变型	矿井突水灾害、冲击地压灾害、瓦斯突出灾害、围岩岩爆及大变形灾害
	缓变型	煤层自燃灾害、矿井热害
河湖水库灾害类	突变型	河岸坍塌灾害、管涌灾害、河堤溃决灾害
	缓变型	河湖港口淤积灾害、水质恶化灾害
海洋及海岸带灾害类	突变型	海啸灾害、风暴潮灾害、海面异常升降灾害
	缓变型	海水入侵灾害、海岸侵蚀灾害、海岸淤进灾害
特殊岩土灾害类	突变型	黄土湿陷灾害、砂土液化灾害
	缓变型	软土触变灾害、膨胀土胀缩灾害、冻土冻融灾害
土地退化灾害类	突变型	
	缓变型	土地沙漠化灾害、土地盐渍化灾害、土地沼泽化灾害、水土流失灾害

2. 地质灾害等级

(1) 根据一次灾害事件造成的伤亡人数和直接经济损失两项指标，把地质灾害灾度等级划分为特大灾害、大灾害、中灾害、小灾害 4 级。潜在地质灾害根据直接威胁人数和灾害期望损失值也划分为相应的 4 级灾害，见表 2—2。

表 2—2　地质灾害灾度等级

指标		特大灾害（Ⅰ级灾害）	大灾害（Ⅱ级灾害）	中灾害（Ⅲ级灾害）	小灾害（Ⅳ级灾害）
伤亡人数	死亡（人）	>100	10～100	1～10	0
	重伤（人）	>150	20～150	5～20	<5
直接经济损失	（万元）	>1 000	500～1 000	50～500	<50
直接威胁人数	（人）	>500	100～500	10～100	<10
灾害期望损失（万元）		>5 000	1 000～5 000	100～1 000	<100

注：经济损失值为 1990 年不变价格。

在地质灾害等级划分中，地质灾害直接经济损失指地质灾害发生过程中直接造成的现场经济损失。强调的是直接致灾原因是地质灾害且经济损失发生在即时即地。而地质灾害期望损失则是基于地质灾害发生概率计算出的，在相当长时期内的年平均经济损失值。它不是实际发生的灾害经济损失，而是预测经济损失。地质灾害期望损失计算公式：

$$S_q=\sum_{i=1}^{n}\sum_{j=1}^{k}G_{ij}J_{ij}J_{i}L_{ij} \tag{2—1}$$

式中　S_q——地质灾害期望损失；

i——受灾害事件危害的受灾体类型；

j——受灾体损毁程度等级；

G_{ij}——评价区第 i 类受灾体遭受一定强度灾害危害后发生 j 级破坏的概率；

J_{ij}——第 i 类受灾体发生 j 级破坏情况下的价值损失率；

J_j——第 i 类受灾体平均单价；

L_{ij}——第 i 类受灾体发生 j 级破坏的数量。

在地质灾害等级划分中，伤亡人数和直接经济损失两项指标用于地质灾害发生后确定灾情使用。直接威胁人数和灾害期望损失两项指标用于潜在地质灾害（尚未成灾的）防治分级时使用。

(2) 根据地质灾害动力活动的强度划分地质灾害灾变等级，主要用于地质灾害勘查、防治项目立项与设计以及项目管理使用。

(3) 地质灾害分级的原则。就高不就低，灾变界限值只要达到上一档次的下限即定为上一档次灾害；灾变界限值中伤亡人数或直接经济损失，只要一项指标达到高档次，则按高档次定名灾害的级别。

二、地质灾害的危害

1. 我国地质灾害现状

我国的地质灾害种类繁多，分布广泛，活动频繁，危害严重，每年因地质灾害造成的直接经济损失占自然灾害总损失的20%以上，直接影响了人民的生活，制约了社会的可持续发展。为了减少损失，查清我国地质灾害的发育分布规律，国土资源部从1999年开始，在地质灾害严重的县（市），陆续部署开展了县市地质灾害调查与区划工作。调查的重点是滑坡、崩塌、泥石流、地面沉降、地面塌陷和地裂缝6种地质灾害类型。据调查数据显示，滑坡占地质灾害总数的51%，崩塌占17%，泥石流占8%，地面塌陷占5%，地裂缝占3%，不稳定斜坡占16%。可以看出，斜坡灾害（崩、滑、流、不稳定斜坡）是我国主要的地质灾害类型。2008年1—12月，全国共发生各类地质灾害26 580起，其中滑坡13 450起、崩塌8 080起、泥石流443起、地面塌陷451起。共造成1 598人伤亡，直接经济损失32.7亿元（见图2—1）。

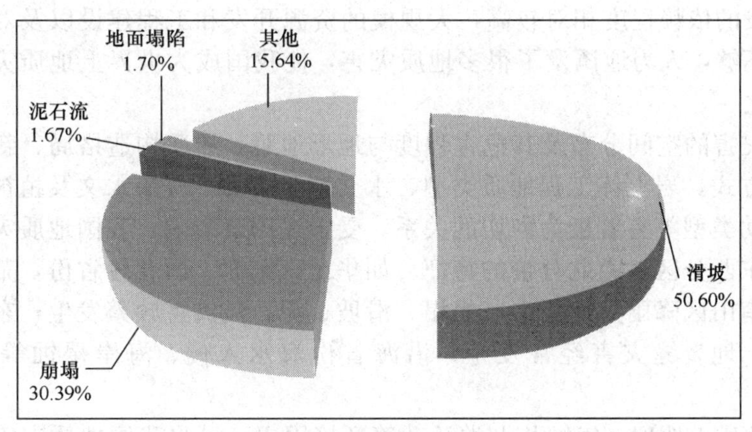

图2—1 2008年全国地质灾害类型构成

与2007年相比，2008年地质灾害发生数量、造成的死亡人数和直接经济损失都有所增加，分别增加了4.8%、11.5%和31.9%；与2001年以来的多年同期相比，2008 年地质灾害发生数量低于多年平均值，但仅低于 2002 年和 2006 年，排序第三高；造成的死亡人数低于多年平均值，仅高于 2005 年和 2007 年，排序倒数第三；直接经济损失低于多年平均值，仅高于 2007 年，排序倒数第二，见表 2—3。

表 2—3　　2001—2008 年地质灾害灾情对比

年份	发生数量（起）	死亡（人）	失踪（人）	受伤（人）	经济损失（亿元）
2001	5 793	788	120	936	35
2002	48 000	907	109	470	51
2003	13 832	743	125	3 355	48.7
2004	13 555	734	124	280	40.9
2005	17 751	578	104	339	36.5
2006	102 804	663	111	453	43.2
2007	25 364	598	81	446	24.8
2008	26 580	656	101	841	32.7

2. 我国地质灾害的空间分布规律

由于我国地域辽阔，经度和纬度跨度大，自然地理条件复杂，构造运动强烈，地质灾害种类繁多，灾情十分严重。同时，我国又是一个发展中国家，经济发展对资源开发的依赖程度相对较高，大规模的资源开发和工程建设以及对地质环境保护重视不够，人为地诱发了很多地质灾害，使我国成为世界上地质灾害最为严重的国家之一。

地质灾害的空间分布及其危害程度与地形地貌、地质构造格局、新构造运动的强度与方式、岩土体工程地质类型、水文地质条件、气象水文及植被条件、人类工程活动类型等有着极为密切的关系。受上述因素影响，我国地质灾害的区域分布具有东西分区、南北分带的特征。如华北、东北、西北各省份，荒漠化作用强烈；西南山区降雨多而集中，崩塌、滑坡、泥石流灾害频繁发生；东部平原区地面沉降、地裂缝灾害经常发生；沿海省份海水入侵、海岸侵蚀等灾害时常发生。

根据地质、地理、气候及人类活动等环境因素，可将我国地质灾害划分为四大区域。

(1) 平原、丘陵地面沉降与塌陷地质灾害大区。位于山海关以南，太行山、武当山、大娄山一线以东，包括我国东部和东南部的广大地区。该区地处华北断块东南部，华南断块、台湾断块的上体部位。地貌上位于我国大地貌区划第三级地势阶梯，是我国最低一级阶梯，以平原、丘陵地貌类型为主。本区南部属热带和亚热带气候区，温暖湿润，中北部地区以温带为主，气候温凉、半湿润至半干旱，降水充沛至较充沛。平原地区是发育较厚的第四纪冲积、洪积、湖积、海积松散堆积层，丘陵山区则分布有古生代、中生代碳酸盐岩、碎屑岩和岩浆岩。新构造活动比较强烈，发育有著名的郯城—庐江深大断裂，以及南海、黄海北东向地震构造带，除台湾、福建沿海及华北地区地震活动强烈至较强烈外，其他地区较弱。区内矿产资源较丰富，采矿业发达，大中城市分布密集，人口稠密，沿海开放城市工业发达，人类工程活动规模大、强度高，诱发了严重的城市地面沉降、矿山地面塌陷、岩溶塌陷、水库地震、土地荒漠化以及港口、水库、河道淤积等灾害，丘陵山区人为活动诱发的滑坡、崩塌、泥石流灾害较多。总之，该区是以人类工程活动为主要原因形成的地质灾害组合类型大区。

（2）山地斜坡变形破坏地质灾害大区。包括长白山南段、阴山东段，长城以南，阿尼玛卿山、横断山北段一线以东，雅鲁藏布江以南的广大地区，包括我国中部地区、青藏高原南部以及东北部分地区。该区地处青藏断块、华南断块的结合部位，地貌上位于我国大地貌区划第二级地势阶梯，以山地和高原为主要地貌类型，海拔高度 1 000～2 000 m，地形切割强烈，相对高差大。气候上跨越东部季风区、西北部干旱半干旱区，西南地区降水较丰沛，年均降水量 800～1 200 mm，西北黄土高原年均降水量 300～700 mm，降水时空分配不均，集中在 7—9 月，降雨强度大，多以暴雨形式出现。分布地层主要为不同时代的各类坚硬、半坚硬岩类和松散土状堆积。该区新构造运动强烈，活动断裂发育，如鲜水河、小江、安宁河、龙门山、六盘山等活动性深大断裂密布，构成我国南北向活动构造带。区内地震活跃，张度大、频度高。仅 20 世纪发生的 7 级以上强震就达 23 次之多，地震灾害严重。区内矿产、水力、森林、土地等资源丰富，是我国新兴工业区，人口密度较大，资源开发和农牧活动等经济活动活跃。由于不合理开发利用山地斜坡、森林植被等资源，使地质环境日趋恶化，导致泥石流、滑坡、崩塌、水土流失等山地地质灾害频繁发生。在本区内，由内动力和外动力地质作用引起的突发性地质灾害最为常发，以自然动力和人类活动相互叠加而形成的山地地质灾害广泛分布。

（3）内陆高原盆地风沙地质灾害大区。地处秦岭、昆仑山一线以北，在大地构造上属于新疆断块并横跨华北断块及东北断块区，位于我国大地貌区划的第二阶梯部位，由高原、沙漠、戈壁及高大山系、盆地、平原等地貌类型组成。南部山系一般海拔 1 000～3 000 m，东部平原、盆地一般海拔 500 m 以下，气候属内陆干旱、半干旱至温带气候，降水稀少，年均降水量差异较大，一般在 50～800 mm。在本区的西部，活动性断裂发育，地震活动强烈，其余地区地震活动相对较弱。内陆高原、荒漠地区气候恶劣，风力吹扬作用强烈，沙质荒漠化灾害日趋严重，河套平原等地区土地盐碱化较严重。新疆、宁夏、内蒙古等地的煤田自燃灾害比较严重。天山、昆仑山则主要发育雪崩、滑坡、崩塌等地质灾害。总之，该地区是以自然地质动力为主并叠加人为地质作用所形成的复合型地质灾害大区。

（4）青藏高原及大兴安岭、小兴安岭北段地区冻融地质灾害大区。位于青藏高原中北部及大兴安岭、小兴安岭北段地区，大地构造上属于青藏断块和东北断块区。青藏高原位于我国大地貌区划第一级地势阶梯上，平均海拔达 5 000 m 以上，属于高海拔冻土区。东北大兴安岭、小兴安岭北段处于欧亚大陆高纬度冻土带的南缘，是高纬度多年冻土地区。在青藏高原和大兴安岭、小兴安岭地区广泛发育有连续多年冻土和岛状多年冻土。岛状冻土区由于气候季节变化和日温差变化，冰丘冻胀、融沉、融冻泥流、冰湖溃决、泥流等地质灾害较为常发。青藏高原地壳抬升强烈，为印度洋板块和欧亚板块之间的碰撞结合带，活动性深大断裂发育，地震活动强烈，20 世纪以来共发生 7 级以上强烈地震达 10 多次。总之，该区主要是由自然地质动力形成的以冻融、地震灾害为主的地质灾害大区。

第二节　滑坡灾害及其防治

一、滑坡灾害及分类

滑坡是指斜坡上的土体或者岩体，受河流冲刷、地下水活动、地震及人工切坡等因素影响，在重力作用下，沿着一定的软弱面或者软弱带，整体地或者分散地顺坡向下滑动的自然现象。俗称“走山”“垮山”“地滑”“土溜”等。

1. 滑坡灾害造成的巨大危害

作为地质灾害的主要灾种，滑坡对城镇、交通运输、工厂、矿山、农田、水利水电工程等都带来巨大的危害。同时，由于滑坡也可能形成次生灾害，每年都造成巨大的经济损失和人员伤亡，是我国国民经济建设和社会发展的严重制约因素。我国典型滑坡实例统计见表 2—4。

表 2—4　　　　我国典型滑坡实例统计

滑坡名称	发生地点	发生时间	灾害情况
铁西滑坡	成昆线铁西车站	1980 年	滑坡体积 200 万 m^3，中断交通 40 天，治理费 2 300 万元
洒勒山滑坡	甘肃省东乡县	1983 年 3 月 7 日	滑坡体积 5 000 m^3，摧毁 4 个村庄，227 人死亡
鸡扒子滑坡	四川省云阳县	1982 年 7 月 18 日	滑坡体积 1 300 万 m^3，100 万 m^3 滑入长江，造成急流险滩，治理费 8 500 万元
新滩滑坡	湖北省秭归县	1985 年 6 月 12 日	滑坡体积 3 000 万 m^3，摧毁新滩镇，侵占长江航道 1/3，因提前预报无人员伤亡
韩城电厂滑坡	陕西省韩城市	1985 年 3 月	滑坡体积 500 万 m^3，破坏厂房设施，一、二期治理费 5 000 余万元
天水锻压机床厂滑坡	甘肃省天水市	1990 年 8 月 21 日	滑坡体积 60 万 m^3，摧毁 6 个车间，7 人死亡，损失 2 000 多万元
头寨沟滑坡	云南省昭通县	1992 年	滑坡体积 400 万 m^3，变成碎屑流冲出 4 km，摧毁 1 个村庄
K190 滑坡	宝成线 K190	1992 年 5 月	滑坡体积 30 万 m^3，中断运输 35 天，砸坏明洞，改线花费 8 500 万元
黄茨滑坡	甘肃省永靖县	1995 年 1 月 30 日	滑坡体积 600 万 m^3，摧毁 71 户民房，因提前预报无人员伤亡
岩口滑坡	贵州省印江县	1996 年 9 月 18 日	滑坡体积 260 万 m^3，堵断印江，淹没上游一村镇，威胁下游印江县城安全
八渡车站滑坡	南昆线八渡	1997 年 7 月	滑坡体积 500 万 m^3，威胁车站安全，治理费 9 000 万元

2. 滑坡基本要素

一个滑坡从孕育到形成，一般都有一个从量变到质变的过程，即经历从孕育、蠕变、剪切、形成四个阶段。通常斜坡上的地质体进入蠕变阶段即可视为滑坡。而当滑坡已经发展到了一定的阶段并出现明显的标志时（如滑面已经贯通、滑体发生了明显位移），都具有一些可以测量的特征，这些特征就是滑坡要素。当然，具体到每一个滑坡，并非所有要素都是齐全的。了解滑坡要素是认识、分析滑坡的基础，也是不同滑坡间相互对比的前提。滑坡基本要素主要包括：

（1）滑坡体（滑体）。指发生滑动的岩土体。滑坡体两侧、前后缘和滑动面附近的物质，在滑动时不可避免地会发生崩塌、揉皱和土石翻滚等扰动现象，但主体一般仍能保持相对完整状态，特别是在滑移距离不远、地形坡度较缓的情况下。此外，在滑动过程中，由于大量裂缝的出现和岩土体孔隙的增加，常会使滑坡体体积“增大”，增大比例与岩性、滑面形态和滑移速率有关，一般情况下是滑动前体积的1.1～1.3倍。

（2）滑动面。指滑坡体沿不动体下滑的分界面。常循地质软弱面发育而成，如地层中的软弱夹层、断层面、裂隙面、岩/土分界面等。有些滑坡具有多级滑面，在剖面上形成向下收敛的滑面组，最下面的一条称为主滑面，其他称为次滑面。滑动面上部受滑动揉皱而形成一定厚度的扰动带，称为滑动带，其厚度数毫米至数米不等。滑面剖面形态可以是直线状、曲线状、折线状或其他不规则状。滑坡发生后，滑面多数情况下上部裸露、下部被滑坡体掩盖，偶尔也可见到全部滑面都裸露出来的实例。

（3）滑坡床（滑床）。滑坡体下面没有滑动的岩土体（其表面就是滑动面）。

（4）滑坡周界。滑动面在平面上的展布范围，也就是滑坡体与周围不动体在平面上的分界线。

（5）滑坡壁。滑坡体移动后，因后缘拉开而暴露在外面的拉裂面。一般平面上呈弧形，倾角多大于50°，滑坡壁上有时可见垂向擦痕。滑坡壁向下延伸倾角变缓并与滑动面相连。

（6）滑坡台阶。由于滑坡体上、下各部分滑动速度的差异，或滑动时间先后不同，在滑坡体表面形成的略向后倾的阶状错台。错台上如果生长有树木，常因滑坡体旋转而倾斜、弯曲，形成所谓的“醉汉林”或“马刀树”。

（7）封闭洼地。滑坡体与滑坡壁间拉开后形成四周高、中间低的沟槽。沟槽中积水时称为滑坡积水洼地。当滑坡体上、下部之间发生较大差异滑动时，封闭洼地和滑坡积水洼地也可在滑坡体的中部出现。

（8）滑坡舌。滑坡体前缘呈舌状的部分。

（9）滑坡鼓丘。滑坡体前缘因滑动受阻而隆起的小丘。

（10）拉张裂缝。滑坡体上部的弧形开放性裂缝，与滑坡壁走向大致平行。通常将其最外一条裂缝称为滑坡主裂缝或破裂缘。在主裂缝上部的斜坡中，由于滑坡体移动造成的卸荷作用，常形成一系列拉张裂缝，这些裂缝的形态、产状与主裂缝相近，但无明显垂向位移，称为卸荷—引张裂缝，滑坡范围可能循这些裂缝进一步扩大。

（11）剪切裂缝。位于滑坡体中部两侧，系滑坡体下滑时与两侧不动体相对剪切作用所致，常呈羽毛状或雁行状排列。在滑坡体纵向滑移速度差异明显时，滑坡体内部也可形成与滑动方向相近的以水平错动为主的剪切裂缝。

（12）扇形裂缝。位于滑坡体下部，平面呈扇骨状，系滑坡体前部挤压或侧向扩离所形成。

（13）鼓张裂缝。位于滑坡体下部，平面上往往呈断续弧形，并与扇形裂缝大致垂直，系滑坡体前部挤压拱起所形成。

（14）滑坡泉。滑坡发生后，改变了原有斜坡的水文地质结构，在滑坡体内或滑坡体周缘形成新的地下水集中排泄点，称为滑坡泉。

（15）剪出口。滑动面与斜坡下部原始地面的交线，一般情况下被滑坡体覆盖。

（16）滑坡坝和滑坡湖。滑坡体进入河（沟）道，阻断河水的滑坡堆积体称为滑坡坝；滑坡坝上游壅水成湖，称为滑坡湖。

（17）滑坡轴（主滑线）。滑坡体滑动速度最快的纵向线。代表整个滑坡的滑动方向，一般位于推力最大、滑面埋深最大（滑坡体最厚）的纵断面上。在平面上为直线或曲线。

（18）主滑方向。滑坡轴指向坡下的方向。

（19）滑动距离。分为总滑距、水平滑距和垂直滑距。总滑距是指滑坡体中的某一点在位移前后位置变化的最大距离；水平滑距是指总滑距在水平面上的垂直投影；垂直滑距是指总滑距在垂直于主滑方向的平面上的水平投影。

滑坡的基本要素构成见图 2—2 和图 2—3。

3. 滑坡灾害分类

为了更好地认识和治理滑坡，需要对滑坡进行分类。但由于自然界的地质条件和作用因素复杂，各种工程分类的目的和要求又不尽相同，因而可从不同角度进行滑坡分类。我国的滑坡类型有如下几种划分：

（1）按滑坡规模划分。依据滑坡体积、死亡人数和所造成的直接经济损失，可将滑坡分为巨型滑坡、大型滑坡、中型滑坡和小型滑坡四类，见表 2—5。

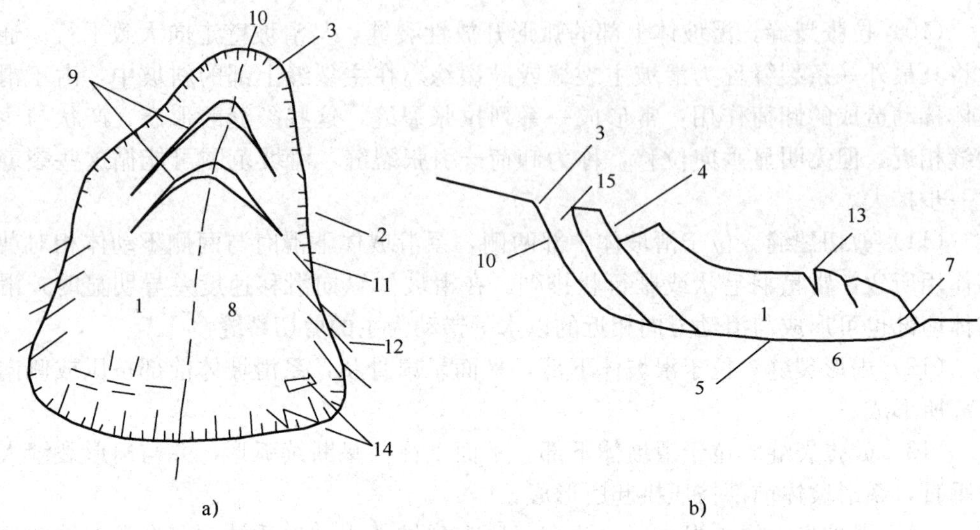

图 2—2 滑坡地貌及滑坡几何要素（平面、剖面）

a）平面 b）剖面

1—滑坡体 2—滑坡周界 3—滑坡壁 4—滑坡台阶 5—滑动面（带） 6—滑坡床 7—滑坡舌 8—滑坡轴 9—拉张裂缝 10—滑坡主裂缝 11—剪切裂缝 12—羽状裂缝 13—鼓张裂缝 14—扇形裂缝 15—封闭洼地（滑坡湖）

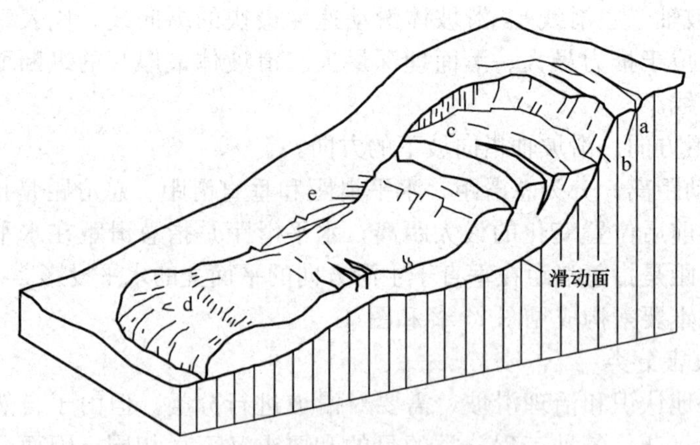

图 2—3 滑坡地貌及滑坡几何要素（侧视）

a—后缘环状拉裂缝 b—滑坡断壁 c—横向裂缝及滑坡台阶 d—滑坡舌及鼓张裂缝 e—滑坡侧壁及羽状裂缝

表 2—5　　滑坡分级

类型	滑坡体积 （1×10^4 m^3）	死亡人数 （人）	直接经济损失 （万元）
巨型滑坡	＞1 000	＞100	＞100
大型滑坡	100～1 000	10～100	10～100
中型滑坡	10～100	1～9	＜10
小型滑坡	＜10	0	0

（2）按滑坡的滑动速度划分。可以分为蠕动型滑坡、慢速滑坡、中速滑坡和高速滑坡。

1）蠕动型滑坡。人们凭肉眼难以看见其运动，只能通过仪器观测才能发现的滑坡。

2）慢速滑坡。每天滑动数厘米至数十厘米，人们凭肉眼可直接观察到滑坡的活动。

3）中速滑坡。每小时滑动数十厘米至数米的滑坡。

4）高速滑坡。每秒滑动数米至数十米的滑坡。

（3）按滑动面划分。根据以往经验和岩土工程原理，滑坡常见滑动面分为三种类型。

1）均质土滑动面。对于基岩埋深很大，整个滑动面均发生在土体内部而未触及基岩。一般来说，均质土滑面形状以圆形和弧形为主，这与边坡稳定分析原理是一样的。见图 2—4a。

2）碎石土滑动面。在基岩或稳定土层之上堆积的碎石土沿坡体下滑的滑动面。碎石土滑动面形状一般随下卧滑床形状呈折线型。见图 2—4b。

3）基岩滑动面。上层基岩沿软弱带下滑时的滑动面。一般为直线。见图 2—4c。

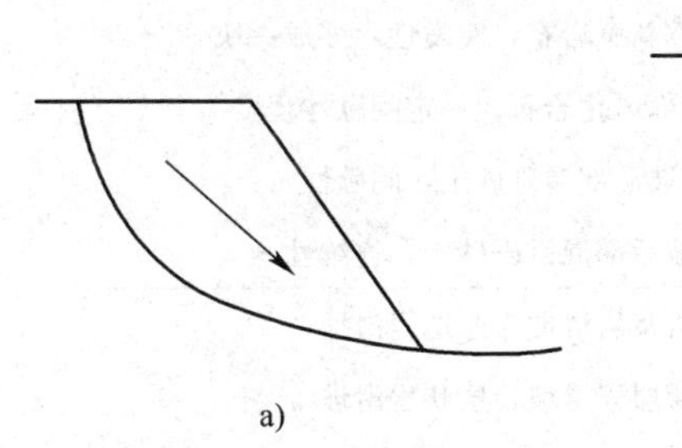

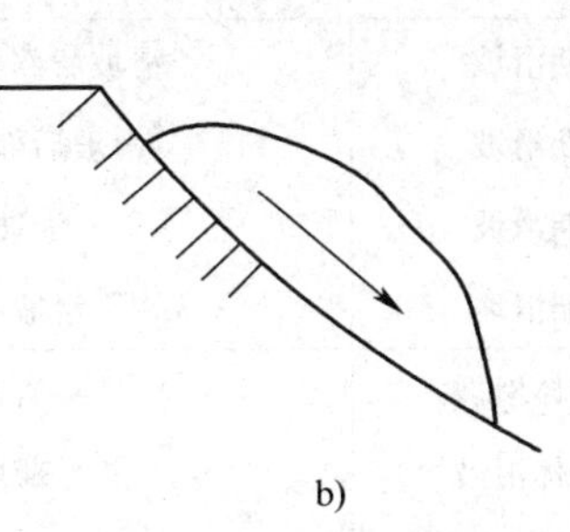

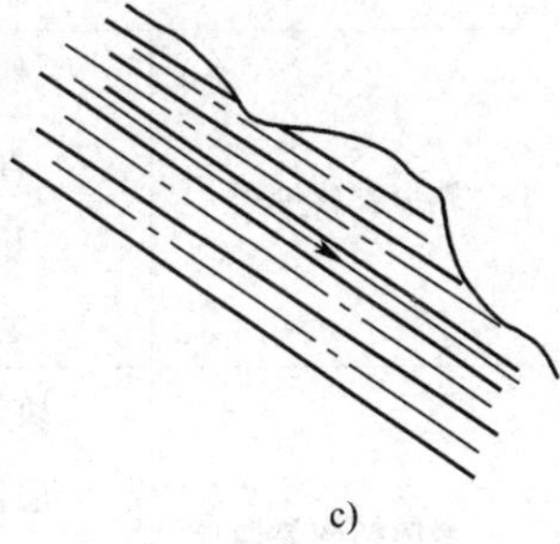

图 2—4　滑动面类型

a）均质土滑动面　b）碎石土滑动面　c）基岩滑动面

4. 典型滑坡的多角度分类

由于不同的自然环境、地层条件、地质年代、人类活动和其他因素的影响，自然界的滑坡是多种多样的。为了对滑坡机理进行深入而具体的分析，也便于勘探人员有针对性地进行调查与勘察，更有利于进行滑坡的稳定分析和防护整治工作，有利于不同行业或地区针对不同滑坡类型制定相关的规范和防治方法，一般从多种角度对滑坡进行分类，见表 2—6。

表 2—6　　典型滑坡分类

分类依据	滑坡分类	滑坡特征描述
滑坡体物质组成	黄土滑坡	
	黏性土滑坡	
	堆填土滑坡	人工填筑土
	堆积土滑坡	所有第四系堆积物
	破碎岩石滑坡	
	岩石滑坡	
滑体厚度	浅层滑坡	＜6 m（有的规定 3 m）
	中层滑坡	6～20 m（有的规定 3～15 m）
	厚（深）层滑坡	20～50 m（有的规定 15～30 m）
	超厚（深）层滑坡	＞50 m（有的规定 30 m）
主滑面成因类型	堆积面滑坡	堆积作用形成的软弱面，内部层面
	层面滑坡	沉积变质岩层面，喷出岩上下层接触面
	构造面滑坡	节理面、断面层，原生、构造裂隙面
	同生面滑坡	土质滑坡，不通过软弱面
地形发育过程	幼年期滑坡	滑坡后部新鲜岩石，突发性，多成一块
	青年期滑坡	滑坡后部风化岩石，一定间歇性程度
	壮年期滑坡	滑坡后部混砾砂土，间歇性
	老年期滑坡	滑坡后部混巨砾砂土，连续性
岩体结构类型	块状岩体滑坡	岩浆岩滑坡，厚层岩滑坡
	层状岩体滑坡	薄层岩滑坡，层状岩滑坡
	碎裂岩体滑坡	碎裂岩滑坡
	松散岩体滑坡	黄土滑坡，黏性土滑坡，碎石土滑坡

续表

分类依据	滑坡分类	滑坡特征描述
滑动时代分类	新滑坡	发生于河漫滩时期，具有现代活动性
	老滑坡	发生于河漫滩时期，目前暂时稳定
	古滑坡	发生在河流阶地侵蚀时期或稍后，目前稳定
	始滑坡	发生在当地现今水系形成之前，极稳定
滑动历史分类	首次滑坡	滑速高，滑体为完整的原始地层
	再次滑坡	滑速低，滑体为滑坡堆积物
滑体规模	小型滑坡	＜10 万 m^3
	中型滑坡	10～100 万 m^3
	大型滑坡	100～1 000 万 m^3
	巨型（超大型）滑坡	＞1 000 万 m^3

二、滑坡的形成机理

1. 产生滑坡的基本条件

（1）斜坡体前有滑动空间，两侧有切割面。如我国西南地区，特别是西南丘陵山区，最基本的地形地貌特征就是山体众多，山势陡峻，沟谷河流遍布于山体之中，与之相互切割，形成众多的具有足够滑动空间的斜坡体和切割面。广泛存在滑坡发生的基本条件，滑坡灾害相当频繁。从斜坡的物质组成来看，具有松散土层、碎石土、风化壳和半成岩土层的斜坡抗剪强度低，容易产生变形面下滑；坚硬岩石中由于岩石的抗剪强度较大，能够经受较大的剪切力而不易产生变形滑动。但是，如果岩体中存在着滑动面，特别是在暴雨之后，由于水在滑动面上的浸泡，使其抗剪强度大幅度下降而易滑动。

（2）降雨对滑坡的影响。降雨对滑坡的作用主要表现在，雨水的大量下渗，导致斜坡上的土石层饱和，甚至在斜坡下部的隔水层上积水，从而增加了滑坡体的重量，降低土石层的抗剪强度，导致滑坡产生。不少滑坡具有“大雨大滑、小雨小滑、无雨不滑”的特点。

（3）地震对滑坡的影响。地震的强烈作用使斜坡土石的内部结构发生破坏和变化，原有的结构面张裂、松弛，加上地下水也有较大变化，特别是地下水位的突然升高或降低对斜坡稳定很不利。另外，一次强烈地震的发生往往伴随着许多余震，在地震力的反复振动冲击下，斜坡土石体就更容易发生变形，最后就会发展成滑坡。

2. 产生滑坡的主要条件

(1) 地质条件与地貌条件。主要包括以下几个方面：

1) 岩土类型。岩土体是产生滑坡的物质基础。一般说，各类岩、土都有可能构成滑坡体。其中，结构松散，抗剪强度和抗风化能力较低，在水的作用下其性质发生变化的岩、土，如松散覆盖层、黄土、红黏土、页岩、泥岩、煤系地层、凝灰岩、片岩、板岩、千枚岩等构成的斜坡易发生滑坡。

2) 地质构造条件。组成斜坡的岩、土体只有被各种构造面切割分离成不连续状态时，才具有向下滑动的条件。同时，构造面又为降雨等水流进入斜坡提供了通道。因此，各种节理、裂隙、层面、断层发育的斜坡，特别是当平行和垂直斜坡的陡倾角构造面及顺坡缓倾的构造面发育时，最易发生滑坡。

3) 地形地貌条件。只有处于一定的地貌部位，具备一定坡度的斜坡，才可能发生滑坡。一般江、河、湖（水库）、海、沟的斜坡，前缘开阔的山坡、铁路、公路和工程建筑物的边坡等都是易发生滑坡的地貌部位。坡度大于10°、小于45°，下陡中缓及上陡上部成环状的坡形容易产生滑坡。

4) 水文地质条件。地下水活动在滑坡形成中起着主要作用。它的作用主要表现在：软化岩、土，降低岩、土体的强度，产生动水压力和孔隙水压力，潜蚀岩、土，增大岩、土容重，对透水岩层产生浮托力等。尤其是对滑面（带）的软化作用和降低强度的作用最突出。

(2) 内外动力和人为作用的影响。主要的诱发因素有：

1) 外界因素和作用可以使稳定滑坡的基本条件发生变化，从而诱发滑坡，主要诱发因素有地震、降雨和融雪、地表水的冲刷浸泡、河流等地表水体对斜坡坡脚的不断冲刷等。

2) 不合理的人为行为，主要是各种违反自然规律的行为，这些破坏斜坡稳定条件的人类活动（以土木工程建设为主）都会诱发滑坡。具体有以下几种：

①开挖坡脚。修建公路、铁路，依山建房、建厂等工程，常常使坡体下部失去支撑而发生下滑。例如，我国西南、西北的一些铁路、公路，因修建时大力爆破、强行开挖，事后，陆陆续续地在边坡上发生了滑坡，给道路施工和线路运营带来危害。

②蓄水、排水。水渠和水池的漫溢和漏水、工业生产用水和废水的排放、农业灌溉等，均使水流渗入坡体，加大孔隙水压力，软化土石，增大坡体容重，从而促进或诱发滑坡的发生。水库的水位上下急剧变动，加大了坡体的动水压力，

也可诱发滑坡的发生。

③堆填加载。在斜坡上大量兴建楼房、修建重型工厂、大量堆填土石和矿渣等，使斜坡支撑不了过大的重量，失去平衡而沿软弱面下滑。尤其是矿厂废渣的不合理堆弃，常常触发滑坡的发生。

④其他不合理的人为行为。劈山开矿的爆破作用，可使斜坡的岩土体受震动而破碎，产生滑坡。在山坡上乱砍滥伐，使坡体失去保护，便有利于雨水等水体的渗入从而诱发滑坡。

3. 影响滑坡活动强度的因素

滑坡的活动强度主要与滑坡的规模、滑移速度、滑移距离及其蓄积的位能和产生的动能有关。一般而言，滑坡体的位置越高、体积越大、移动速度越快、移动距离越远，则滑坡的活动强度也就越高，危害程度也就越大。具体说来，影响滑坡活动强度的因素主要有：

（1）地形坡度、高差越大、滑坡位能越大，所形成滑坡的滑速越高。斜坡前方地形的开阔程度，对滑移距离的大小有很大影响。地形越开阔，则滑移距离越大，滑坡的活动强度也越高。

（2）岩性组成的岩、土的力学强度越高，越完整，则滑坡往往较少发生。构成滑坡滑面的岩土的性质，直接影响滑速的高低，一般而言，滑坡力学强度越低，滑坡体的滑速也就越高，滑坡的活动强度越高。

（3）地质构造切割、分离坡体的地质构造面越发育，形成的滑坡规模也就越大，滑坡的活动强度也越高。

（4）诱发滑坡活动的外界因素越强，滑坡的活动强度就越大。如强烈地震、特大暴雨所诱发的滑坡多为规模较大的高速滑坡。

总之，滑坡的活动强度是若干因素综合作用的结果。

4. 滑坡活动过程

滑坡活动过程主要包括以下三个阶段：

（1）酝酿阶段或蠕动变形阶段。斜坡形成后，斜坡上部因卸荷作用出现松弛变形，形成坡后的拉张裂缝，而后裂缝下侧的土体发生缓慢位移，位移量一般每月仅数厘米。这一阶段通常历时较长，有的数年、数十年甚至上百年，其过程中常伴随出现各种异常现象，如地下水动态异常、山坡坡脚土体出现挤压变形，以及产生震感和响声等。此阶段滑动土体与母体（滑床）之间没有产生相对位移。

（2）突变阶段或剧烈滑动阶段。蠕动变形阶段岩土体只是局部剪切变形，并未形成连通的剪裂面。而当软弱岩层被完全剪断，滑动面或滑动带形成后，位移速度加快，一般每小时数米至数百米，有时可达数千米，在少数情况下甚至发生急剧快速的滑动。在突变之际常见泉水变浊，坡脚局部坍塌或掉落土块。此阶段滑动土体与母体（滑床）之间产生相对位移。

（3）残余变形或渐趋稳定阶段。失稳坡体发生滑移突变后，位移速度减慢，各块间变形逐步停止，剪切滑动面（带）在压密下排水而固结，地表无裂缝、沉陷发生，最后完全稳定下来。此阶段滑动土体与母体（滑床）之间产生相对位移，但与剧烈滑动阶段相比则小得多。

三、边坡稳定性分析

边坡一旦失稳就变成滑坡，因此边坡应呈稳定状态；对边坡稳定性的分析是滑坡研究中的重要工作。

1. 边坡稳定性分析方法简介

（1）定性分析方法。主要是分析影响边坡稳定性的主要因素、失稳的力学机制、变形破坏的可能方式及工程的综合功能等，对边坡的成因及演化历史进行分析，以此评价边坡稳定状况及其发展趋势。该方法的优点是综合考虑影响边坡稳定性的因素，快速地对边坡的稳定性作出评价和预测。常用的方法有：

1）地质分析法（历史成因分析法）。根据边坡的地形地貌形态、地质条件和边坡变形破坏的基本规律，追溯边坡演变的全过程，预测边坡稳定性发展的总趋势及其破坏方式，从而对边坡的稳定性作出评价，对已发生过滑坡的边坡，则判断其能否复活或转化。

2）工程地质类比法。其实质是把已有的自然边坡或人工边坡的研究设计经验应用到条件相似的新的自然边坡和人工边坡的研究设计中去。需要对已有边坡进行详细的调查研究，全面分析工程地质因素的相似性和差异性，分析影响边坡变形发展的主导因素的相似性和差异性。同时，还应考虑工程的类别、等级及其对边坡的特定要求等。它虽然是一种经验方法，但在边坡设计中，特别是在中小型工程的设计中是很通用的方法。

3）图解法。图解法可以分为两类：一是用一定的曲线和诺模图来表征边坡有关参数之间的定量关系，由此求出边坡稳定性系数；二是已知稳定系数及其他参数（结构面倾角 ϕ、坡角 c、坡高 r）求出稳定坡角或极限坡高。这是力学计算的简化。利用图解法求边坡变形破坏的边界条件，分析软弱结构面的组合关系，分析滑体的形态、滑动方向，评价边坡的稳定程度，为力学计算创造条件。常用的有水平极射投影分析法及实体比例投影法。

4）边坡稳定专家系统。工程地质领域最早研制出的专家系统是用于地质勘察的专家系统 Propecter，由斯坦福大学于 20 世纪 70 年代中期完成。另外，MIT 在 20 世纪 80 年代中期研制的测井资料咨询的专家系统也得到成功应用。在国内，许多单位正在进行研制，并取得了很多成果。专家系统使得一般工程技术人员在解决工程地质问题时，能像有经验的专家一样给出比较正确的判断并作出结论。因此，专家系统的应用为工程地质的发展提供了一条新思路。

（2）定量评价方法。目前，定量评价方法实质是一种半定量的方法，虽然评价结果表现为确定的数值，但最终判定仍依赖人为的判断，所有定量的计算方法都是基于定性方向之上。

1）极限平衡法。极限平衡法在工程中应用最为广泛，这个方法以摩尔—库仑抗剪强度理论为基础，将滑坡体划分为若干条块，建立作用在这些条块上的力的平衡方程式，求解安全系数。这个方法，不像传统的弹性力学、塑性力学那样引入应力—应变关系来求解本质上为静不定的问题，而是直接对某些多余未知量作假定，使得方程式的数量和未知数的数量相等，因而使问题变得静定可解。根据边坡破坏的边界条件，应用力学分析的方法，对可能发生的滑动面，在各种荷载作用下进行理论计算和抗滑强度的力学分析。通过反复计算和分析比较，对可能的滑动面给出稳定性系数。极限平衡分析方法很多，在处理上，各种方法还在以下几个方面引入简化条件：

①对滑裂面的形状作出假定，如假定滑裂面形状为折线、圆弧、对数螺旋线等；

②放松静力平衡要求，求解过程中仅满足部分力和力矩的平衡要求；

③对多余未知数的数值和分布形状作假定。

该方法比较直观、简单，对大多数边坡的评价结果比较令人满意。该方法的关键在于对滑坡体的范围和滑面的形态进行分析，正确选用滑面计算参数，正确地分析滑坡体的各种荷载。基于该原理的方法很多，如条分法、圆弧法、Bishop 法、Janbu 法、不平衡传递系数法等。最为常用的极限平衡法有 Ordinary（或 Sweden）法、Bishop 法和 Janbu 法，其基本假设条件见表 2—7。目前，极限平衡方法已经从二维发展到三维。有关边坡稳定三维极限平衡方法，已有众多文献介绍研究成果。

2）数值分析方法。主要是利用某种方法求出边坡的应力分布和变形情况，研究岩体中应力和应变的变化过程，求得各点上的局部稳定系数，由此判断边坡的稳定性。主要有以下几种：

表 2—7　　常用极限平衡法的基本假设条件和稳定性计算公式

极限平衡法	基本假定	稳定性系数表达式	表达式意义
Ordinary	条块间无作用力	$F_s=\frac{M_R}{M_S}$	$\frac{\text{抗滑力矩}}{\text{滑动力矩}}$
Bishop	条块间只有水平作用力	$F_s=\frac{\tau_f}{\tau}=\frac{\sigma\tan\varphi+c}{\tau}$	$\frac{\text{抗剪强度}}{\text{剪应力}}$
Janbu	土条合力作用点为下三分点	$F_s=\frac{\tau_f}{\tau}=\frac{\sigma\tan\varphi+c}{\tau}$	$\frac{\text{抗剪强度}}{\text{剪应力}}$

①有限元法（FEM）。该方法是目前应用最广泛的数值分析方法。其解题步骤已经系统化，并形成了很多通用的计算机程序。其优点是部分地考虑了边坡岩体的非均质、不连续介质特征，考虑了岩体的应力、应变特征，因而可以避免将坡体视为刚体、过于简化边界条件的缺点，能够接近实际地从应力、应变分析边坡的变形破坏机制，对了解边坡的应力分布及应变位移变化很有利。其不足之处是：数据准备工作量大，原始数据易出错，不能保证整个区域内某些物理量的连续性；在解决无限性问题、应力集中问题时精度比较差。

②边界元法（BEM）。该方法只需对已知区的边界极限离散化，具有输入数据少的特点。由于对边界极限离散，离散化的误差仅来源于边界，区域内的有关物理量是用精确的解析公式计算的，故边界元法的计算精度较高，在处理无限域方面的问题时有明显的优势。其不足之处为：边界元法得到的线性方程组的关系矩阵是不对称矩阵，不便应用有限元中成熟的对稀疏对称矩阵的系列解法。另外，边界元法在处理材料的非线性和严重不均匀的边坡问题方面，远不如有限元法。

③离散元法（DEM）。由 Cundall（1971）首先提出。该方法利用中心差分法解析动态松弛求解，为一种显式解法，不需要求解大型矩阵，计算比较简便。其基本特征在于允许各个离散块体发生平动、转动，甚至分离，弥补了有限元法或边界元法的介质连续和小变形的不足。此外，离散单元法可以直观地反映岩体变化的应力场、位移场及速度场等各个参量的变化，可以模拟边坡失稳的全过程。因此，该方法特别适合块裂介质的大变形及破坏问题的分析。其缺点是计算时步长需要很小，阻尼系数难以确定等。

④块体理论（BT）。由 Goodman 和 Shi（1985）提出，该方法利用拓扑学和群论评价三维不连续岩体稳定性。该方法建立在构造地质和简单的力学平衡计算的基础上。利用块体理论能够分析节理系统和其他岩体不连续系统，找出沿规定临

空面岩体的临界块体。块体理论为三维分析方法，随着关键块体类型的确定，能找出具有潜在危险的关键块体在临空面的位置及其分布。块体理论不提供大变形下的解答，能较好地应用于选择边坡开挖的方向和形状。

2. 圆弧法边坡稳定分析

对于均质的有断裂面和没有断裂面的边坡，在一定条件下可看做平面问题，用圆弧法进行稳定分析。圆弧法是最简单的分析方法之一。

在用圆弧法进行分析时，首先假定滑动面为一圆弧（见图 2—5），把滑动岩土体看做刚体，求滑动面上的滑动力及抗滑力，再求这两个力对滑动圆心的力矩。滑动力矩 M_S 和抗滑力矩 M_R 之比，即为该边坡的稳定安全系数 F_s，计算公式为：

$$F_s=\frac{\text{抗滑力矩}}{\text{滑动力矩}}=\frac{M_R}{M_S} \tag{2—2}$$

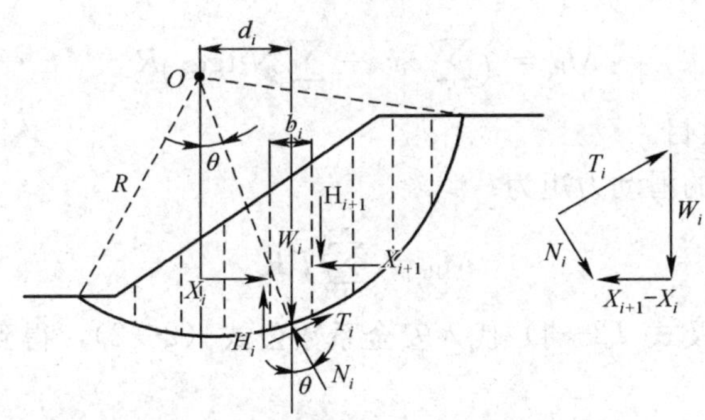

图 2—5　圆弧法边坡稳定分析

如果 $F_s>1$，则沿着这个计算滑动面是稳定的；如果 $F_s\leqslant1$，则是不稳定的；如果 $F_s=1$，则说明这个计算滑动面处于极限平衡状态。

由于假定计算滑动面上的各点覆盖岩石重量各不相同，因此，由岩石重量引起在滑动面上各点的法向压力也不同。抗滑力中的摩擦力与法向应力的大小有关，所以，应当计算出假定滑动面上各点的法向应力。为此，可以把滑弧内的岩石分条，用条分法进行分析。

如图 2—5，把滑坡体分为 n 条，其中，第 i 条传给滑动面上的重量为 W_i，它可以分解为两个力：一是垂直于圆弧的法向力 N_i，二是切于圆弧的切向力 T_i。

由图 2—5 可见：

$$\begin{aligned}N_i&=W_i\cos\theta_i\\T_i&=W_i\sin\theta_i\end{aligned} \tag{2—3}$$

N_i力通过圆心，其本身对边坡滑动不起作用。但是，N_i可使岩条滑动面上产生摩擦力$N_i tg\varphi_i$（φ_i为该弧所在的岩土体的内摩擦角），其作用方向与岩土体滑动方向相反，故对边坡起着抗滑作用。此外，滑动面上的凝聚力c也起抗滑作用，所以，第i条岩条滑弧上的抗滑力为：

$$c_i l_i + N_i tg\varphi_i$$

因此，第i条产生的抗滑力矩为：

$$(M_R)_i = (c_i l_i + N_i tg\varphi_i)\ R$$

式中　c_i——第i条滑弧所在岩层的凝聚力；

φ_i——第i条滑弧所在岩层的内摩擦角；

l_i——第i条岩条的滑弧长度。

同样，对每一岩条进行类似分析，可以得到总的抗滑力矩为：

$$M_R = (\sum_1^n c_i l_i + \sum_1^n N_i \mathrm{tg}\varphi_i)R$$

式中　n——分条数目。

而滑动面上总的滑动力矩为：

$$M_R = \sum_1^n T_i R \tag{2—4}$$

将式（2—3）及式（2—4）代入安全系数公式（2—2），得到假定滑动面上的安全系数为：

$$F_s = \frac{\sum_1^n c_i l_i + \sum_1^n N_i \mathrm{tg}\varphi_i}{\sum_1^n T_i} \tag{2—5}$$

由于圆心和滑动面是任意假定的，因此，要假定多个圆心和相应的滑动面作类似的分析，进行试算，从中找到最小的安全系数，即为真正的安全系数，其对应的圆心和滑动面即为最危险的圆心和滑动面。

根据用圆弧法的大量计算结果，有人已经绘制了如图2—6所示的曲线。

该曲线表示当一定的任何物理力学性质时坡高与坡角的关系。在图2—6中，横轴表示坡角a，纵轴表示坡高系数H'，H_{90}表示均质垂直边坡的极限高度，亦即坡顶张裂缝的最大深度，用下式计算：

$$H_{90} = \frac{2c}{\gamma}\mathrm{tg}\left(45° + \frac{\varphi}{2}\right) \tag{2—6}$$

利用这些曲线可以很快地决定坡高或坡角，其计算步骤如下：

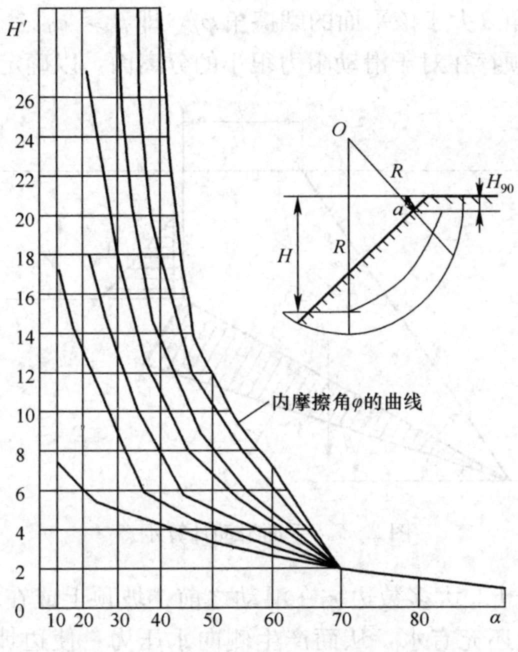

图 2—6　圆弧滑动边坡稳定性线算图

（1）根据岩土体的性质指标（c、φ、γ）按式（2—6）确定 H_{90}。

（2）如果已知坡角求坡高，则在横轴上找到已知坡角值的点，自该点向上作一垂直线，相交于对应已知内摩擦角 φ 的曲线，得一交点，然后从这一交点作一水平线交于纵轴，求得 H'，将 H'乘以 H_{90}，即得所要求的坡高 H，即：

$$H=H'H_{90} \qquad (2—7)$$

（3）如果已知坡高 H 需要确定坡角，则首先确定 H'，计算公式为：

$$H'=\frac{H}{H_{90}}$$

根据 H'，从纵轴上找到相应点，通过该点作一水平线相交于对应已知 φ 的曲线，得一交点，然后从该交点作向下的垂直线交于横轴，求得坡角。

3. 平面滑动稳定分析方法

（1）平面滑动的一般条件。边坡沿着单一的平面发生滑动，一般必须满足下列几何条件（见图 2—7）：

1）滑动面的走向必须与坡面平行或接近平行（约在±20°的范围内）。

2）滑动面必须在边坡面露出，即滑动面的倾角 β 小于坡面的倾角 α，即 $\beta<\alpha$。

3）滑动面的倾角β大于该平面的摩擦角φ_j，即$\beta > \varphi_j$。

4）岩土体中必须存在对于滑动阻力很小的分离面，以确定滑动的侧面边界。

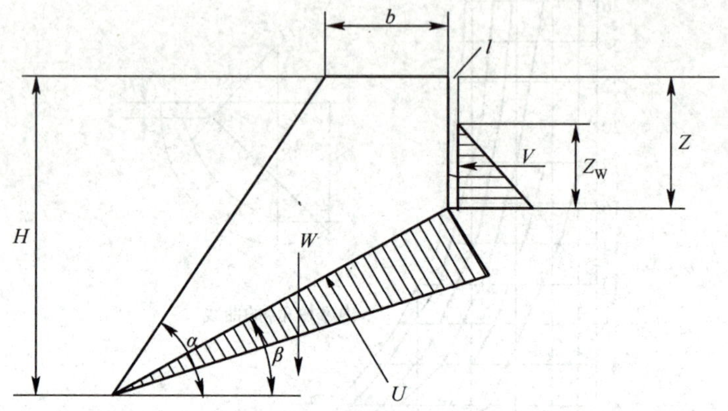

图 2—7　平面滑动计算示意

（2）平面滑动分析。大多数边坡在滑动之前，坡顶上或在坡面上出现张裂缝。张裂缝中不可避免地还充有水，从而产生侧向水压力，使边坡的稳定性降低。在分析中往往作下列假定：

1）滑动面及张裂缝的走向平行于坡面。

2）张裂缝垂直，其中充水深度为Z_w。

3）水沿张裂缝底进入滑动面渗漏，张裂缝底与坡趾间的长度内水压力按线性变至零（如图 2—7 所示的三角形分布）。

4）滑动块体重量W、滑动面上水压力U和张裂缝中水压力V均通过滑坡体的重心。换言之，假定没有使岩块转动的力矩，破坏只是由于滑动。一般而言，忽视力矩造成的误差可以忽略不计，但对于具有陡倾斜不连续面的陡边坡要考虑可能产生倾倒破坏。

潜在滑动面上的安全系数，要按极限平衡条件求得。这时，安全系数等于总抗滑力与总滑动力之比，即：

$$F_s = \frac{c_i L + (W\cos\beta - U - V\sin\beta)\ \mathrm{tg}\varphi_j}{W\sin\beta + V\cos\beta} \tag{2—8}$$

式中　L——滑动面长度（每单位宽度内的面积），计算公式为：

$$L = \frac{H - Z}{\sin\beta} \tag{2—9}$$

$$U=\frac{1}{2}\gamma_w Z_w L \tag{2—10}$$

$$V=\frac{1}{2}\gamma_w Z_w^2 \tag{2—11}$$

W 按下列公式计算，当张裂缝位于坡顶面时：

$$W=\frac{1}{2}\gamma H^2\ \{\ [1-(Z/H)^2]\ \mathrm{ctg}\beta-\mathrm{ctg}\alpha\} \tag{2—12}$$

当张裂缝位于坡面上时：

$$W=\frac{1}{2}\gamma H^2\ [(1-Z/H)^2\,\mathrm{ctg}\beta\ (\mathrm{ctg}\beta\mathrm{tg}\alpha-1)] \tag{2—13}$$

当边坡的几何要素和张裂缝内的水深为已知时，用上述公式计算安全系数很简单。但有时需要对不同的边坡几何要素、水深、不同抗剪强度的影响进行比较，这时用上述公式计算就相当麻烦。为了简化起见，可以将方程式（2—8）重新整理为无量纲的形式如下：

$$F_s=\frac{(2c/\gamma H)\ P+\ [Q\mathrm{ctg}\beta-R\ (P+S)]\ \mathrm{tg}\varphi_j}{Q+RS\mathrm{ctg}\beta} \tag{2—14}$$

式中：

$$P=\ (1-Z/H)\ \csc\beta \tag{2—15}$$

当张裂缝在坡顶面上时：

$$Q=\ \{\ [1-\ (Z/H)^2]\ \mathrm{ctg}\beta-\mathrm{ctg}\alpha\}\ \sin\beta \tag{2—16}$$

当张裂缝在坡面上时：

$$Q=\ [1-\ (Z/H)^2]\ \cos\beta\ (\mathrm{ctg}\beta\mathrm{ctg}\alpha-1) \tag{2—17}$$

$$R=\frac{r_w}{r}\frac{Z_w}{Z}\cdot\frac{Z}{H} \tag{2—18}$$

$$S=\frac{Z_w}{Z}\cdot\frac{Z}{H}\sin\beta \tag{2—19}$$

P、Q、R、S 均为无量纲的，即它们只取决于边坡的几何要素，而不取决于边坡尺寸。因此，当凝聚力 $c=0$ 时，安全系数不取决于边坡的具体尺寸。

四、滑坡的防治措施

整治滑坡的措施大体上分为两种情况：一是针对病因采取的措施，以制止滑动或控制滑坡发展为主；二是针对危害采取的措施。要避开滑坡危害，两者均须明确滑坡变形产生的基本条件、主要原因和变形过程，然后才能针对病因采取整治措施。对大型崩塌性滑坡集中地段，在选线中应以绕避为主。对一般的滑坡，应迅速查清其性质和原因，一次性根治不留后患。对大型复杂的滑坡群，短期内不易彻底查清其性质的，应分期连续整治，先采取稳定坡体的临时措施，如地面排水和恢复山体平衡，包括减重和部分支撑等，在查清性质后采取果断措施予以根治。

滑坡治理措施种类繁多，内容丰富，但均有局限性，不同的治理措施，工程效果和经济效益各异。主要的滑坡治理措施如下：

1. 绕避

在明确滑坡前提下，选线选址时应做好方案比选。如果绕避比整治滑坡更具有经济技术合理性，应采取绕避。如成昆铁路沿线已发生的老滑坡 106 处，经比选后绕避 80 处，整治通过 26 处。在必须于滑坡附近通过时，应按照先后缘和前缘，后中间的顺序进行。后缘安全性大，整治工程小；前缘则应选在缓坡滑面段上通过，不得已再从中部通过。

2. 排水

排水措施的目的在于减少水体进入滑坡体内，以及疏干滑坡体内的水，以减少滑坡下滑力。主要措施如下：

（1）隧洞排水。可以利用洞探加工成排水隧洞。洞底设置在滑面以下的稳定地层中，并做好底板隔水设计施工，其上做拱形衬砌，并预留与排水孔相连的集水孔，或干砌不易软化的片块石做成排水盲洞。铁路部门普遍采用此技术，但多被滑坡滑动剪破坏失效，如熊家河滑坡，1981 年水害检查时发现底板和拱都被挤压破损失效，故没有改变滑坡逐步加速滑动的趋势，用既抗滑又排水的抗滑排水锚洞是完全可行的。苏家坪滑坡曾有此措施方案构思，但工程量远比其他抗滑工程大，施工困难，排水集水孔钻孔困难，结果没有采用。

（2）钻孔排水。国外已广泛使用，我国因成孔技术问题尚待推广。成昆铁路甘落老滑坡利用此种排水技术，将滑带以上水体，在滑坡前缘段经排水钻孔排入下伏的高阶地卵石层中，疏干前缘滑体中的地下水，提高抗滑强度，增加在其上设置甘落车站的稳定性，已正常运营 20 多年无变形迹象。

（3）支撑盲沟。这是广泛采用的措施，设计施工时要从滑面以下稳定地层起，明挖至地面，做好底部隔水处理，回填不易软化的块片石。盲沟条数及间距据验算决定，使其又抗滑又排水。本措施只适用于浅层小型滑坡，特别是处理风化带滑坡具有较大潜力。

水是引起滑坡的重要根源，但除浅小型滑坡外，单一排水措施在大中型滑坡中的成功率较小，主要原因是滑坡工程排水很难达到理论计算要求，不可能全部杜绝水体进入滑体；从滑坡体中排水，实际上水已在滑坡体中起作用。另外，滑带土层一般很薄，软化所需水量很小，靠目前排水措施彻底将微量的水排除是不现实的。所以，排水措施所起的主要作用是适当降低滑坡体中动水压力和减少滑体重力。所以，排水是一种辅助措施。

3. 削方减载

把滑体清除，自然消除滑坡，原理简单，加上我国劳动力资源丰富，故20世纪50年代广为采用，形式是以削方为主、辅于排水和局部支挡工程。但结果是许多大中型滑坡都发生了复活，其中，宝成铁路小楚坝滑坡、车家山滑坡、小小楚坝滑坡等大型滑坡，20世纪50年代均减重近50%，1981年水害时均发生复活，又以抗滑桩和明洞进行整治。也有一些成功的，主要是地质环境较好的和浅小型滑坡。所以，后来采用此措施整治滑坡的大为减少，并十分注意具备削方减载条件：

(1) 要具备清方减载地质环境条件。主要是滑坡周围地质稳定，不因削方引起新的塌方滑坡，恶化地质环境。

(2) 削方后有利于排水条件，不因削方而导致汇集地表水。

(3) 要有弃方场地，不占好地，不因弃方污染环境，导致新的滑坡泥石流。现在购地造价高，环保要求高，往往形成削方造价高于其他抗滑工程。

(4) 较适用于具长前缓坡滑动面段的滑坡，但要求主滑坡体大部分已位于此坡段上，因此，仅需削除少量滑坡体（一般小于总滑方量20%），技术经济合理。

4. 抗滑工程

抗滑工程种类较多，各具适用条件要求，常用的抗滑工程措施如下：

(1) 挡土墙。挡土墙适用于一般地区、浸水区和地震区中修建。墙身可采用石砌体、混凝土块砌体、片石混凝土或混凝土，基础必须置于滑面以下稳定地层中，墙背以良好填料填筑。挡土墙挖基工程较大，极易诱发滑坡，施工时需严格跳槽开挖，同时基础深度必须可靠。此类工程时有失稳事例发生，其原因主要是基础埋置过浅，滑坡绕墙基复活。小楚坝滑坡复活新滑面在挡土墙以下0.85～1.0 m处，造成挡土墙“坐船”；川黔线电气化改造工程中，某挡土墙施工竣工后第二年雨季发生类似变形等。为解决挡土墙基础深基施工困难，可增加桩基承台基础或改为沉井挡土墙。但都必须与其他抗滑工程措施进行经济技术方案比选。

(2) 抗滑桩。抗滑桩适用于滑动面以下稳定的岩土地层。抗滑桩的设置必须满足以下条件：滑坡体必须达到规定的安全值，保证滑坡体不越过桩顶或从桩间滑出，不产生新的深层滑动。抗滑桩截面形状宜为矩形，截面尺寸应根据滑坡推力、桩间距及锚固段地基的横向抗压强度等因素确定，最小边宽度不宜小于 1.25 m。桩间距宜为 6～10 m。抗滑桩具有以下优点：

1）适用性强。大小滑坡均可使用，特别适用于滑动面深的大型滑坡，如赵家塘滑坡滑面深达 30 m 以上，就是以抗滑桩成功地进行整治。

2）对滑坡稳定性和地质环境干扰最小。在大滑坡中挖孔桩施工仅仅是一个点，对滑坡稳定性的影响可以忽略不计，故可在滑坡蠕滑阶段中进行施工，抢在滑坡速滑之前进行整治，抑制灾害的发生。如赵家塘、白河等滑坡都在平均每日 3～5 mm 滑速的情况下进行施工；金龙沟滑坡是在周围房舍加速破坏成为危房的情况下进行施工。在施工中对地下水径流条件基本没有改变，弃渣量小。

3）可多桩同时施工。工期较短，尤其适用于抢险抢修工程。宝成铁路水害同时发生几十个滑坡，就是利用抗滑桩这一优势，在短期内抑制滑坡发展，确保安全运营。

4）挖孔抗滑桩可起到大型地质坑探作用。特别在工期短的抢险工程中，根据少量甚至缺乏钻孔资料的情况下进行“三边”工程施工，可以及时地从挖孔桩资料中验证滑坡面深度，指导修正设计文件，避免误判导致各种意外风险。如宝成铁路灭火沟、云峻山等滑坡都是根据挖孔桩中发现滑面提高，及时修改设计，挽回工程过于庞大的损失。

抗滑桩最大缺点是耗费水泥，钢材用量较大，造价较高。此外，对抗滑桩侧壁应力要求较高，否则抗滑段宜加深，使之不产生被推歪情况。南昆铁路膨胀岩试验段的抗滑桩就有这种情况发生。

当前，抗滑桩结构已发展到如图 2—8 和图 2—9 所示的门型钢架桩、排架抗滑桩等新型抗滑结构形式，可以进一步降低其造价。

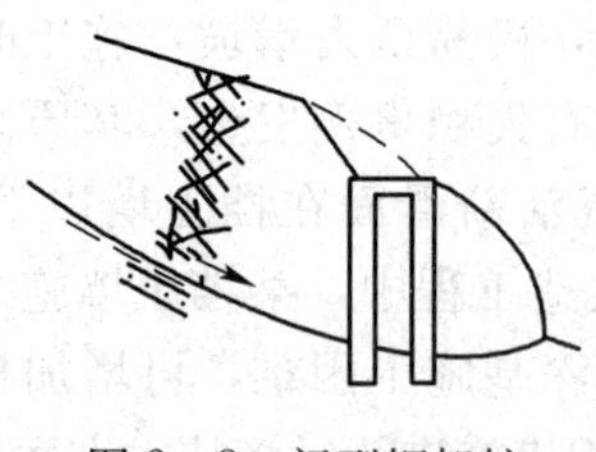

图 2—8 门型钢架桩

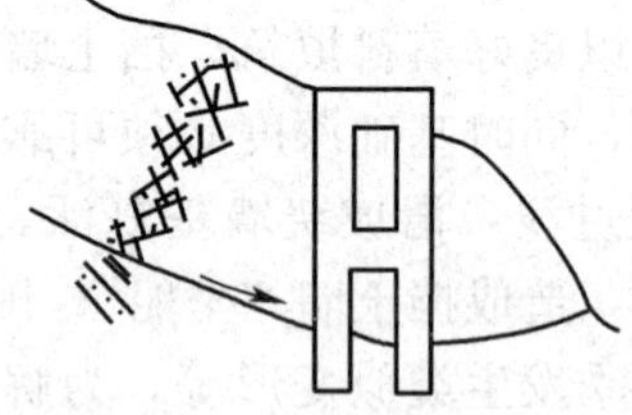

图 2—9 排架抗滑桩

（3）抗滑锚索。抗滑锚索在国内尚处于推广试验阶段，其设计原则均有待于补充完善，以下为供参考的一般规定。

1）适用土质、岩质斜坡及基础工程。

2）锚索（杆）数量根据工程地质条件及工程需要确定，但其间距不应小于锚体直径的5倍，且不小于1.5 m。

3）设计下滑力按锚索设置方向取值，土压力按主动土压力的1.25倍或按静止土压力计算。

4）设置方向。平面按受力方向设置，立面上以下倾为宜，下倾角与滑动面的法线成90°布置，为便于施工，一般采用15°～30°。

5）竣工后应进行承载力确认试验，抽样试验，必要时进行蠕变等特殊试验。

由于抗滑锚索可结合滑坡滑动面倾角不同而打成相应倾角的斜孔，使钢绞线能发挥其抗拉强度高的特点，减少钢材用量。同时，由于打孔角度灵活性高，更适用于陡滑面滑坡的整治。如阿坝草坡电站马岭山滑坡滑面陡达31°，采用抗滑桩施工难度较大，效果较差，而采用抗滑锚索技术节省投资30％，工期提前50％。

（4）锚索抗滑桩。在抗滑桩上自由段加上锚索，使自由段由悬臂梁变为似简支梁，减短抗滑端深度，减少施工难度和投资，适用于深、陡滑动面的滑坡。

（5）复合抗滑工程措施

复合抗滑工程是指抗滑工程与建筑工程共同组成联合抗滑体。充分利用建筑物的抗滑能力，达到减少工程和简化施工程序的目的。近年来，此类抗滑工程结构形式又有较大的发展，主要形式有以下几种：

1）抗滑明洞。如图2—10所示，明洞内走车，按抗滑设计，明洞顶利用滑坡削方减载的土石方做回填反压。这种工程措施设计巧妙，十分合理，铁道部门已普遍采用。主要用于具有前缘缓坡滑面的滑坡的前地段中。

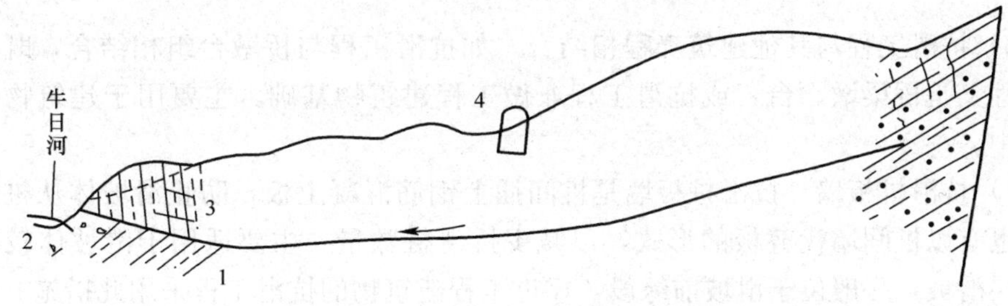

图2—10　铁西滑坡明洞建于前缘上

1—砂页岩　2—卵石土　3—滑坡体　4—铁路明洞

2）抗滑桩与明洞复合抗滑体。抗滑桩与明洞边墙联合组成复合抗滑体，是在滑坡下滑力过大，抗滑明洞不足以抵御滑坡下滑，上方又处在滑面较陡的主滑段上，导致抗滑工程量大和施工困难的条件下，把中部抗滑桩的位置移至前缘缓坡段明洞内边墙地带，与明洞边墙相结合，共同组成抗滑工程。桩间与明洞边墙结成明洞内边墙（见图 2—11）。宝成线阳平关滑坡以此工程措施进行整治。使施工场地大为缩小，减小了滑坡主滑段中施工的难度，减少工程量、减短工期，工程效果和经济效益显著，现已安全运营 10 多年。

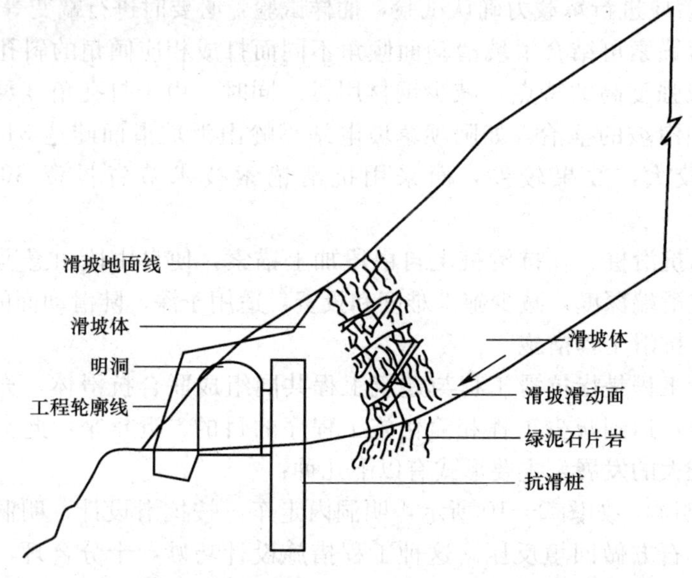

图 2—11　抗滑桩与明洞组成复合抗滑体

3）抗滑工程与其他建筑工程相结合。如抗滑工程与桥墩台组相结合，既是抗滑工程又是桥梁墩、台，或抗滑工程兼做工程建筑物基础。主要用于建筑物位于滑坡中。

4）抗滑桩板墙。抗滑桩板墙是桩间插上钢筋混凝土板，防止滑坡体从桩间滑动，也有以桩间墙代替板的形式，以减少抗滑桩数量。主要适用于滑坡体较破碎或土层滑坡，一般位于滑坡前缘段，靠近工程建筑物的抗滑工程采用此措施。

5. 综合整治工程

主要是在滑坡整治工程中，根据滑坡实际情况选择两种或两种以上的工程措施进行整治。目前已经广泛采用，并获得很好的工程效果和经济效益。

第三节　崩塌灾害与防治

一、崩塌与崩塌危害

崩塌（崩落、垮塌或塌方）是指较陡斜坡上的岩土体在重力作用下突然脱离母体崩落、滚动、堆积在坡脚（或沟谷）的地质现象。发生在土体中的崩塌称为土崩；发生在岩体中的崩塌称为岩崩；规模巨大、涉及山体的崩塌称为山崩；大小不等、凌乱无序的岩块（土块）呈锥状堆积在坡脚的堆积物，称为崩积物，也可称为岩堆或倒石堆。

1. 崩塌与滑坡和泥石流的关系

（1）崩塌与滑坡的关系。崩塌和滑坡如同孪生姐妹，甚至有着无法分割的联系。它们常常相伴而生，产生于相同的地质构造环境中和相同的地层岩性构造条件下，且有着相同的触发因素，容易产生滑坡的地带也是崩塌的易发区。例如，宝成铁路宝鸡—绵阳段，就是崩塌和滑坡多发区。崩塌可转化为滑坡：一个地方长期不断地发生崩塌，积累的大量崩塌堆积体在一定条件下可生成滑坡；有时崩塌在运动过程中直接转化为滑坡，且这种转化比较常见。有时岩土体的重力运动形式介于崩塌和滑坡之间，以致人们无法区别此运动是崩塌还是滑坡。因此，地质科学工作者称此为滑坡式崩塌或崩塌型滑坡。崩塌、滑坡在一定条件下可互相诱发、互相转化：崩塌体击落在老滑坡体或松散不稳定的堆积体上部，在崩塌的重力冲击下，可使老滑坡复活或产生新滑坡。滑坡在向下滑动过程中若地形突然变陡，滑坡体就会由滑动转为坠落，即滑坡转化为崩塌。有时，由于滑坡后缘产生了许多裂缝，因而滑坡发生后其高陡的后壁会不断地发生崩塌。

（2）崩塌与泥石流的关系。崩塌与泥石流的关系也十分密切。易发生崩塌的区域也易发生泥石流，只不过泥石流的暴发多了一项必不可少的水源条件。再者，崩塌的物质经常是泥石流的重要固体物质来源。崩塌还常常在运动过程中直接转化为泥石流，或者崩塌发生一段时间后，其堆积物在一定的水源条件下生成泥石流，即泥石流是崩塌的次生灾害。泥石流与崩塌有着许多相同的促发因素。按运动速度大小及岩土体含水量不同，产生的各类斜坡地质灾害类型如图 2—12 所示。

2. 崩塌的危害

崩塌会使建筑物遭到毁坏，使公路和铁路被掩埋。由崩塌带来的损失，不单是建筑物毁坏的直接损失，并且常因此而使交通中断，给运输带来重大损失。崩

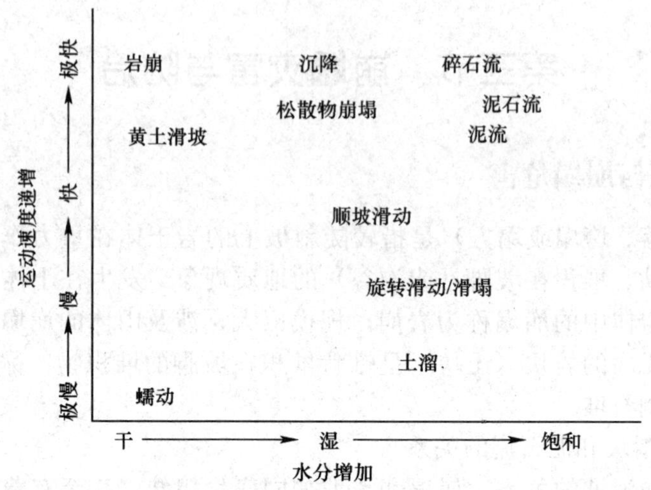

图 2—12 按运动速度大小及岩土体含水量不同产生的斜坡地质灾害类型

塌有时还会使河流堵塞形成堰塞湖，这样就会将上游建筑物及农田淹没。在宽河谷中，崩塌能使河流改道及改变河流性质，而造成急湍地段。

3. 崩塌发生的时间规律

崩塌发生的时间大致有以下的规律：

(1) 降雨过程之中或稍微滞后。降雨过程主要指特大暴雨、大暴雨、较长时间的连续降雨。这是出现崩塌最多的时间。

(2) 强烈地震过程之中。主要指震级在 6 级以上的强震过程中，震中区（山区）通常有崩塌出现。

(3) 开挖坡脚过程之中或滞后一段时间。因工程（或建筑场）施工开挖坡脚，破坏了上部岩（土）体的稳定性，常发生崩塌。崩塌的时间有的就在施工中，以小型崩塌居多。较多的崩塌发生在施工之后一段时间里。

(4) 水库蓄水初期及河流洪峰期。水库蓄水初期或库水位的第一个高峰期，库岸岩、土体首次浸没（软化），上部岩土体容易失稳，尤以在退水后产生崩塌的概率最大。

(5) 强烈的机械振动及大爆破之后。

二、崩塌形成机理

崩塌一般发生在坚硬岩地区高陡边坡，其形成机理是，河流切割或人工开挖形成高陡边坡，由于卸荷作用，应力重新分布后在边坡卸荷区内形成拉张裂缝，并与其他裂隙和结构面组合，逐步贯通形成危岩体，在地震或爆破震动、降水等外力触发作用下，导致危岩体突然脱离母体，翻滚、坠落下来，散堆于坡脚。卸荷区内危岩崩塌一般由边坡前缘向后呈牵引式扩展。一般边坡中下部及边坡前缘地带即为卸荷裂隙扩展的牵引带。不同结构的岩体崩塌形成机理和扩展特征不尽相同。

1. 水平岩层（错裂崩塌、倾倒崩塌）

（1）在边坡卸荷作用下，卸荷裂隙一般在构造裂隙的基础上继承发展，在危岩体压应力作用下，层面垂向裂隙贯通后，危岩体底部发生剪切破坏，形成崩落。崩塌区由边坡坡肩前缘向后扩展（见图 2—13）。如果危岩体底部含有软弱或破碎夹层，软弱夹层的蠕变和超前风化，或者危岩体底部剪切带发育优势结构面或裂隙面，将加速危岩体底部的剪切破坏。有的底部软弱岩层超前风化，还形成悬挑式危岩体。

（2）如果危岩体底部不易被剪切破坏，危岩体在垂向裂隙中降水水压，或充填物的水平推力作用下，卸荷裂隙向深部发展的同时，危岩体逐步向外倾斜，在地震等外力作用下产生倾倒崩塌（见图 2—14）。

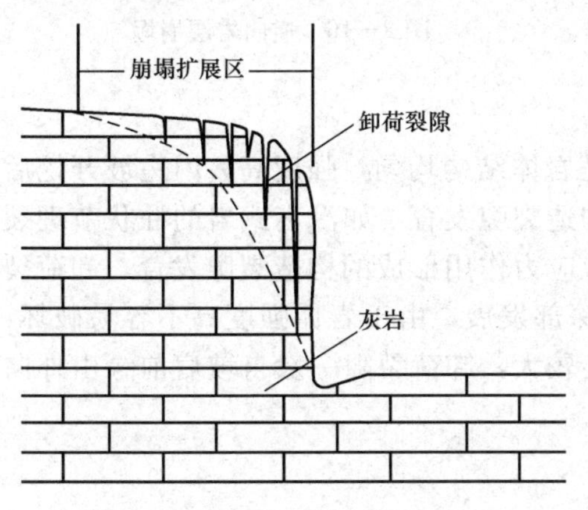

图 2—13　水平岩层错裂崩塌

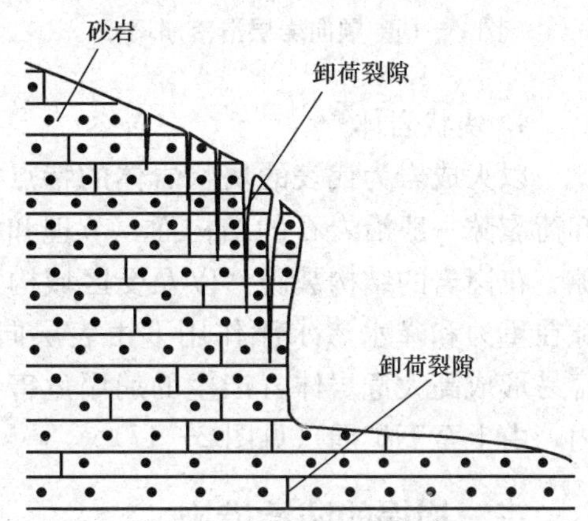

图 2—14　水平岩层倾倒崩塌

2. 顺向岩层（滑落崩塌）

岩层都经历过强烈挤压作用，构造裂隙比较发育，并且普遍发育垂直岩层面的拉张裂隙。在边坡开挖或河流切割产生的卸荷作用下，卸荷裂隙一般在层面垂向构造裂隙的基础上继承发展，危岩体沿岩层面滑落而形成崩塌。崩塌区由内边坡坡肩前缘向后扩展（见图 2—15），直至边坡重新趋于稳定。

3. 逆向岩层（错裂崩塌）

在边坡开挖卸荷作用下，卸荷裂隙一般在构造裂隙的基础上继承发展，在危岩体压应力作用下，垂向裂隙面贯通后形成崩落。崩塌区由内边坡中下部向上、向后扩展（见图 2—16）。

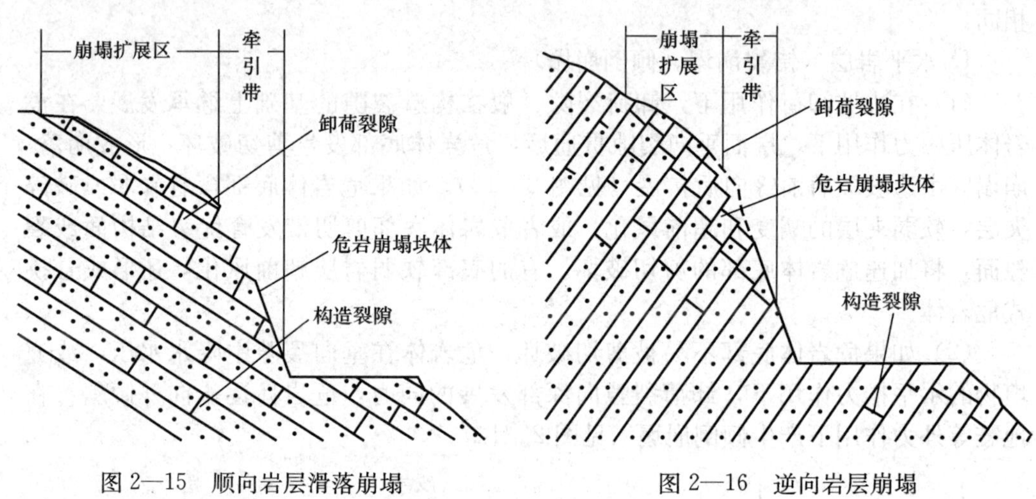

图 2—15　顺向岩层滑落崩塌　　图 2—16　逆向岩层崩塌

4. 块状岩体

以火成岩为代表的块状岩体的特点是岩体结构均匀，强度高。内边坡开挖后卸荷裂隙一般沿岩石的结构面、节理和构造裂隙发育，如沿玄武岩的柱状节理裂隙、花岗岩的结构裂隙，以及受区域构造应力作用形成的构造裂隙发育。卸荷裂隙在重力和降水渗水压作用下由表层向深部发展，由于岩体强度高不容易破坏，容易形成高大危岩体，产生的崩塌危害性较大。卸荷裂隙一般自坡肩前缘由外向内，由上至下扩展（见图 2—17）。

三、崩塌的防治措施

1. 防治原则

一般采用以防为主的原则。在选线时，应注意根据斜坡的具体条件，对有可能发生大、中型崩塌的地段，有条件避绕时，宜优先选择避绕方案。只有小型崩塌，才能防止其不发生。

2. 防治措施

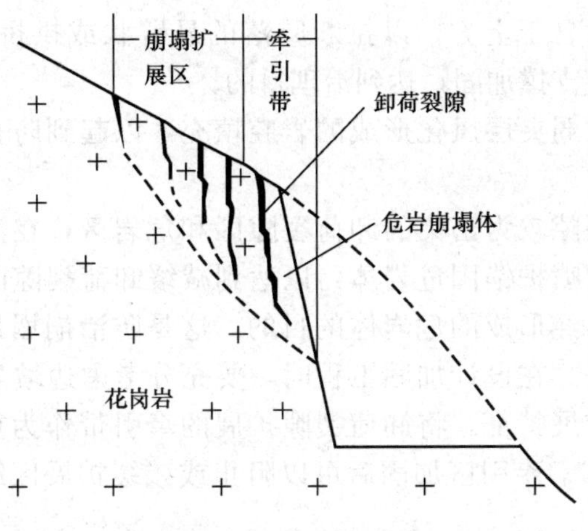

图 2—17　块状岩体崩塌

崩塌落石本身涉及少数不稳定的岩块，它们通常并不改变斜坡的整体稳定性，也不会导致有关建筑物的毁灭性破坏。因此，防止崩塌落石造成道路中断、建筑物破坏和人身伤亡是整治崩塌的最终目的。也就是说，防治的目的并不一定要阻止崩塌落石的发生，而是要防止其带来危害。因此，根据崩塌危害的特点，其防治工程措施可分为两种类型：防止崩塌发生的主动防治和避免造成危害的被动防治（见图 2—18）。

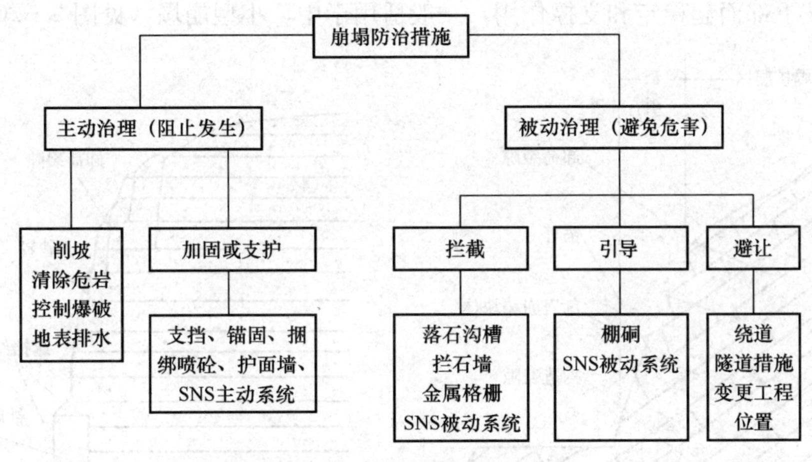

图 2—18　崩塌防治的主要措施

从主动防治和被动防治两个方面，可采取如下具体防治措施：

（1）支撑。指对悬于上方、以拉断坠落的悬臂状或拱桥状等危岩，采用墩、柱、墙或其组合形式支撑加固，达到治理目的。

（2）填充。将软弱夹层风化形成的岩腔填充，以起到防止进一步风化和支撑作用。

（3）锚固。在裂隙较为密集的卸荷裂隙区和危岩区，在清除部分危岩体的基础上，用锚杆加挂网喷护锚固危岩体，以达到减缓卸荷裂隙的产生和卸荷裂隙区的扩展，以及加固已经形成的危岩体的目的。这是防治崩塌最常用的方法，也是适用性最普遍的方法。在设计加固工程时，要充分考虑边坡岩体的结构与裂隙面特征和卸荷裂隙的扩展特征。将卸荷裂隙扩展的牵引带作为重点加固区，布置锚固工程（见图 2—19）。牵引区加固后可以阻止或减缓扩展区卸荷裂隙的扩张以及卸荷裂隙区的扩展。

（4）护坡、削坡。护坡是对于破碎岩体坡面，常用喷射混凝土加固。削坡减载是指对危岩体上部削坡，减轻上部荷载，增加危岩体的稳定性。削坡减载的费用比锚固和灌浆的费用小得多，但有时会对斜坡下方的建筑物造成一定损害，同时也破坏了自然景观。

（5）清除。对于规模小、危险程度高的危岩体，通常采用爆破或手工方式进行清除，彻底消除崩塌隐患，防止造成灾害。

（6）遮挡。采用明洞或棚洞防治，一方面可遮挡崩落的石块；另一方面又可加固边坡下部而起稳定和支撑作用，一般适用于中、小型崩塌（见图 2—20）。

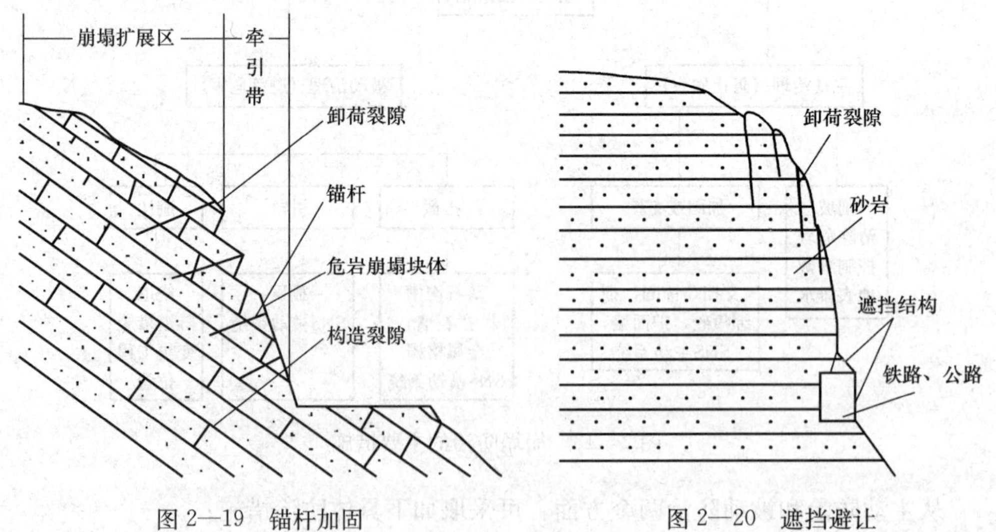

图 2—19　锚杆加固　　图 2—20　遮挡避让

(7) 拦截。在危岩带下方的斜坡大致沿等高线修建拦石墙，以拦截上方危岩掉块落石。拦石墙可以是刚性的，也可以是柔性的。

(8) 线路绕避。对于可能发生大规模崩塌的地段，即使采用坚固的建筑物，也经受不了大型崩塌的破坏，铁路或公路等必须设法绕避。根据当地的具体情况，或绕到河谷对岸、远离崩塌体，或移至稳定山体内以隧道通过。

(9) 辅助治理措施。主要有排水。修建完善的地表排水系统，将地表径流汇集起来，通过排水沟系统排出坡外；灌浆勾缝。封闭裂缝粘接结构面，增强岩体完整性并防止外界环境对岩体强度的弱化。

第四节　泥石流与防治

一、泥石流与泥石流的危害

1. 泥石流的基本概念

泥石流是山区汛期常见的一种严重的水土流失（泥沙失稳搬运）现象。它是泥沙在水动力作用下失稳后，集中输移的自然演变过程之一，具有严重的灾害性。某些山区河流在汛期中由于暴雨或其他水动力如溃坝、冰川、融雪等作用于流域内不稳定的地表松散土体上，导致松散土体失稳参与洪流运动，在流域内形成两种汇流现象：一是水的汇流，二是沙的汇流。两种不同相的物质在共同的流动空间内混合而形成一种特殊的水、沙混合输移现象。当这种特殊的流体中含沙量超过某一限值后，因其流动特性的变化而形成的一种特殊洪流，称为泥石流。流体重度一般大于 14 kN/m^3，含沙量大于 600 kg/m^3。

2. 泥石流的危害

泥石流常常具有暴发突然、来势凶猛、迅速的特点，并兼有崩塌、滑坡和洪水破坏的双重作用，其危害程度比单一的崩塌、滑坡和洪水的危害更为广泛和严重。它对人类的危害具体表现在如下四个方面：

(1) 对居民点的危害。泥石流最常见的危害之一，是冲进乡村、城镇，摧毁房屋、工厂、企事业单位及其他场所设施。淹没人畜，毁坏土地，甚至造成村毁人亡的灾难。2010 年 8 月 7 日 22 时许，甘南藏族自治州舟曲县突降强降雨，县城北面的罗家峪、三眼峪泥石流下泄，由北向南冲向县城，造成沿河房屋被冲毁，泥石流阻断白龙江形成堰塞湖。据统计，舟曲特大泥石流造成 1 434 人遇难，331 人失踪（见图 2—21）。

图 2—21 舟曲县灾后航拍

（2）对公路、铁路的危害。泥石流可直接埋没车站、铁路、公路，摧毁路基、桥涵等设施，致使交通中断，还可引起正在运行的火车、汽车颠覆，造成重大的人身伤亡事故。有时泥石流汇入河道，引起河道大幅度变迁，间接毁坏公路、铁路及其他构筑物，甚至迫使道路改线，造成巨大的经济损失。如甘川公路 394 km 处对岸的石门沟，1978 年 7 月暴发泥石流，堵塞白龙江，公路因此被淹 1 km，白龙江改道，使长约 2 km 的路基变成了主河道，公路、护岸及渡槽全部被毁。该段线路自1962年以来，由于受对岸泥石流的影响已3次被迫改线。新中国成立以来，泥石流给我国铁路和公路造成了无法估计的巨大损失。

（3）对水利、水电工程的危害。主要是冲毁水电站、引水渠道及过沟建筑物，淤埋水电站尾水渠，并淤积水库、磨蚀坝面等。

（4）对矿山的危害。主要是摧毁矿山及其设施，淤埋矿山坑道、伤害矿山人员，造成停工停产，甚至使矿山报废。

3. 泥石流的形成机制

（1）泥石流形成的基本条件。泥石流的形成必须同时具备以下三个条件：

1）地形地貌条件。地形条件制约着泥石流形成、运动、规模等特征。主要包括泥石流的沟谷形态、集水面积、沟坡坡度与坡向和沟床纵坡降等。

①沟谷形态。典型泥石流分为形成、流通、堆积三个区，沟谷也相应具备三种不同形态。上游形成区多呈三面环山、一面出口的漏斗状或树叶状，地势比较开阔，周围山高坡陡，植被生长不良，有利于水和碎屑固体物质聚集；中游流通区的地形多为狭窄陡深的峡谷，沟床纵坡降大，使泥石流能够迅猛直泻；下游堆积区的地形为开阔平坦的山前平原或较宽阔的河谷，使碎屑固体物质有堆积场地。

②沟床纵坡降。沟床纵坡降是影响泥石流形成、运动特征的主要因素。一般来讲，沟床纵坡降越大，越有利于泥石流的发生，但比降在10%～30%的发生频率最高，5%～10%和30%～40%的次之，其余发生频率较低。

③沟坡坡度。坡面地形是泥石流固体物质的主要源地，其作用是为泥石流直接提供固体物质。沟坡坡度是影响泥石流的固体物质的补给方式、数量和泥石流规模的主要因素。一般有利于提供固体物质的沟谷坡度，在我国东部中低山区为10°～30°，固体物质的补给方式主要是滑坡和坡洪堆积土层。在西部高中山区多为30°～70°，固体物质和补给方式主要是滑坡、崩塌和岩屑流。

④集水面积。泥石流多形成在集水面积较小的沟谷，面积为0.5～10 km^2 者最易产生，小于0.5 km^2 和10～50 km^2 次之，发生在集水面积大于50 km^2 者较少。

⑤斜坡坡向。斜坡坡向对泥石流的形成、分布和活动强度也有一定影响。阳坡和阴坡比较，阳坡上有降水量较多、冰雪消融快、植被生长茂盛、岩石风化速度快等有利条件，故泥石流一般比阴坡发育。如我国东西走向的秦岭和喜马拉雅山的南坡上产生的泥石流比北坡要多得多。

2）碎屑固体物源条件。某一山区能作为泥石流中固体物质的松散土层的多少，与地区的地质构造、地层岩性、地震活动强度、山坡高陡程度、滑坡、崩塌等地质现象发育程度以及人类工程活动强度等有直接关系。

①与地质构造和地震活动强度的关系。地区地质构造越复杂，褶皱断层变动越强烈，特别是规模大，现今活动性强的断层带，岩体破碎十分发育，宽度可达数十米至数百米，常成为泥石流丰富的固体物源。如我国西部的安宁河断裂带、小江断裂带、波密断裂带、白龙江断裂带、怒江断裂带、澜沧江断裂带、金沙江断裂带等，成为我国泥石流分布密度最高、规模最大的地带。在地震力的作用下，不仅使岩体结构疏松，而且直接触发大量滑坡、崩塌发生。特别是在Ⅶ度以上的地震烈度区，地震对岩体结构和斜坡的稳定性破坏尤为明显，可为泥石流发生提供丰富物源，这也是地震→滑坡、崩塌→泥石流灾害连环形成的根本原因。如1973年四川炉霍地震（7.9级）和1976年四川平武—松潘地震（7.2级）破坏山体，产生大量崩塌、滑坡，促使众多沟谷发生泥石流。

②与地层岩性的关系。地层岩性与泥石流固体物源的关系，主要反映在岩石的抗风化和抗侵蚀能力的强弱上。一般软弱岩性层、胶结成岩作用差的岩性层和软硬相间的岩性层比岩性均一和坚硬的岩性层易遭受破坏，提供的松散物质也多，反之亦然。如长江三峡地区的中三迭统巴东组，为泥岩类和灰炭类互层，是巴东组分布区泥石流相对发育的重要原因。安宁河谷侏罗纪砂岩、泥岩地层是该流域泥石流中固体物质的主要来源。花岗岩类由于结构构造和矿物成分的特点，物理和化学风化作用强烈，导致岩体崩解，形成块石、碎屑和砂粒，形成大厚度的风化残积层，当其他条件具备时可形成泥石流。

③工程与人类活动强度的关系。人类工程活动越强烈，人工堆积的松散层也就越多，如采矿弃渣、基本建设开挖弃土、砍伐森林造成严重水土流失等。这些均可为泥石流发育提供丰富的固体物源。

3）水源条件。水既是泥石流的重要组成成分，又是泥石流的激发条件和输移介质。泥石流水源提供主要有降雨、冰雪融水和水库（堰塞湖）溃决溢水等。

①降雨。降雨是我国大部分泥石流形成的水源，遍及全国20多个省、市、自治区，主要有云南、四川、重庆、西藏、陕西、青海、新疆、北京、河北、辽宁等。我国大部分地区降水充沛，并且具有降雨集中、多暴雨和特大暴雨的特点，这对泥石流的形成起了重要作用。特大暴雨是促使泥石流暴发的主要动力条件。处于停歇期的泥石流沟，在特大暴雨激发下，甚至有重新复活的可能性。例如，1963年9月18日，云南东川的老干沟，一小时内降雨552 mm，暴发了50年一遇的泥石流。连续降雨后的暴雨，是触发泥石流的又一重要动力条件，因为泥石流发生与前期降水造成松散土含水饱和程度与1小时、10分钟的短历时强降雨所提供的激发水量有十分密切的关系。据有关资料，在日本，激发泥石流的1小时强降

雨，一般在 30 mm 以上，10 分钟强降雨在 7～9 mm 以上。

②冰雪融水。冰雪融水是青藏高原现代冰川和季节性积雪地区泥石流形成的主要水源。特别是受海洋性气候影响的喜马拉雅山、唐古拉山和横断山等地的冰川，活动性强，年积累量和消融量大，冰川前进速度快、下达海拔低，冰温接近融点，消融后为泥石流提供充足水源。当夏季冰川融水过多，涌入冰湖，造成冰湖溃决溢水而形成泥石流或水石流更为常见。

③水库（堰塞湖）溃决溢水。当水库溃决，大量库水倾泻。而且下游又存在丰富松散堆积土时，常形成泥石流或水石流。特别是由泥石流、滑坡在河谷中堆积，形成的堰塞湖溃决时，更易形成泥石流或水石流。

（2）泥石流的形成过程。泥石流形成活动过程可分为形成—输移—堆积三个阶段，是地表一次性破坏和塑造过程（见图 2—22）。

1）形成区。包括汇水动力区和固体物质补给区。形成区的地形特征，是对泥石流进行评价的重要标志。形成区呈树冠状，有利于地表径流和固体物质的聚集；形成区呈羽毛状，则汇流时间长，形成区坡面多、山坡陡、沟壑密度大，则集流快，泥石流迅猛强烈；反之，则集流缓慢，泥石流较弱。固体物质补给区坡面呈凸形的，其冲蚀力大于凹形坡。固体物质补给区在扩大，标志着泥石流在发展；补给区在缩小，则表示泥石流趋向衰退。泥石流产生在固体补给区上游时，泥石流流量大；两区重叠时，泥石流流量小；水源在固体物质补给区下游时，泥石流甚至可能不会发生。固体物质补给区集中在下游或沟口，则易被上游水源一次搬出，泥石流冲出的力量强。

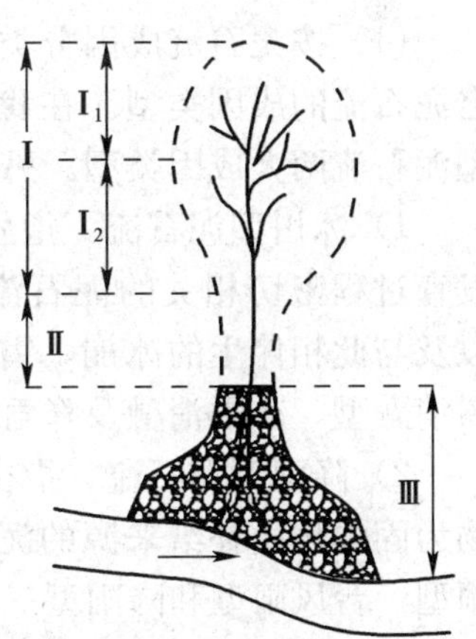

图 2—22　泥石流形成过程

2）流通区。泥石流沟谷的中下游，是泥石流输移通过的区段——流通区。流通区纵坡的陡、缓、曲、直和长、短，对泥石流的强度有很大的影响。当纵坡陡而顺直时，泥石流流动通畅而势力强；相反，如果纵坡缓而弯曲，则泥石流容易受到堵塞而产生漫流、改道和淤积。一般的泥石流沟槽多属于峡谷地形，比较顺直、稳定，沟槽坡度较大。有的流通区与形成区、堆积区互相穿插，形成宽窄相间的串珠状河段。山坡型泥石流的流通区通常很短，有时甚至不单独存在。

3）堆积区。堆积区是泥石流固体物质（泥、砂、石）停积的场所，位于流域的下游或山口之外坡度比较平缓之处，呈扇形、锥形或带形。大小石块混杂堆积，地面垄岗起伏，坎坷不平。有些泥石流沟谷的中、下游坡缓槽宽，呈葫芦形或喇叭形，也可成为堆积区。由于山前阶地比较宽阔，山前区泥石流的堆积扇往往发育完整。而山区泥石流的堆积区，受到主河流水切割，堆积扇体不能充分发育，常常不完整。山坡型泥石流的堆积体近似锥体，规模较小，当泥石流沟陡峻、能直接泻入主河，而主河搬运能力又很强时，泥石流堆积区就可能缺失。泥石流堆积扇的横断面常呈轴部隆起、两翼低洼的拱形，沟槽经常摆动，普遍漫流淤积。当泥石流发展旺盛时，扇顶的流速、淤积速度和厚度常大于扇缘，促使堆积区向流通区延伸扩展。当泥石流转入衰退期后，在堆积扇上下切成比较稳定的沟槽。受到新的地质构造运动的影响，有些早期堆积扇可以成为固体物质的源地或流通区。当然，也有新堆积扇掩覆于老堆积扇之上的情况发生。

4. 泥石流的分类

（1）按泥石流成因分类。人们往往根据起主导作用的泥石流形成条件，来命名泥石流的成因类型。在我国，科学工作者将泥石流划分为冰川型泥石流和降雨型泥石流两大成因类型。另外，还有一类共生型泥石流。

1）冰川型泥石流。指分布在高山冰川积雪盘踞的山区，其形成、发展与冰川发育过程密切相关的泥石流。它们是在冰川的前进与后退、冰雪的积累与消融，以及与此相伴生的冰崩、雪崩、冰碛湖溃决等动力作用下所产生的，又可分为冰雪消融型、冰雪消融及降雨混合型、冰崩—雪崩型及冰湖溃决型等亚类。

2）降雨型泥石流。指在非冰川地区，以降雨为水体来源，以不同的松散堆积物为固体物质补给来源的泥石流。根据降雨方式的不同，降雨型泥石流又分为暴雨型、台风雨型和降雨型三个亚类。

3）共生型泥石流。这是一种特殊的成因类型。根据共生作用的方式，包括滑坡型泥石流、山崩型泥石流、湖岸溃决型泥石流、地震型泥石流和火山型泥石流等亚类。由于人类不合理工程活动而形成的泥石流，称为“人类泥石流”，也是一种特殊的共生型泥石流。

（2）按泥石流体的物质组成分类。主要包括泥石流、泥流和水石流。

1）泥石流。由浆体和石块共同组成的特殊流体，固体成分从粒径小于 0.005 mm 的黏土粉砂到几米甚至 10～20 m 的大漂砾。它的级配范围之大是其他类型的夹砂水流所无法比拟的。这类泥石流在我国山区的分布范围比较广泛，对山区的经济建设和国防建设危害十分严重。

2）泥流。泥流是指发育在我国黄土高原地区，以细粒泥为主要固体成分的泥质流。泥流中黏粒含量大于石质山区的泥石流，黏粒重量比可达 15%以上。泥流含少量碎石、岩屑，黏度大，呈稠泥状，结构比泥石流更为明显。我国黄河中游地区干流和支流中的泥沙，大多来自这些泥流沟。

3）水石流。指发育在大理岩、白云岩、石灰岩、砾岩或部分花岗岩山区，由水和粗砂、砾石、大漂砾组成的特殊流体，黏粒含量小于泥石流和泥流。水石流的性质和形成，类似山洪。

(3) 按泥石流流体性质分类。主要包括黏性泥石流、稀性泥石流。

1）黏性泥石流。指呈层流状态，固体和液体物质作整体运动，无垂直交换的高容重（1.6～2.3 t/m^3）浓稠浆体。承浮和托悬力大，能使比重大于浆体的巨大石块或漂砾呈悬移状（在特殊情况下，人体也可被托浮悬移。1939 年 7 月四川汉源流沙河泥石流，将一位老奶奶浮运 1.3 km），有时滚动，流体阵性明显，有堵塞、断流和浪头现象；流体直进性强，转向性弱、遇弯道爬高明显，沿程渗漏不明显。沉积后呈舌状堆积，剖面中一次沉积物的层次不明显，但各层之间层次分明；沉积物分选性差，渗水性弱，洪水后不易干涸。

2）稀性泥石流。指呈紊流状态，固液两相作不等速运动，有垂直交换，石块在其中作翻滚或跃移前进的低容重（1.2～1.8 t/m^3）泥浆体。浆体混浊，阵流性不明显，与含砂水流性质近似，有股流及散流现象。水与浆体沿程易渗漏、散失。沉积后呈垄岗状或扇状，沉积物呈松散状，有分选性。

以上是我国常见的泥石流三种分类方法。除此之外，还有以下几种分类方法：按水源类型划分为降雨型、冰川型、溃坝型；按地形形态划分为沟谷型、坡面型；按泥石流沟的发育阶段划分为发展期泥石流、旺盛期泥石流、衰退期泥石流、停歇期泥石流；按泥石流的固体物质来源划分为滑坡泥石流、崩塌泥石流、沟床侵蚀泥石流、坡面侵蚀泥石流；按泥石流规模划分为巨型泥石流（大于 50 万 m^3）、大型泥石流（20 万～50 万 m^3）、中型泥石流（2 万～20 万 m^3）、小型泥石流（小于 2 万 m^3）。

5. 泥石流的一般特性

(1) 分布的区域性。泥石流多分布在地质构造复杂、新构造运动强烈、地震活动频繁、岩石破碎、植被稀少的山区，这些区域给泥石流提供丰富的固体物质。另外，泥石流也多分布在温带和半干旱山区，特别是干湿季节分明、降水集中的山区。干湿两季分明的区域，一般岩石物理风化强烈，大量风化碎屑成干季积累，而雨季时雨水又集中，极易激发成泥石流。

(2) 活动的时间性。泥石流的发生具有明显的季节性，因中国大部分地区处于东南季风和西南季风的影响范围内，季风盛行时带来充沛的降雨，为泥石流的形成提供了水的来源。季风盛行期为每年5—10月，更集中于6—9月，这期间也为泥石流暴发的高峰期。泥石流多发生在傍晚和夜间，由于中国大部分山区在夏季的午后及傍晚多有雷雨、暴雨，以及冰川也在午后消融，易激发成泥石流。泥石流多发生在较长的干旱年头之后，因较长的干旱期间积累了大量碎屑物质，而且较长干旱后，多有丰富的降水，给泥石流的形成创造了条件。此外，泥石流的时间性特点还表现在，泥石流的发生多具有周期性，因同一个区域影响泥石流形成的条件（如丰雨期、融冰期以及地震等）多是周期性出现。泥石流虽有周期性，但其规模大小、流体性质以及危害程度等不完全相等。

6. 泥石流的流体特征

泥石流的流体与一般水流相比，具有下列特征：

（1）阵流性。泥石流在流动过程中以一阵一阵的形式涌现过来，而一阵与一阵之间呈间歇现象，固体物质越多，阵流现象越明显，稀性泥石流阵流现象不太明显。

（2）大流量。由于泥石流流体中有大量固体物质，在沟谷中流动时经常有壅高现象，即高出沟谷两岸，有时由于沟谷中坍塌物堵塞沟床，形成天然水库，当其突然溃决时往往增大流量。因此，其流量要比同等流域面积内的洪水流量大许多倍，最高时可达10倍以上。

（3）流速变化大。泥石流的流速除受地形条件控制外，由于含大量固体物质，因此还受流体内外阻力的影响，故泥石流的流速小于同等洪水的流速。由于泥石流的种类不同和运动边界条件不同，其变化范围很大，一般在2.5～12.0 m/s。流体各部位的流速也不相同，表面中部流速大于两侧，阵流头部的流速大于尾部，表面流速大于底部。

（4）极大的浮托力和冲击力。泥石流因含大量固体物质，其重度大、黏性高，具有极大的浮托力和冲击力，常见巨石漂浮在流体上从沟里托运到沟外。其冲击力可达300～400 kPa。

（5）较大的直进性。由于泥石流的冲击力大，具有大于洪水的直进性，一般泥石流的稠度越大，直进性越强。遇急弯的沟岸或障碍物，就产生急弯超高或冲击爬高，因此，常越过沟岸或摧毁障碍物，截弯取直冲出新道。

二、泥石流的防治

治理泥石流常用的措施包括工程措施和生物措施，两者结合称为综合措施。

1. 生物措施

采用植树造林、种植草皮及合理耕种等方法，使流域内形成一种多结构的地面保护层，以拦截降水，增加入渗及汇水阻力，保护表土免受侵蚀。当植物群落形成后，不仅能防治泥石流，而且改变了水分和大气循环，对当地农业、林业都有好处。

2. 工程措施

工程措施主要有防治泥石流发生的措施、拦截泥石流措施、泥石流排导措施和储淤工程。

（1）防治泥石流发生的措施。主要包括以下几个方面：

1）蓄水、引水工程。包括调洪水库、截水沟和引水渠等。工程建于形成区内，其作用是拦截部分或大部分洪水、削减洪峰，以控制暴发泥石流的水动力条件。同时还可灌溉农田、发电或供生活用水等。大型引水渠应修建稳固而矮小的截流坝作为渠首，避免经过崩塌地段而应在崩塌的后缘外侧通过，并防渗漏、溃决和失排。

2）支挡工程。主要有挡土墙、护坡等。在形成区内崩塌、滑坡严重地段，可在坡脚处修建挡墙和护坡，以稳定斜坡。此外，当流域内某地段因山体不稳，树木难以“定居”时，应先辅以建筑物稳定山体，生物措施才能奏效。

（2）拦截泥石流措施。主要是修建拦挡坝。拦挡坝基本有两种类型：一种是高坝，它有比较大的库容，能保证发生最大泥石流时全部拦蓄。当坝体逐渐淤满时，予以清除或将坝体加高。此种坝体按水库设计，修建有溢洪道。我国在黄土地区修建较多，称为拦泥库；另一种为低坝，也称为砂坊、谷坊或埝。这种坝体常成群布设。坝体高度较小，泥石流直接从坝面流过。

1）拦挡坝的高度和间距。泥石流沟谷中坝体下游冲刷剧烈，除修建在基岩上的拦坝外，在堆积物上的孤立坝体很易冲垮，因而拦挡坝一般都成群建筑，并由下游坝回淤的泥沙，来保护上游坝体。因此，要正确选择坝与坝之间的距离。拦挡坝的间距由坝高及回淤坡度决定。在布置时可先定坝的位置，然后计算坝的高度。也可以先决定坝高，再计算坝的间距。坝群布置如图2—23所示，坝高与间距的关系可用下式计算：

$$H=L(I-I_0) \tag{2—20}$$

式中　H——坝高（m）；

L——坝与坝的距离（m）；

I——修建拦坝处的坡度（以小数计）；

I_0——预期淤积后的坡度（以小数计）。

为降低拦坝工程造价及便于修筑，一般都修建3～5 m高的低坝，较高的坝体

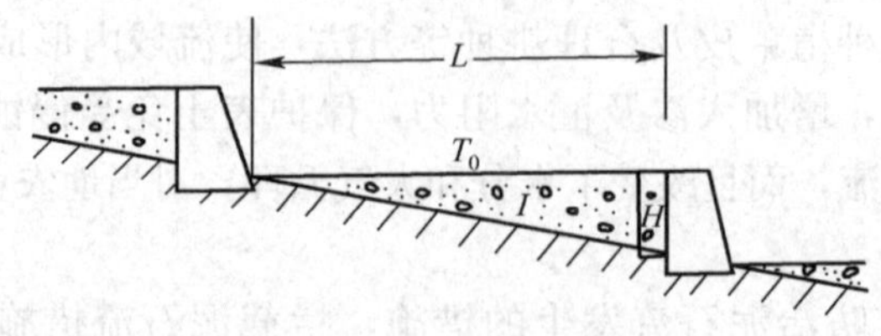

图 2—23 拦挡坝布置

也以 10 m 以下为多。

2）拦挡坝的形式。主要有砂浆砌块石重力坝、干砌块石坝、混凝土拱坝、格栅坝、护面土坝。

（3）泥石流排导措施。主要包括排导沟、渡槽、急流槽、导流堤等，多建在流通区和堆积区。最常见的排导工程是设有导流堤的排导沟（泄洪道）。它们的作用是调整流向，防止漫流，以保护附近居民点、工矿点和交通线路（见图 2—24）。

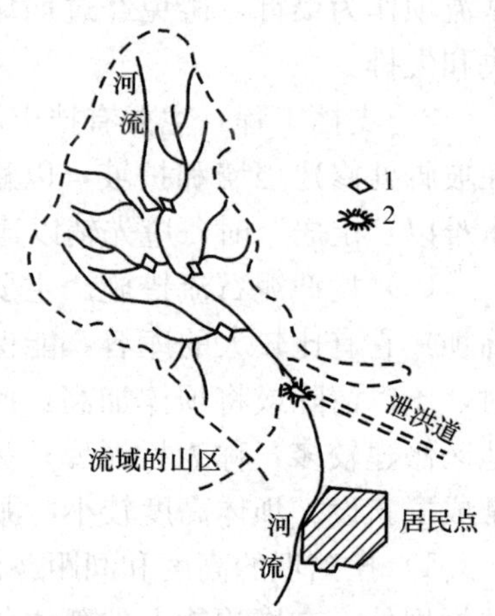

图 2—24 泥石流排导工程配置

1—坝 2—导流堤

（4）储淤工程。包括拦淤库和储淤场。前者设置于流通区，就是修筑拦挡坝，形成泥石流库。后者一般设置于堆积区后缘，工程通常由导流堤、拦淤堤和溢流堰组成。它们的作用是，在一定期限内、一定程度上将泥石流固体物质在指定地段停淤，从而削减下泄的固体物质总量及洪峰流量。

3. 综合治理

在泥石流防治中，最好采用生物防治和工程措施相结合的办法。这样既可以做到当年见效，又可在较短时间内防止泥石流的发生，这种方法称为综合治理。

第五节 地面沉降与防治

一、地面沉降及其危害

1. 地面沉降的定义

地面沉降是指在一定的地表面积内所发生的地面水平面降低的现象。地面沉降现象很早就为史书所记载。作为自然灾害，地面沉降的发生有一定的地质原因。但是，随着人类社会经济的发展、人口的膨胀，地面沉降现象越来越频繁，沉降面积也越来越大。在人口密集的城市，地面沉降现象尤为严重。

我国已经陆续发现具有不同程度的区域性地面沉降的城市有 50 多座。可能还有一些城市虽已发生沉降，但因没有进行全国性的全面的城市精密测量，所以不能给出沉降城市的准确数字。以下简要介绍几座地面沉降较严重的城市。

（1）上海市。从 1921 年发现地面下沉开始，到 1965 年止，最大的累计沉降量已达 2.63 m，影响范围达 400 km^2。有关部门采取了综合治理措施后，市区地面沉降已基本上得到控制。1966—1987 年 22 年间。累计沉降量 36.7 mm，年平均沉降量为 1.7 mm。

（2）天津市。1959—1982 年最大累计沉降量为 2.15 m。1982 年测得市区的平均沉降速率为 94 mm。目前，最大累计沉降量已达 2.5 m，沉降量 100 mm 以上的范围已达 900 km^2。

（3）北京市。自 20 世纪 70 年代以来，北京的地下水位平均每年下降 1～2 m，最严重的地区水位下降达 3～5 m。地下水位的持续下降导致了地面沉降。有的地区（如东北部）沉降量 590 mm。沉降总面积超过 600 km^2。而北京城区面积仅 440 km^2，所以，沉降范围已波及郊区。

（4）西安市。地面沉降发现于 1959 年，1971 年后随着过量开采地下水而逐渐加剧。1972—1983 年，最大累计沉降量 777 mm，年平均沉降量 30～70 mm 的沉降中心有 5 处。1983 年后，西安市地面沉降趋于稳定发展，部分地区还有减缓的趋势。到 1988 年最大累计沉降量已达 1.34 m，沉降量 100 mm 的范围达 200 km^2。

（5）太原市。经 1979 年、1980 年、1982 年三次在市区 600 km^2 范围的测量，发现沉降量大于 200 mm 的面积有 254 km^2，大于 1 000 mm 的沉降区面积达 7.1 km^2。最严重的是吴家堡，其次是小店。吴家堡水准点的累计沉降量：1980 年是 819 mm，1982 年是 1 232 mm，到 1987 年累计沉降量达 1 380 mm。

此外，还有宁波市、常州市、苏州市、无锡市、嘉兴市、杭州市，以及台湾省的屏东、彰化、云林、嘉义、台中和台北 6 个县（市），均发生了不同程度的地面沉降，见表 2—8。

表 2—8　　全国地面沉降情况统计

省（区、市）	面积（km^2/处）	发育分布简要说明
上海	850/1	上海市地面沉降始于 1921 年，至 1965 年已发展到最严重的程度，最大降深 2.63 m，以后逐步控制，现处在微沉和反弹的状态
天津	10 000/1	自 1959 年始，除蓟县山区外，1 万多 km^2 的平原区均有不同程度的沉降，形成市区、塘沽、汉沽三个中心，最深达 2.916 m，最大速率 80 mm/年
江苏	379.5/4	自 20 世纪 60 年代初苏州、无锡、常熟三市分别出现，到 20 世纪 80 年代末累计沉降量分别达 1.10 m、1.05 m、0.9 m，目前已连成一片。现最大沉积速率达 40～50 mm/年、15～25 mm/年、40～50 mm/年
浙江	262.7/2	宁波、嘉兴两市自 20 世纪 60 年代初开始，到 1989 年累计沉降量最大分别达 0.346 m、0.597 m。现最大速率分别达 18 mm/年、41.9 mm/年
山东	52.6/3	菏泽（1978 年发现）、济宁（1988 年发现）、德州（1978 年发现）三市累计沉降量分别达 0.077 m、0.063 m、0.104 m。最大速率分别达 9.68 mm/年、31.5 mm/年、20 mm/年
陕西	177.2/7	自 20 世纪 50 年代后期开始，西安市及近郊出现 7 个地面沉降中心，最大累积降深达 1.035 m。最大沉降速率达 136 mm/年
河南	59/4	许昌（1985 年发现）、开封、洛阳（1979 年发现）、安阳，最大沉降量分别为：0.208 m、不详、0.113 m、0.337 m，其中安阳为区域性沉降，沉降速率为 65 mm/年
河北	36 000/10	整个河北平原自 20 世纪 50 年代中期开始沉降，目前已形成沧州、衡水、任丘、河间、坝州、保定一亩泉、大城、南宫、肥乡、邯郸 10 个沉降中心，其中沧州地面沉降最深、累积降深达 1.131 m，沉降速率达 25.5 mm/年
安徽	360/1	阜阳市 20 世纪 70 年代初出现沉降，1992 年最大累积降深达 1.02 m，速率达 60～110 mm/年
黑龙江	—/4	哈尔滨、大庆、齐齐哈尔、佳木斯出现了房屋开裂、地面形变等地面沉降的前兆，它们均存在地下水超量开采等地面沉降主发因素
山西	200/4	太原市（1979 年发现），最大沉降量 1.967 m，沉降速率 0.037～0.114 m/年；大同市（1988 年发现）、榆次、介休最大沉降量分别为 0.06 m、不详、0.065 m，沉降速率分别为 31 mm/年、10～20 mm/年、5～7.5 mm/年

续表

省（区、市）	面积（km^2/处）	发育分布简要说明
北京	313.96/1	自20世纪50年代末开始沉降，中心位于东郊，最大累积沉降量达0.597 m，目前趋势减缓
云南	—/1	昆明市火车东站地段发现地面下沉
广东	0.25/1	20世纪60至70年代湛江市出现地面沉降，最大降深0.11 m，后由于控制地下水开采地面沉降已基本得到控制
海南	—/1	20世纪90年代发现海口市最大沉降量达0.07 m，目前还没有造成危害
福建	9/1	1957年开始，福州市发现地面沉降。目前，最大累积沉降量达678.9 mm，沉降速率2.9～21.8 mm/年
合计	48 664.21/46	全国基本上发育在长江下游三角洲平原、河北平原、环渤海、东南沿海平原、河谷平原和山间盆地几类地区，年均直接损失1亿元以上

2. 地面沉降的危害

地面沉降的危害是多方面的，包括以下几个方面：

（1）损失地面标高，造成雨季地表积水，防洪能力下降。

（2）沿海城市低地面积扩大，海堤高度下降，海水倒灌。

（3）海港建筑物破坏，装卸能力降低。

（4）地面运输线、地下管线扭曲断裂。

（5）城市建筑物基础下沉脱空开裂。

（6）桥梁净空减小，影响通航。

（7）深井井管上升，井台破坏，供水排水系统失效。

（8）农田低洼地区洪涝积水，农作物减产。

地面沉降灾害等级可依据地面沉降面积、累计沉降量进行划分，见表2—9。

表2—9　　地面沉降灾害等级划分

提标＼灾害等级	特大型	大型	中型	小型
沉降面积（km^2）	＞500	500～100	100～10	＜10
最大累计沉降量（m）	2.0～1.0	1.0～0.5	0.5～0.1	＜0.1

二、地面沉降的原因

地面沉降产生的影响因素有自然地质因素和人为因素两种。

1. 自然地质因素

从地质因素看，自然界发生的地面沉降大致有下列原因：

(1) 地表松散地层或半松散地层等在重力作用下，在松散层变成致密的、坚硬或半坚硬岩层时，地面会因地层厚度的变小而发生沉降。

(2) 因地质构造作用导致地面凹陷而发生沉降。

(3) 地震导致地面沉降。

(4) 土体的蠕变也可引起地基土的缓慢变形。地面上的动荷载（振动作用）在一定条件下也将引起土体的压密变形。

2. 人为因素

从人为因素看，地面沉降现象与人类活动密切相关。大致有下列原因：

(1) 大量开采地下水、地下水溶性气体或石油等活动，已被公认为人类活动中造成大幅度、急剧地面沉降的最主要原因。

(2) 重大的工程建筑物对地基施加的静荷载，使地基土体发生变形。

(3) 抽取地下水、卤水引起的地面沉降。

(4) 开采石油、天然气引起的地面沉降。

三、地面沉降监测与防治措施

1. 地面沉降调查与监测

地面沉降勘察有两种情况：一是勘察地区已发生了地面沉降，二是勘察地区有可能发生地面沉降。两种情况的勘察内容是有区别的，对于前者，主要是调查地面沉降的原因，预测地面沉降的发展趋势，并提出控制和治理方案；对于后者，主要是预测地面沉降的可能性和估算沉降量。

(1) 地面沉降调查。地面沉降现状调查内容主要包括下列三个方面：地面沉降量的观测、地面沉降水准测量、对已发生地面沉降的地区的调查。

1) 地面沉降量的观测。地面沉降量的观测是以高精度的水准测量为基础的。由于地面沉降的发展和变化一般都较缓慢，用常规水准测量方法已满足不了精度要求，因此地面沉降观测应满足专门的水准测量精度要求。

2) 地面沉降水准测量。进行地面沉降水准测量时一般需要设置三种标点：即基准标、地面沉降标、分层沉降标。基准标也称背景标，设置在地面沉降所不能影响的范围，作为衡量地面沉降基准的标点；地面沉降标用于观测地面升降的地面水准点；分层沉降标用于观测某一深度处土层的沉降幅度的观测标。X地面沉降水准测量的方法和要求应按现行国家标准《国家一、二等水准测量规范》（GB 12897—1991）规定执行。一般在沉降速率大时可用二等精度水准，缓慢时要用一等精度水准。

3）对已发生地面沉降的地区的调查。对已发生地面沉降的地区进行调查研究，其成果可综合反映到以地面沉降为主要特征的专门环境地质分区图上，从该图可以看出地下水开采量、回灌量、水位变化、地质结构与地面沉降的关系。

（2）地面沉降监测。对可能发生地面沉降的地区，主要是预测地面沉降的发展趋势，即预测地面沉降量和沉降过程。国内外有不少资料对地面沉降提供了多种计算方法，归纳起来大致有理论计算方法、半理论半经验方法和经验方法等三种。由于地面沉降区地质条件和各种边界条件的复杂性，采用半理论半经验方法或经验方法，经实践证明是较简单实用的计算方法。通常采用的地面沉降监测方法有：

1）在地面沉降区或研究区内布设水准测量点，定期进行测量，监测地面沉降的变形。

2）监测含水层地下水的抽排量、回灌量及地下水位的变化，观测地面沉降。

3）用室内试验（常规试验、微观结构研究、高压固结、三轴剪切、长期流变、孔隙水压力消散、室内模型试验等）和野外试验（抽水试验、回灌试验、静力触探等），探索地面沉降发生、发展规律，并运用试验取得的数据进行经验性、理论性预测。

4）在地面沉降区及附近，设立相对沉降、孔隙水压力和基岩等标志，监测各岩土层和含水层的变形及地下水位动态变化。

2. 地面沉降防治措施

地面沉降在经济发达地区可能导致严重的财产和基础下部建筑的损失。最具有代表性的地面沉降是由人为原因造成的，由于人为抽取地下水而导致含水层系统受压缩而产生地面沉降。针对这种情况，必须采取措施减少地下水的使用量，增加地面水补给。因此，随时正确监测地面和地下水位沉降，并提供标准的数据对于预测和预报地面沉降工作至关重要。我国虽对地面沉降提出了包括工程和非工程两大类措施，但是并没有形成系统性的防治方法，美国地质调查局的研究人员根据地面沉降的特点以及实际情况，对其采用以下几种方法来减缓地面沉降的速度，以及修复地面沉降，把损失降到最低。

（1）含水层存储和修复技术。为了满足供水和改善水质的要求，含水层存储和修复技术在美国各州得以广泛应用。在圣克拉拉山谷，目前需水量仍然很大，但由于地表水的引入，回灌得以实施，使得地下水抽汲量减少，从而防止了地下水位继续下降。另外，该区水资源管理局在当地的河流上建立了5个蓄水坝以收集雨水，这样增加了河水对流经区的地下水的补给。这个地区是美国第一个被发现也是第一个采取有效措施并在1969年前后终止了沉降的地区。同样的情况还有亚利桑那州的中南部，通过引入科罗拉多河的河水，减少了地下水的需求强度，从而缓解了地面沉降。

（2）改变土地使用类型。为了防止地面沉降，将土地使用由农业用地型向城市用地型转变，以降低需水强度，防止地下水位的进一步下降。佛罗里达州的泥沼区使用这种方法防止有机土的进一步分解，减缓有机质氧化的速度，使地面发生沉降的速度降低，地基更加稳定。

（3）节水。利用含水层组储藏和运输地下水，要优于造价高昂的地表蓄水和输水系统。美国的研究人员采用先进和合理的地下水运输方法，作出地下水使用的远景规划。节水是制止地面沉降的一项重要措施。例如，在圣琼斯地区，目前人均用水量只有1920年的1/5，远低于过去作为农业用地时的用水量。因此，即便是在1976—1977年和1987—1991年期间，这两个州的主要旱期里，水位还是保持在历史最低水位以上。

（4）加固堤防。对沿海城市进行海岸加固，建造堤防防止洪水泛滥和海水入侵。例如，在加利福尼亚州境内三角洲地区，大面积的人工堤坝及人工岛有效地保护了这个三角洲，使之免遭海水的入侵，同时维持了有利的淡水坡度，保护了淡水源。

（5）立法保护地下水。美国对地下水的使用进行立法，使水资源有一个合理的使用环境。如在圣克拉拉山谷成立一个专门的水资源管理机构来管理该区的用水，使地表水和地下水得到了长期有效的综合利用。美国许多地区甚至采取法制措施来防治地面沉降。例如，1980年通过了《亚利桑那地下水管理法案》。其基本目标是加强对已衰竭含水层组的管理，把有限的地下水资源进行最合理的分配，开发新的水资源供应来增加亚利桑那的地下水资源。

（6）减少落水洞产生的影响。美国已有的案例表明，落水洞的活动与地下水的抽取有直接关系，控制地下水位的波动可以防止落水洞的形成。如美国佛罗里达西南水资源管理区与其他水资源机构通力合作，设立了佛罗里达中西部地下水的临界水位。最低水位的提出将会改良一些诱发条件，减少落水洞产生的影响。

第三章　地震灾害与防震减灾工程

第一节　地震灾害概述

地震是一种严重危害人们生命财产的突发性自然灾害。我国是一个地震频发的国家，6度及6度以上的地震区几乎遍及全国各个省和自治区。近几十年来的10多次大的地震，给人们的生命财产造成了巨大的损失，在人们的心里留下了巨大创伤。对于地震灾害要以预防为主，但是，目前世界各国对于地震的准确预报仍然十分困难。因此，根本性的措施就是采取合理的抗震设计方法，提高建筑物的抗震能力，防止严重破坏，避免倒塌。随着我国城市化进程的加快，人口的集中，经济的发展，尽管在采取适当的抗震措施后地震造成人员伤亡有所减少，但产生的经济损失却越来越严重。一次大地震可能在数十秒内将一座城市夷为平地，交通、通信、供电、供水、供暖等生命线工程中断，并往往导致严重的次生灾害，如火灾、水灾、山崩、滑坡、泥石流、海啸、疾病等。如何防止、减少地震灾害造成的损失，是地震工程抗震技术人员肩负的重要使命。

一、地震的基本名词和概念

1. 地震

地震，俗称地动。它和刮风下雨一样，是一种自然现象。当地下某处岩层突然破裂，或因局部岩层塌陷、火山喷发等发出振动，并以波的形式传到地表引起地面的颠簸和摇晃，这种地面运动称为地震。据统计，世界上每年发生地震约500万次，其中绝大多数（约99%）地震的强度很小，只有用灵敏的仪器才能观测到，人们能直接感觉到的只有约5万次。实际情况表明，地震越大，发生的次数越少。

2. 震源、震中

震源是地球内部发生地震的地方。震源在地表的投影，或者说地面上与震源正相对着的地方称为震中。地面上任何一个地方到震中的距离称为震中距。震中附近的地区称为震中区。强烈地震时，破坏最严重的地区称为极震区。震源至地面的垂直距离（震源到震中的距离），称为震源深度。

地震按震源深度可分为三种：浅源地震：震源深度在 60 km 以内，约占地震总数的 70%；中源地震：震源深度在 60～300 km，约占地震总数的 25%；深源地震：震源深度超过 300 km，约占地震总数的 5%；

世界上绝大多数地震是浅源地震，震源深度集中在 5～20 km。中源地震、深源地震较少，约占地震总数的 30%。对于同样大小的地震，当震源较浅时，波及范围较小，破坏程度较大；当震源深度较大时，波及范围则较大，而破坏程度相对较小。这是由于地震时释放的能量通过长距离的传播时，其中的大部分能量将被岩层所吸收。深度超过 100 km 的地震在地面一般不会引起灾害。

根据震中距的大小，地震又可分为地方震、近震和远震。震中距在 100 km 以内的地震称为地方震；震中距在 100～1 000 km 的地震称为近震；震中距大于 1 000 km 的地震称为远震。

3. 震级与烈度

地震震级和地震烈度是衡量地震大小的两个尺度。

（1）地震震级。地震震级是表示地震本身强度大小的等级，用符号 M 表示，其数值是根据地震仪记录的地震波图来确定的。它与震源释放的能量有关，震源释放的能量越多，震级就越大。一次地震只有一个震级。例如，1976 年 7 月 28 日唐山地震，其震级为 7.8 级。通常，小于 2 级的地震人们感觉不到，只有仪器才能记录下来，称为微震；2～4 级的地震人有感觉但无破坏，称为有感地震；5 级以上地震会对建筑物及地表造成不同程度的破坏，称为破坏性地震；7 级以上的地震，其毁坏性更大，影响面积更广，称为强烈地震或大地震。

（2）地震烈度。地震烈度是指地震发生时，在波及范围内一定地点地面振动的激烈程度，或地震对地面及各种建筑物造成的影响和破坏程度。地震烈度与震级大小、所在地与震中的距离以及岩土性质有关。判断烈度的大小，是根据人的感觉、各种建筑物的破坏程度以及地面裂缝的大小等各方面的材料综合考虑来划分的。我国地震工作者制定了统一的地震烈度表，根据破坏程度分为 12 级，见表 3—1。

表 3—1 **中国地震烈度表**

烈度	在地面上人的感觉	房屋震害程度		其他震害现象	水平向地面运动	
		震害现象	平均震害指数		峰值加速度 m/s^2	峰值速度 m/s
Ⅰ	无感					
Ⅱ	室内个别静止中人有感觉					
Ⅲ	室内少数静止中人有感觉	门、窗轻微作响		悬挂物微动		
Ⅳ	室内多数人、室外少数人有感觉，少数人梦中惊醒	门、窗作响		悬挂物明显摆动，器皿作响		
Ⅴ	室内普遍、室外多数人有感觉，多数人梦中惊醒	门窗、屋顶、屋架颤动作响，灰土掉落，抹灰出现微细裂缝，有檐瓦掉落，个别屋顶烟囱掉砖		不稳定器物摇动或翻倒	0.31 (0.22～0.44)	0.03 (0.02～0.04)
Ⅵ	多数人站立不稳，少数人惊逃户外	损坏——墙体出现裂缝，檐瓦掉落，少数屋顶烟囱裂缝、掉落	0～0.1	河岸和松软土出现裂缝，饱和砂层出现喷砂冒水；有的独立砖烟囱轻度裂缝	0.63 (0.45～0.89)	0.06 (0.05～0.09)
Ⅶ	大多数人惊逃户外，骑自行车的人有感觉，行驶中的汽车驾乘人员有感觉	轻度破坏——局部破坏，开裂，小修或不需要修理可继续使用	0.11～0.30	河岸出现塌方；饱和砂层常见喷砂冒水，松软土地上地裂缝较多；大多数独立砖烟囱中等破坏	1.25 (0.09～1.77)	0.13 (0.10～0.18)

续表

烈度	在地面上人的感觉	房屋震害程度		其他震害现象	水平向地面运动	
		震害现象	平均震害指数		峰值加速度 m/s^2	峰值速度 m/s
Ⅷ	多数人摇晃颠簸，行走困难	中等破坏——结构破坏，需要修复才能使用	0.31～0.50	干硬土上也出现裂缝；大多数独立砖烟囱严重破坏；树梢折断；房屋破坏导致人畜伤亡	2.5 (1.78～3.53)	0.25 (0.19～0.35)
Ⅸ	行动的人摔倒	严重破坏——结构严重破坏，局部倒塌，修复困难	0.51～0.70	干硬土上有地方出现裂缝；基岩可能出现裂缝、错动；滑坡塌方常见；独立砖烟囱倒塌	5.00 (3.54～7.07)	0.50 (0.36～0.71)
Ⅹ	骑自行车的人会摔倒，处于不稳状态的人会摔离原地，有抛起感	大多数倒塌	0.71～0.90	山崩和地震断裂出现；基岩上拱桥破坏；大多数独立砖烟囱从根部破坏或倒毁	10.00 (7.08～4.14)	1.00 (0.72～1.41)
Ⅺ		普遍倒塌	0.91～1.00	地震断裂延续很长；大量山崩滑坡		
Ⅻ				地面剧烈变化，山河改观		

注：表中的数量词“个别”为10%以下；“少数”为10%～50%；“多数”为50%～70%；“大多数”为70%～90%；“普遍”为90%以上。

（3）基本烈度和地震区划。一个地区未来50年内一般场地条件下可能遭受的具有10%超越概率的地震烈度值称为该地区的基本烈度。基本烈度也称为偶遇烈度或中震烈度。它是一个地区进行抗震设防的依据。在建筑物的设计使用寿命期限内，会遭遇到不同频度和强度的地震，从安全性和经济性的综合协调考虑，建筑物对这些地震应具有不同的抗震能力。具体来说，建筑结构要求在遭受到对于发生可能性较大而强度较小的地震，结构不损坏；要求在遭受到对于发生可能性较小而强度较大的地震，结构可以损坏，但是任何情况下不应该倒塌。

根据地震危险性分析，我国地震烈度的概率密度函数符合极值Ⅲ型分布，如图 3—1 所示。

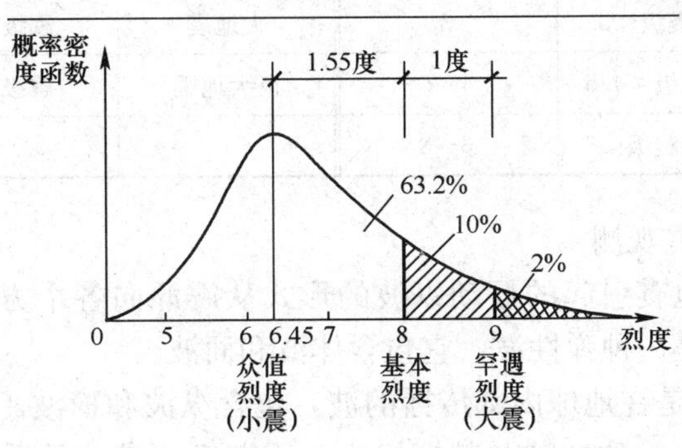

图 3—1　三种烈度关系

地震烈度的概率密度函数为：

$$f_{\mathrm{m}}(I)=\frac{k(\omega-I)^{k-1}}{(\omega-I_{\mathrm{m}})^{k}}e^{-\left(\frac{\omega-I}{\omega-I_{\mathrm{m}}}\right)^{k}} \tag{3—1}$$

$$F_{\mathrm{m}}(I)=e^{-\left(\frac{\omega-I}{\omega-I_{\mathrm{m}}}\right)^{k}} \tag{3—2}$$

式中　ω——地震烈度上限值，取 $\omega=12$；

I_{m}——众值烈度（或称为多遇烈度），即烈度概率密度函数曲线上峰值上所对应的烈度，即峰值烈度，不同的地震区内 I_{m} 不同，可以通过统计得到；

I——地震烈度；

k——形状参数。

从概率意义上讲，小震是发生概率最大的地震，也就是烈度概率密度函数分布曲线上的峰值对应的众值烈度。

（4）震级与烈度的区别和联系。震级与烈度是两个不同的概念，如果把地震比做一次炸弹爆炸，则炸弹的药量就好比震级；炸弹对不同地点的破坏程度就好比烈度。一次地震只有一个震级，然而，距离震中距离的远近不同，有不同的烈度。根据统计，对于浅源地震，震级和震中烈度有表 3—2 的对应关系。

表 3—2　　地震按震级的分类

类型	震级	震中烈度	类型	震级	震中烈度
超微震	震级<1	1～2	强烈地震	6≤震级<7	7～10
弱震和微震	1≤震级<3	3	大地震	震级≥7	10～11
有感地震	3≤震级<4.5	4～5	巨大地震	震级≥8	12
中强地震	4.5≤震级<6	6～8			

4. 地震波与地震观测

(1) 地震波。地震引起的振动以波的形式从震源向各个方向传播，这种波就是地震波。地震波是一种弹性波，它包含体波和面波。

1) 体波。体波是在地球内部传播的波，包含纵波和横波。纵波是质点的振动方向与波的传播方向一致的波，其振幅小，周期短。横波是质点的振动方向与波的传播方向互相垂直的波，其振幅较大，周期较长。横波只能在固体里传播，而纵波在固体、液体里都能传播。纵波比横波的传播速度快，在地震观测仪器的记录图上，纵波要先于横波到达。因此，通常把纵波称做 P 波（初波），把横波称做 S 波（次波）。体波在地球内部的传播速度随深度的增加而增大，如图 3—2 所示。由于地壳是层状构造，由震源发出的体波通过分层介质时，将在介面上反复产生反射、折射。当一个 P 波（或 S 波）入射到一个界面时，不但产生折射和反射的 P 波，而且还产生折射和反射的 S 波，共有 4 种波出现。此外，由震源发出的振动首先通过岩层传到地表面。在地表面纵波的感觉是上下动，而横波的感觉是水平动。

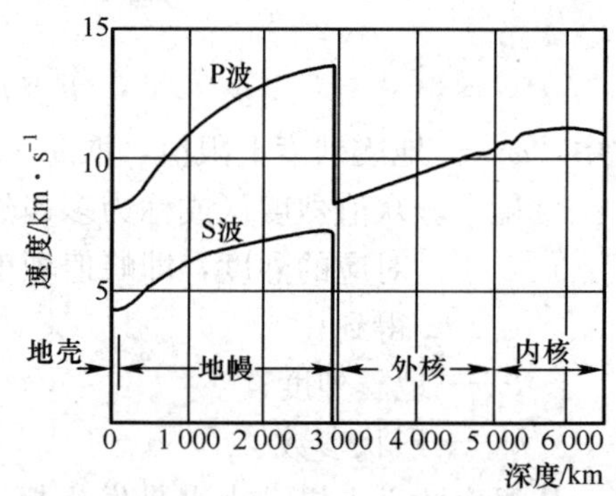

图 3—2　体波在地球内传播速度

2) 面波。面波（L 波）是沿地球表面传播的波，它是体波经地层界面多次反射形成的次生波，包含瑞雷波（R 波）和洛夫波。瑞雷波传播时，质点在波的传播方向和自由面（地表面）法向组成的平面内（见图 3—3a 中的 xz 平面）做椭圆运动，而与该平面垂直的水平方向（y 方向）没有振动，在地面上呈滚动形式。洛夫波只在与传播方向相垂直的水平方向（见图 3—3b 中的 y 方向）振动，在地面上呈蛇形运动形式。面波的传播速度比体波小，振幅比体波大。地震波在地震记录图上的典型波形如图 3—4 所示。当横波和面波到达地面时，地面振动最猛烈，在地表引起的破坏力主要是横波的水平振动。开始由于最大加速度的作用使结构产生部分破坏，破坏不断发展，当接近倒塌时结构的自振周期，且与地动周期相近时，将导致房屋的全部倒塌。

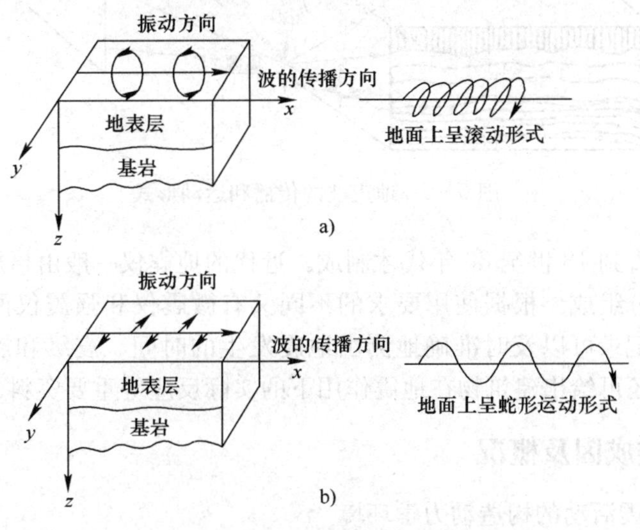

图 3—3　面波在地球内传播速度

a）瑞雷波质点振动　b）洛夫波质点振动

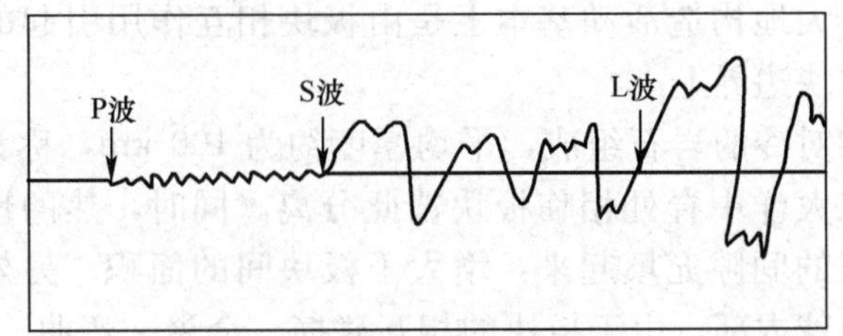

图 3—4　地震波典型波形

3）地震波的传播和运动形式，如图 3—5 所示。

（2）地震观测。观测记录地震的仪器称为地震仪，它把地面运动放大几十倍记录下来。早在公元 132 年（东汉时期），我国古代科学家张衡发明了世界上第一台记录地震的仪器——“候风地动仪”，并于公元 138 年第一次成功地观测到地震。当时甘肃发生了一次地震，地震波传到京都洛阳，地动仪正西方向的龙吐出一珠。

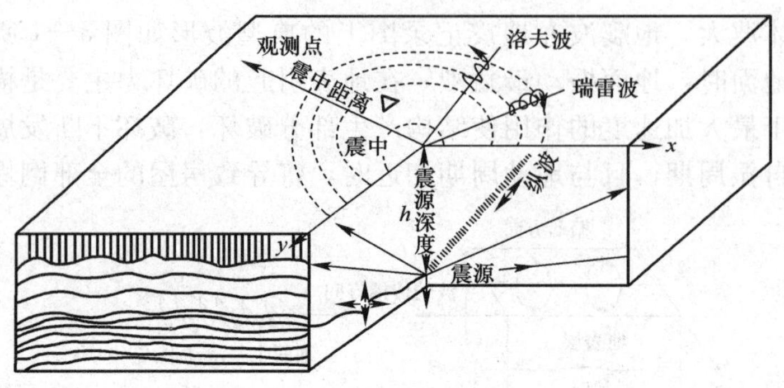

图 3—5　地震波的传播和运动形式

近代的地震仪直到 18 世纪 80 年代才制成。近代的地震仪一般由拾震器、放大器和记录装置三部分组成。根据使用要求的不同又有微震仪和强震仪两种。地震发生后，根据仪器记录可以及时准确地测出地震发生的时间、震级和震源位置。工程强震仪的记录还可给出建筑物在地震作用下的实际反应等重要资料。

二、地震成因及概况

1. 中国地震活动的构造动力学环境

根据全球构造的板块学说，地球外壳被一些构造活动带（大洋中脊、岛孤构造和水平大断裂）分割为彼此相对运动的板块。板块运动的相对速率约为每年几毫米至几十毫米。大地构造活动基本上是由板块相互作用引起的。大部分地震和火山也都发生在板块边界上。

板块主要由相对冷的岩石组成，平均厚度约为 100 km，称为岩石层。板块间发生相对运动，在大洋中脊处相临板块彼此分离。同时，热的地幔物质上升，将岩石层板块间扩张的间隙充填起来，增大了板块间的面积。另外，板块在海沟会聚弯曲，下沉到地球内部。由于板块的相互碰撞、会聚、弯曲、消减等运动过程，导致板块边界上和板块内部应力状态变化。

中国内地位于欧亚板块东南部，台湾省坐落在欧亚板块及菲律宾板块的边界上。这样，中国是太平洋板块、北美板块、菲律宾板块、印度板块和欧亚板块的交汇处，构成了中国构造活动和地震活动的重要动力学背景。

板块理论认为，按地震的板块构造环境分类，可分为板间地震、板内地震和洋脊地震等基本类型。中国内地内部的地震属于板内地震型。台湾省及其邻近地区地震则是板间地震型。

2. 中国地震活动的基本特点

上述特殊的构造动力学背景决定中国地震活动的一系列特点。

（1）我国是全球大陆地震最强的地区。中国是一个多地震和强地震的国家，自公元前1831年起有地震的历史记录以来，至今共记录到6级以上（含6级）强震800多次，遍布于除浙江、贵州以外的所有省份。就浙江、贵州两省而言，也都发生过5～6级地震。自20世纪有仪器记录以来，我国平均每年发生6级以上地震6次，其中平均每年发生7级以上地震1次，8级以上巨大地震平均10年左右1次。地震活动不仅频度高，分布面积广，且强度也为世界之冠。根据日本学者阿部胜征的研究，在20世纪全球发生8.5级以上的特大地震共3次，分别为1920年我国宁夏海原8.6级，1950年我国西藏察隅8.6级和1960年智利8.5级地震。由此可看到，我国地震在全球地震中的重要地位。此外，我国地震还有震源浅的特点。除东北和台湾一带少数中源地震、深源地震以外，绝大多数地震的震源深度在40 km以内，尤其是我国大陆的东部地区，震源更浅，一般都在10～20 km的深度上。因此，我国的地震活动，可用“多、大、广、浅”四个字概括其特点，即地震多（频度高）、强度大、分布广、震源浅。

（2）我国地震活动具有时间、空间分布不均匀的特点。从图3—6可见，中国的地震活动在空间分布上具有很大的不均匀性。107°E以西的中国西部地区，由于直接受印度洋板块的强烈碰撞，地震活动的强度和频度均大于中国东部地区。表3—3给出20世纪以来7级以上大震的分区统计。从中可以看到，7级以上大震很大一部分发生在西部，且其释放的地震能量占整个内地的95%以上。地震活动空间不均匀性最明显的表现是地震成带分布。时振梁等根据地震构造背景和地震的空间分布将中国地震活动划分为23个地震带。地震活动在时间分布上也是不均匀的。表现为地震活动高潮和低潮在时间轴上交替出现。

表3—3　　中国分区强震频度统计（1900—2010年）

次数　震级 地区	7.0～7.4	7.5～7.9	8.0～8.4	8.5～8.9	综合
中国东部	7	1	0	0	8
中国西部	25	11	6	2	44
台湾省	24	3	2	0	29
其他地区	1	1	0	0	2

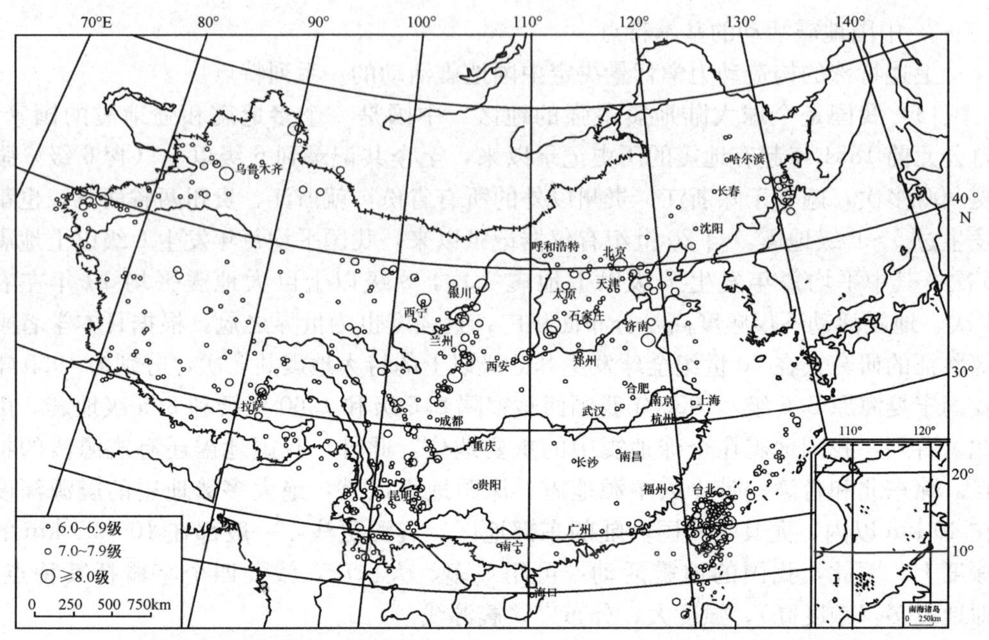

图 3—6 中国浅源强震震中分布（公元前 1831—1989 年，Ms≥6.0）

3. 中国地震灾害情况

由于我国的地震活动具有频度高、强度大、分布广、震源浅的特点，使我国成为世界上地震灾害最为严重的国家。我国 60%以上的国土处于地震烈度Ⅵ度以上地区。其中地震烈度为Ⅶ度和Ⅶ度以上的高烈度区占全国面积的 40%左右。就城市来看，60%的 50 万以上人口的城市位于Ⅵ度和Ⅶ度以上的高烈度区。

由于我国地震高烈度区分布广阔，许多大震发生在人口稠密地区，因而我国地震损失甚为惨重。就地震死亡人数来说，20 世纪我国地震死亡人数达 57 万人，占全球的一半。

我国历史上地震灾情最为突出的是 1556 年陕西关中 8 级大地震，死亡人数达 83 万。1920 年宁夏海原 8.6 级地震，死亡 23 万人。1976 年唐山大地震，95%的建筑物倒塌，生命线工程全部失效，使一座百万人的新兴工业城市瞬刻变成一片废墟，24 万余人死亡，16 万人重伤，直接经济损失不下 100 亿元人民币。

地震灾害在我国各种自然灾害中也有非常重要的地位。从经济损失和人员死亡两个指数看，若论经济损失，气象灾害（主要是干旱和洪涝）是群害之首，占各类灾害经济损失总数的 57%。但若论死亡人数，地震是群害之首，占各类灾害死亡人数总数的 54%。表 3—4 给出了我国 1900 年以来有严重损失的 7 级以上地震的损失情况。

表 3—4　　中国 1900 年以来有严重损失的 Ms≥7.0 的地震

时间(年月日)	地点	震级（M）	烈度（I_0）	伤亡与震害
1902.8.22	新疆阿图什	8.3	>Ⅹ	死亡 500 人，土木房全倒
1906.12.23	新疆玛纳斯西南	8.0	Ⅹ	死亡 280 人，倒房 2 000 间
1918.2.13	广东南澳	7.3	Ⅹ	死亡 1 000 人，倒房 5 000 间
1920.12.16	宁夏海原	8.6	Ⅻ	死亡 23 万人，旧城全毁
1922.9.2	台湾宜兰东南海中	7.5		死亡数人，倒房 14 户
1922.9.15	台湾宜兰东南	7.3		死亡数人，倒房 24 户
1923.3.24	四川炉霍、道孚	7.3	Ⅹ	死亡 3 000 余人，震区房全倒
1925.3.16	云南大理	7	Ⅸ	大理县死亡 3 600 人，震后起火，共毁房 7 万余间
1927.5.23	甘肃古浪	8	Ⅺ	死亡 4 000 余人，倒房 90%
1931.8.11	新疆富蕴	8	Ⅺ	死亡万余人，倒房屋，地裂 300 km
1932.12.25	甘肃昌马	7.5	Ⅹ	死亡 270 人，倒房 80%～90%
1933.8.25	四川叠溪	7.3	Ⅹ	死亡 6 800 人，水灾死亡 2 500 人，60%城房全毁
1935.4.21	台湾新竹、台中	7		死亡 3 200 人，伤万余人，房全倒
1937.8.1	山东菏泽	7	Ⅸ	死亡 390 人，房倒 3 万余间
1941.5.16	云南耿马	7	Ⅸ～Ⅹ	死亡、伤数十人
1941.12.16	台湾嘉义	7	Ⅹ	死亡 300 余人，房倒 1 700 余间
1948.5.25	四川理塘南	7.3	Ⅹ	死亡 800 余人，房屋倒 90%
1949.2.24	新疆库车东北	7.3	Ⅸ	死亡 10 余人，房倒近 4 000 间
1950.8.15	西藏察隅	8.6	>Ⅹ	死亡 3 300 人，房倒 90%
1954.2.11	甘肃山丹东北	7.3	Ⅹ	死亡 47 人，倒房 20%～30%
1955.4.14	四川康定南	7.5	Ⅸ	死亡 94 人，倒房 90%
1966.3.22	河北宁晋东汪(邢台)	7.2	Ⅹ	死亡 8 000 余人，县内房几乎倒平
1969.7.18	渤海	7.4	≥Ⅻ	山东各地倒房千余间
1970.1.5	云南通海	7.7	Ⅹ	死亡 15 000 人，房倒 90%
1973.2.6	四川炉霍	7.9	Ⅹ	死亡 2 000 人，除木房外全倒
1975.2.4	辽宁海城	7.3	Ⅸ	死亡 1 328 人，毁房 46 万余间
1976.5.29	运纳龙陵	7.5	Ⅸ	两次地震倒房约半数
1976.7.28	河北唐山	7.8	Ⅺ	死亡 244 000 人，全市几乎全毁
1988.11.6	云南澜沧—耿马	7.6	Ⅸ	死亡 748 人，伤 7 751 人
2003.2.24	中国新疆伽师巴楚	6.8		268 人死亡及重大财产损失
2008.5.12	四川汶川县	8.0	>Ⅹ	遇难：69 142 人，失踪：17 551 人，受伤：374 065人，受灾：4 624 万人
2010.4.14	青海省玉树县	7.1	Ⅸ	截至 2010 年 5 月 30 日 18 时，遇难 2 698 人，失踪 270 人

从上述材料可看出，地震灾害是全世界，尤其是我国所面临的最可怕的自然灾害之一。因此，防震减灾具有现实的重要性和紧迫性。而地震预报是防震减灾的基础，因此，地震预报研究已成为当代地震学研究中的最重要的课题。在1906年4月美国旧金山8级地震发生之后，科学家已经从对灾害资料的研究中提出，可以依据地壳形变的观测进行地震预报。特别是20世纪60年代以来，在各国政府的大力支持下，日本、前苏联、中国和美国都陆续建立和实施地震预报研究的专门机构和地震预报实验场。

4. 地震类型及成因

从大量的地震、地质和其他资料所揭示的事实来看，造成地震的原因很多。通常按照其成因可以分为构造地震、火山地震、陷落地震三种主要类型。此外，还有水库地震、爆炸地震、油田注水地震等类型。

（1）构造地震。由于地壳运动产生的自然力推挤地壳岩层，岩层薄弱部位突然发生断裂错动，这种在构造变动中引起的地震称为构造地震。地壳是由各种岩层构成的。大量事实证明，地壳并不是静止不动的，而是在漫长的地质年代中连续地变化着，不同的地区或在上升，或在下沉，或在倾斜，但是，在短时期内，地壳的变化不易被人们察觉。这是因为，地壳的抬升、下沉或聚合、分离的量级，一般每年只有几mm，最大也只有cm级。地质学家所用的时间尺度要长得多，动辄几百万年、几千万年，这样积累起来，地壳的变形就足以形成岩层的褶皱和断裂。由于地球在运动和发展的过程中，内部存在着大量的能量，这种能量所产生的巨大作用时刻在推动着地壳中的岩石，使原始水平状态的岩层发生形变。见图3—7a。当作用力使岩层产生弯曲而没有丧失其连续完整性时，岩层便产生褶皱，见图3—7b。当岩层脆弱部分的岩石强度承受不了强大力的作用时，岩层便产生断裂，断裂两侧的岩体沿断裂面而产生相对的错动，形成断层，见图3—7c。褶皱和断裂是地壳岩石变形的两种基本构造形态。

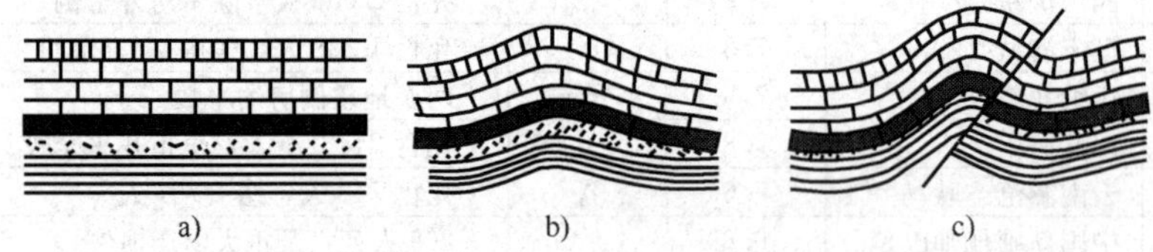

图3—7　构造变动与地震形成

a）岩层原始状态　b）受力后发生褶皱变形　c）引起岩层断裂产生振动

构造地震中最普遍的地震是由于地壳大断裂的活动而引起的，我们称这种活动着的断裂为活动断裂或活动断层，简称活断层。考虑到断层活动与地震之间的内在关系，地质学家将活动断层定义为第四纪期间（距今约 200 万年），今后可能活动的断层，其规模大的可达数千千米乃至上万千米，小的仅为几千米。活动断层按破裂面分为上、下两盘，根据其两盘的相对运动方式可分为走滑型、正断型和逆冲型三种类型。断层两盘块体平行走向的滑动，称为走滑型活动断层。这种类型的活动断层在地壳中大量存在，与地震活动的关系最为密切。如美国西海岸的圣安德烈斯断层，它是一条巨大的走滑活动断层，断层两盘的相对运动速率每年达 5 cm。旧金山 1906 年 8.3 级地震和 1989 年 6.9 级地震与圣安德烈斯断层的活动有关。我国青藏高原边缘的阿尔金断层、海原断层及云南的红河断层均为大陆内部的走滑型活动断层，许多 7 级乃至 8 级的强震沿这些断层发生。正断型活动断层是指断层上盘相对下降的断层，它的活动在大陆内部常构成大陆裂谷带，如著名的东非裂谷、贝加尔裂谷和我国的汾渭裂谷等，发育有较大规模的正断型活动断层。我国历史上伤亡最大的一次地震 1556 年陕西省华县 8 级大震，就发生在汾渭裂谷带内。若活动断层的上盘相对抬升，形成大陆块体的碰撞带和大陆内部的挤压缩短带，称为逆冲型断层的活动并产生大地震。

活动断层与地震的关系极为密切，因而，寻找活动断层并确定其活动强度，是划分地震危险区带一个有效途径。从地质构造角度来研究地震问题，由此诞生了一门新兴的学科——地震地质学。其任务主要明确发生地震的地质构造条件，划分地震危险区。活动断层的研究是其中一个重要内容。

地震地质学家常用地质地貌方法、历史考古学方法、地球物理和地球化学方法等来鉴别和研究活动断层。随着现代高科技的发展，全球定位系统（英文缩写为 GPS）提供了大量测量新技术，即从卫星上可测量出大型活动断层的运动情况。卫星影像上反映出地球上的热红外异常，也开始用来研究活动断层带和地震预报。高科技、高精度、多学科地综合研究活动断层及其与地震关系的时代已经到来。

除了用地质的方法了解地壳运动外，考古也能提供一些资料。例如，我们可以考察历史上的一些建筑物有没有发生变形。在宁夏回族自治区石嘴山市西南红果子沟有一段明代修建的长城，距今已有 400 多年的历史，地震工作者对它进行考察后，发现有两处错动，其中一处的水平错距达 1.45 m，垂直错距近 1 m。进一步的研究结果显示，这里的长城正好跨在活动断层之上，断层的蠕动（渐变运动），经过几百年的变形积累，使我们能直观地观察到地壳的变化。根据错动量和造成这些错动量所需的时间，可以方便地求出每年的错动量为 2～3 mm。

在地壳岩层构造状态的改变（称为构造运动）过程中，地壳岩层处在复杂的地应力作用下，随着地壳运动的不断变化，地应力的作用逐渐加强，构造变动也随之加剧。当地应力的作用超过某处岩层的强度极限而产生突然的断裂和猛烈的错动时就会引起振动，这些振动以弹性波的形式传到地面，地面也随之运动，由此产生地震。地震使得构造变动过程中积累起来的应变能突然得到释放。地下岩石在地应力作用下积聚的能量越多，释放时就越突然、越集中，地震也就越强烈。一次大地震在地表产生的断裂，其垂直和水平错动竟可达几米。一些大地震造成的错动量见表3—5。

表3—5　一些构造地震的地表断裂错动量

地震时间（年月日）	震中位置	震级	最大位移量/m 水平	最大位移量/m 垂直
1920.12.16	宁夏海原	8.5	9	1
1927.5.23	甘肃古浪	8.0		7.0
1931.8.11	新疆富蕴	8.0	14.6	3.6
1939.1.3	宁夏平罗	8.0	1.45	0.95
1970.1.5	云南通海	7.7	2.2	0.45
1973.2.6	四川炉霍	7.9	3.6	0.5
1975.2.4	辽宁海城	7.3	0.55	0.2
1976.7.28	河北唐山	7.8	1.53	0

构造地震约占地震总数的90%左右。就地震灾害而言，其破坏性最大，影响范围最广。因此，要警惕并认真预防的主要是构造地震。

（2）火山地震。由于火山爆发、岩浆猛烈冲击地面时引起的地面振动称为火山地震。地球内部的温度很高，往深处增加100 m，温度上升2～5℃，在地下100 km深处的地温已达到1 200～1 300℃。因此，在高温下岩石呈熔融状态的岩浆，如果地壳中有断裂等薄弱地带，岩浆在强大压力作用下，将沿这些断裂通道喷出地表，这就是火山爆发。岩浆向上喷出时的冲力很猛烈，能激起地面的振动，便产生了火山地震。火山地震的影响范围较小，不会造成大面积的破坏和人畜伤亡。这类地震主要分布在日本、印度尼西亚、南美等太平洋沿岸国家，在我国很少见。火山地震约占地震总数的7%。

（3）陷落地震。地表或地下岩层因洞穴大规模陷落和崩塌时引起的地震称为陷落地震。洞穴主要有石灰岩溶洞和矿山采空区。

1）地下溶洞塌陷引起的地震。在石灰岩发育地区，由于地下水沿着石灰岩的裂隙渗透和流动，并溶蚀着石灰岩，裂隙就会逐渐扩大成暗沟、溶洞。溶蚀的规模日积月累，经过几万年至几十万年，小溶洞扩大成大溶洞，小暗沟扩大成地下暗河，形成千姿百态的岩溶地貌景观，如云南石林、广西桂林的地下河和巨大的溶洞。当有些溶洞承受不了它上面岩石的重量时，溶洞顶板就会塌落下来。巨大的岩石块体的突然塌落，对下面的岩石产生强烈的冲击，因而引起周围岩石和地面的振动，产生小范围的地震。

2）矿坑塌陷引起的地震。如果矿山开采后留下采空区，而这些矿坑的顶板岩层比较破碎，强度较低，矿柱和顶板承受不了巨大的地压，于是产生塌落，引起地震。1991 年 4 月 27 日，大同青磁窑煤矿塌陷，诱发 3.9 级地震，受灾面积 0.7 km^2，有感面积 3 888 km^2，死亡 8 人。

（4）水库地震。水库地震是因水库蓄水而诱发的地震。有些地方，历史上没有或很少发生过地震，但在兴建大型水库后，地震频频发生，甚至发生强烈的破坏性地震。如广东新丰江水库地区，历史上很少发生地震，但自 1959 年截流蓄水后不久，便频繁出现小震活动，并于 1962 年 3 月 19 日发生 6.1 级的强烈地震，其后余震活动持续不断。但并不是所有的地方建筑水库都会引起地震，只有少数具有特殊地质构造条件的水库，蓄水后才会发生地震。发生地震的水库一般多在活动断裂带上，或在活动断裂带的边缘；库区或坝址的活动断裂发育，岩石破碎，同时水库深度和蓄水量有相当大的规模。水库蓄水诱发地震的原因有两个方面：一是水的重量。巨大的水体对水库基岩增大载荷；二是水对地层和断裂的物理、化学作用。水渗透到水库基岩体的裂缝中，使断裂更易滑动。水的化学作用是指水对库基岩石的腐蚀作用，使岩石的强度降低。

（5）爆炸地震。爆炸地震是指工业大爆破或地下核爆炸所激发的地震。这种地震一般震级较小，影响范围仅几十千米。

（6）油田注水诱发地震。在油田开采中，广泛采用人工注水驱动工艺，从而产生油田注水诱发地震。例如，1971 年 3 月 8 日加拿大斯内普油田注水导致 5.1 级地震。油田注水诱发地震的机理类似于水库诱发地震，水的注入使岩石产生水饱和，从而降低岩石的抗剪强度。

三、地震活动概况及地震分布

1. 世界地震的分布

根据统计，世界上每年平均发生 500 万次左右地震，其中，5 级以上的强烈地震约为 1 000 次左右。震级在 7 级以上，震中烈度在 9 度以上的大地震每年发生 10

余次。对于震级在 8 级以上的特大地震，全世界每年大约 1 次左右。表 3—6 为 20 世纪以来死亡人数不少于 10 000 人的地震统计资料。

表 3—6　　20 世纪以来死亡人数超过 10 000 人的地震统计资料

时间（年月日）	地点	震级	死亡人数
1905.4.4	印度	8.6	19 000
1905.4.4	阿富汗	8.6	20 000
1907.10.21	塔吉克斯坦	8.0	12 000
1907.10.21	乌兹别克斯坦	7.8	12 000
1908.2.	意大利	7.5	75 000
1908.12.28	意大利	7.5	110 000
1915.1.13	意大利	7.5	30 000
1917.1.21	印度尼西亚	—	15 000
1918.2.13	中国	7.3	10 000
1920.12.16	中国	8.6	100 000
1923.9.1	本	8.3	100 000
1927.5.22	中国	8.3	200 000
1932.12.25	中国	7.6	70 000
1933.8.25	中国	7.4	10 000
1934.1.15	印度	8.4	10 700
1935.5.30	巴基斯坦	7.5	30 000
1939.1.25	智利	8.3	28 000
1939.12.26	土耳其	7.9	32 700
1948.10.5	土库曼斯坦	7.3	19 800
1960.2.29	摩洛哥	5.8	12 000
1980.10.10	阿尔及利亚	7.7	11 000
1988.12.7	苏联	6.8	25 000
1990.6.20	伊朗	7.7	50 000
1999.8.17	土耳其	7.8	15 637
2001.1.26	印度	8.0	20 005
2003.12.26	伊朗东南部克尔曼省巴姆地区	6.3	30 000

续表

时间（年月日）	地点	震级	死亡人数
2004.12.26	印度尼西亚苏门答腊岛附近海域	7.9	20多万人失踪或死亡
2005.10.8	巴基斯坦控制的克什米尔地区	7.6	造成7.3万人死亡
2008.5.12	中国汶川	8.0	69 227人遇难，374 643人受伤，失踪17 923人
2010.1.12	海地	7.3	22.25万人丧生，19.6万人受伤
2011.3.11	日本东北部海域	9.0	13 232人死亡、14 554人失踪

地震并不是在地球各地平均分布，而是受一定的地质构造条件控制，在空间分布上有一定的规律性。地震多数发生在地壳部分的数十千米范围内。据统计，有72%地震的震源发生在地表至地下33 km处，深度大于33 km的占28%，其中24%分布在33～300 km范围内。

在世界范围内，地震主要集中分布在如下两个地带。

（1）环太平洋地震带。围绕太平洋的东、北、西诸岸，地震活动极为剧烈，是地球上最主要的地震带。东带自北美洲的阿拉斯加起，往东南沿加拿大和美国的西海岸，到中美洲的墨西哥一带，在中美洲有一个分支，形成安的列斯地震环。由中美洲西海岸向南到南美洲西海岸的哥伦比亚、秘鲁和智利，最后经福克兰和南乔治亚岛而止于南安的列斯群岛。西带自阿留申群岛开始，途经千岛群岛到日本，在日本中部形成两支：向东南的分支延至马里亚纳群岛，经关岛向西到雅浦岛附近；向西南的分支经日本琉球群岛、中国台湾，经菲律宾、印度尼西亚，与另一地震带汇合，向东越过所罗门群岛、斐济岛到萨摩亚群岛后向南经汤加岛到新西兰。

（2）喜马拉雅—地中海地震带。从地震活动性来看，该带仅次于环太平洋地震带，它大部分分布于大陆范围内，因此也称为欧亚地震带。由于它大多分布于大陆上，所以常造成很大的灾害。该地震带西起大西洋亚速尔群岛，从地中海、希腊、土耳其、印度北部、我国的西部和西南地区、缅甸至印度尼西亚与太平洋地震带相遇。

2. 中国地震分布

我国处于两大地震带的中间，东临环太平洋地震带，西处喜马拉雅—地中海地震带。我国境内的地震分布具有条带分布的特点，地震活动主要分布在5个地区的23条地震带上。这5个地区是：①台湾省及其附近海域；②西南地区，主要是西藏、四川西部和云南中西部；③西北地区，主要在甘肃河西走廊、青海、宁夏、天山南北麓；④华北地区，主要在太行山两侧、汾渭河谷、阴山—燕山一带、山东中部和渤海湾；⑤东南沿海的广东、福建等地。我国的台湾省位于环太平洋地震带上，西藏、新疆、云南、四川、青海等省区位于地中海—喜马拉雅地震带上，其他省区处于相关的地震带上。中国地震带的分布是制定中国地震重点监视防御区的重要依据。

另外，河北、山东、山西、陕西、甘肃、宁夏等省区也是地震活动比较强烈的地区。地震发生的地区在地貌上大多表现为盆地区，如宁夏盆地（宁夏）、渭河盆地（陕西）、临汾盆地和太原盆地（山西）等。而贵州、广西、江苏、浙江、江西、湖南、湖北等省区历史上记载的地震次数较少，也不强烈。

根据“中国地震烈度区划图（1990 年）”的统计结果，我国地震烈度为 7 度和 7 度以上地区的面积为 397.5 万 km^2，占国土面积的 41%，6 度和 6 度以上地区的面积为 785.5 万 km^2，占国土面积的 79%。

3. 中国地震史

我国文化悠久，地震历史资料丰富。历史上最早一条关于地震的记载在公元前 1831“夏帝发七年泰山震”载于《竹书记年》以后，历代王朝的记录均涉及地震，因为地震被认为是代表天命的大事，关系到王朝的兴衰。尽管当时对风、雨、雷、电、震等自然现象并不理解，但这些记录却为后人提供了宝贵的历史资料。

除了汉代张衡（公元 78—139 年）发明候风地动仪之外，历代关于地震的时间和各大城市的震害记录，都为我们提供了丰富的历史资料。20 世纪 60 年代，我国组织历史和地震专家，广泛收集、整理了历史地震资料，将 1955 年以前的资料整理成表，分布于各省的情况见表 3—7。

表 3—7　　我国各省历史上 1955 年以前地震历史资料的统计

省份	起止年代	地震次数	省份	起止年代	地震次数
河北	前 231—1954	761（87）	湖南	288—1934	184（17）
山东	前 618—1948	566（38）	湖北	前 143—1935	303（23）
山西	前 466—1948	590（98）	江西	318—1932	218（13）
河南	前 159—1942	458（46）	广东	288—1936	601（30）
陕西	前 1177—1936	403（62）	广西	288—1936	184（13）
甘肃	前 1193—1954	618（125）	福建	866—1936	359（23）
新疆	1916—1947	27（20）	台湾	1661—1951	84（46）
青海	138—1937	21（10）	浙江	288—1935	356（11）
西藏	1893—1954	30（13）	江苏	前 179—1949	635（26）

续表

省份	起止年代	地震次数	省份	起止年代	地震次数
四川	前 26—1955	396（58）	辽宁	294—1943	157（16）
云南	前 26—1954	652（165）	吉林	2—1941	37（0）
贵州	1308—1937	101（8）	黑龙江	1137—1941	15（2）
安徽	前 179—1957	301（22）	内蒙	前 7—1953	71（32）

注：括号内的数字表示有灾害的地震次数。

根据历史记载，我国历史上第一次震情最严重的时期是 1350—1750 年，此时正值我国明、清时期，在这 200 年中共计发生 7 级以上地震 94 次，其中 8 级地震 3 次，大地震主要发生在我国西部地区。20 世纪初 20 年代前后、50 年代前后和 70 年代前后都是震情比较严重的时期，这也是我国地震活动相对频繁和强烈的阶段。我国地震在时间分布上具有地震活动的周期性和重复性。

在 1966—1976 年 11 年期间，我国陆续发生强烈地震，表 3—8 为 11 年期间我国发生大于 7 级强烈地震的实例。

表 3—8　　1966—1976 年我国发生大于 7 级强烈地震的实例

地震时间（年月日）	地震名称	震级	震中烈度
1966. 3. 22	河北邢台地震	7. 2	10
1969. 7. 18	渤海地震	7. 4	
1970. 1. 5	云南通海地震	7. 7	10
1973. 2. 6	四川炉霍地震	7. 9	10
1974. 5. 11	云南邵通地震	7. 1	4
1975. 2. 4	辽宁海城地震	7. 3	9
1976. 5. 29	云南龙陵地震	7. 6	9
1976. 7. 28	河北唐山地震	7. 8	9
1976. 8. 16	四川松潘地震	7. 2	9

第二节 工程抗震设计

一、工程抗震设防

1. 抗震设防的目的和要求

工程结构抗震设防的基本目的就是在一定的经济条件下，最大限度地限制和减轻工程结构的地震破坏，避免人员伤亡，减少经济损失。为了实现这一目的，近年来许多国家和地区的抗震设计规范将“小震不坏、中震可修、大震不倒”作为工程结构抗震设计的基本准则。为了实现这一设计准则，我国《建筑抗震设计规范》（GB 50011—2010）明确提出了三个水准的抗震设防要求：第一水准：当遭受低于本地区抗震设防烈度的多遇地震影响时，主体结构不受损坏或不需修理可继续使用；第二水准：当遭受相当于本地区抗震设防烈度的设防地震影响时，可能发生损坏，但经一般性修理仍可继续使用；第三水准：当遭受高于本地区抗震设防烈度的罕遇地震影响时，不致倒塌或发生危及生命的严重破坏。另外，使用功能或其他方面有专门要求的建筑，具有更高的抗震设防要求。

2. 建筑抗震设防分类和设防标准

（1）建筑抗震设防分类。破坏所造成的后果不同。因此，有必要对不同用途的建筑物采取不同的设防标准。我国 GB 50223—2008《建筑工程抗震设防分类标准》将建筑物按其用途的重要性分为四类：甲类建筑指重大建筑工程和地震时可能发生严重次生灾害的建筑，这类建筑的破坏会导致严重后果，须经国家规定的批准权限批准；乙类建筑指地震时使用功能不能中断或需尽快恢复的建筑，如城市中生命线工程一般包括供水、供电、交通、消防、通信、救护、供气、供热等系统的核心建筑；丙类建筑指一般建筑，包括除甲、乙、丁类建筑以外的一般工业与民用建筑；丁类建筑指次要建筑，包括一般的仓库、人员较少的辅助建筑物等。

（2）各抗震设防类别建筑的设防标准，应符合下列要求：

1）甲类建筑。地震作用应高于本地区抗震设防烈度的要求，其值应按批准的地震安全性评价结果确定。当抗震设防烈度为 6～8 度时，应符合本地区抗震设防烈度提高一度的要求；当抗震设防烈度为 9 度时，应符合比 9 度抗震设防更高的要求。

2）乙类建筑。地震作用应符合本地区抗震设防烈度的要求。一般情况下，当抗震设防烈度为6～8度时，应符合本地区抗震设防烈度提高一度的要求；当抗震设防烈度为9度时，应符合比9度抗震设防更高的要求。对较小的乙类建筑，当其结构改用抗震性能较好的结构类型时，应允许仍按本地区抗震设防烈度的要求采取抗震措施。

3）丙类建筑。地震作用和抗震措施均应符合本地区抗震设防烈度的要求。

4）丁类建筑。一般情况下，地震作用仍应符合本地区抗震设防烈度的要求。应允许比本地区抗震设防烈度的要求适当降低，但抗震设防烈度为6度时不应降低。抗震设防烈度为6度时，除GB 50011—2010《建筑抗震设计规范》有具体规定外，对乙、丙、丁类建筑可不进行地震作用计算。

3. 建筑抗震设计方法

在进行建筑抗震设计时，我国通过简化的两阶段设计方法来实现。

（1）第一阶段设计。采用第一水准烈度的地震动参数，计算出结构在弹性状态下的地震作用效应，与风、重力等荷载效应组合，并引入承载力抗震调整系数，进行构件截面设计，从而满足第一水准的强度要求；同时，采用同一地震动参数计算出结构的弹性层间位移角，使其不超过规定的限值。另外，采用相应的抗震结构措施，保证结构具有相应的延性、变形能力和塑性耗能能力，从而自动满足第二水准的变形要求。

（2）第二阶段设计。采用第三水准烈度的地震动参数，计算出结构的弹塑性层间位移角，满足规定的要求，并采取必要的抗震构造措施，从而满足第三水准的防倒塌要求。

二、抗震概念设计

1. 建筑抗震概念设计的定义

建筑抗震概念设计（Seismic Concept Design of Buildings），是指根据地震灾害和工程经验等形成的基本设计原则和设计思想，进行建筑和结构总体布置并确定细部构造的过程。概念设计的依据是震害和工程经验所形成的基本设计原则和思想，设计内容包括建筑物场地的选择、建筑体形、结构体系布置和抗震构造设计等。

2. 建筑抗震概念设计的内容

建筑抗震概念设计的内容，一般包括以下几个部分：建筑场地选择，建筑形状、抗震结构体系选择，结构构件选择，非结构构件选择等。

(1) 建筑场地选择。大量的震害经验表明，建筑场地的地质条件和地形地貌对建筑物的震害存在显著的影响。因此，建筑场地选择对于建筑物的抗震具有十分重要的影响，场地和地基的破坏作用一般通过场地选择和地基处理来减轻地震灾害和对建筑物的破坏。概括而言，对于场地选择的基本原则可以概括为：选择有利地段，避开不利地段，不在危险地段建造甲、乙和丙类建筑。一般认为，对于抗震有利的地段是指地震时地面没有残余变形的坚硬或开阔平坦密实均匀的中硬土范围或者地区；而对于抗震不利的地段是指可能产生明显的残余变形或者地基失效的某一范围或者地区；危险地段是指可能发生严重的地面残余变形的某一范围或地区。如果必须在不利地段和危险地段进行工程建设，应该采取必要的措施，例如进行详细的场地勘察和场地评价，并采取必要的抗震设计措施加以保证。《建筑抗震设计规范》(GB 50011—2010) 对于建筑有利地段、不利地段和危险地段给出了明确的规定 (见表 3—9)，对于建筑场地的选择具有重要的指导意义。

表 3—9　有利地段、不利地段和危险地段

有利地段	稳定基岩、坚硬土，开阔、平坦、密实、均匀的中硬土
不利地段	软弱土，液化土，条状突出的山嘴，高耸孤立的山区，非岩质的陡坡，河岸和边坡边缘，平面分布上成因、岩性、状态明显不均匀的土层等
危险地段	地震时可能发生滑坡、崩塌、地陷、地裂、泥石流等及发震断裂带上可能发生地表位错的部位

为了考虑建筑场地对于结构抗震的影响，仅仅对建筑场地进行上述简单的类型划分并不能反映建筑场地的实际情况。通常必须将建筑场地按照某些指标或者描述进行划分，以便在建筑抗震设计中采取合理的设计参数和有关的抗震构造措施。《建筑抗震设计规范》(GB 50011—2010) 采用以建筑场地土层的等效剪切波速和场地覆盖层厚度两个指标作为建筑场地类别的分类标准。建筑场地的覆盖层厚度，一般情况下是按地面到剪切波速大于 500 m/s 的土层的顶面的距离来确定的。但是，当地面 5 m 以下存在剪切波速大于相邻上层土层剪切波速 2.5 倍的土层，且其下卧岩土的剪切波速均不小于 400 m/s 时，可以按地面到该土层的顶面的距离确定。对于剪切波速大于 500 m/s 的孤石、透镜体，应视同周围土体，土层中的火山岩硬夹层，应视为刚体，其厚度计算应从覆盖层厚度中扣除。土层的剪切波速可以通过建筑场地的地质勘察测量确定，也可以根据经验按照土的类型由表

3—10 确定。

表 3—10　　土的类型划分和剪切波速的范围

土的类型	岩土名称和性状	土层剪切波速范围（m/s）
岩石	坚硬、较硬且完整的岩石	$\upsilon_s>800$
坚硬土或软质岩石	破碎和较破碎的岩石或软和较软的岩石，密实的碎石土	$800\geqslant\upsilon_s>500$
中硬土	中密、稍密的碎石土，密实、中密的砾、粗、中砂，fak>150 的黏性土和粉土，坚硬黄土	$500\geqslant\upsilon_s>250$
中软土	稍密的砾、粗、中砂，除松散外的细、粉砂，fak≤150 的黏性土和粉土，fak>130 的填土，可塑新黄土	$250\geqslant\upsilon_s>150$
软弱土	淤泥和淤泥质土，松散的砂，新近沉积的黏性土和粉土，fak≤130 的填土，流塑黄土	$\upsilon_s\leqslant150$

注：fak 为由载荷试验等方法得到的地基承载力特征值（kPa）；υ_s为岩土剪切波速。

关于局部地形条件的影响，从国内几次大地震的宏观调查资料来看，岩质地形与非岩质地形有所不同。对云南通海地震的大量宏观调查结果表明，非岩质地形对烈度的影响比岩质地形的影响更为显著。如通海和东川的许多岩石地基上很陡的山坡，震害也未见有明显的加重。因此，对于岩石地基的陡坡、陡坎等，规范中未列为不利的地段。但对于岩石地基的高度达数十米的条状突出的山脊和高耸孤立的山丘，由于鞭鞘效应明显，震动有所加大，烈度仍有增高的趋势。

（2）建筑形状选择。建筑形状关系到结构的体型，结构体形对建筑物抗震性能有明显影响。震害表明，形状比较简单的建筑在遭遇地震时一般破坏较轻，这是因为形状简单的建筑受力性能明确，传力途径简捷，设计时容易分析建筑的实际地震反应和结构内力分布，结构的构造措施也易于处理。因此，建筑形状选择应遵循以下要求：

1）建筑平面布置应简单规整。建筑平面的简单和复杂可通过平面形状的凹凸来区别。简单的平面图形多为凸形，即在图形内任意两点间的连线不与边界相交，如方形、矩形、圆形、椭圆形、正多边形等（见图 3—8）。复杂图形常有凹角，即在图形内任意两点间的边线可能同边界相交，如 L 形、T 形、U 形、十字形和其他带有伸出翼缘的形状（见图 3—9）。有凹角的结构容易产生应力集中或变形集中，形成抗震薄弱环节。

2）建筑物竖向布置应均匀和连续。建筑体形复杂会导致结构体系沿竖向强度与刚度分布不均匀，在地震作用下某一层间或某一部位率先屈服而出现较大的弹

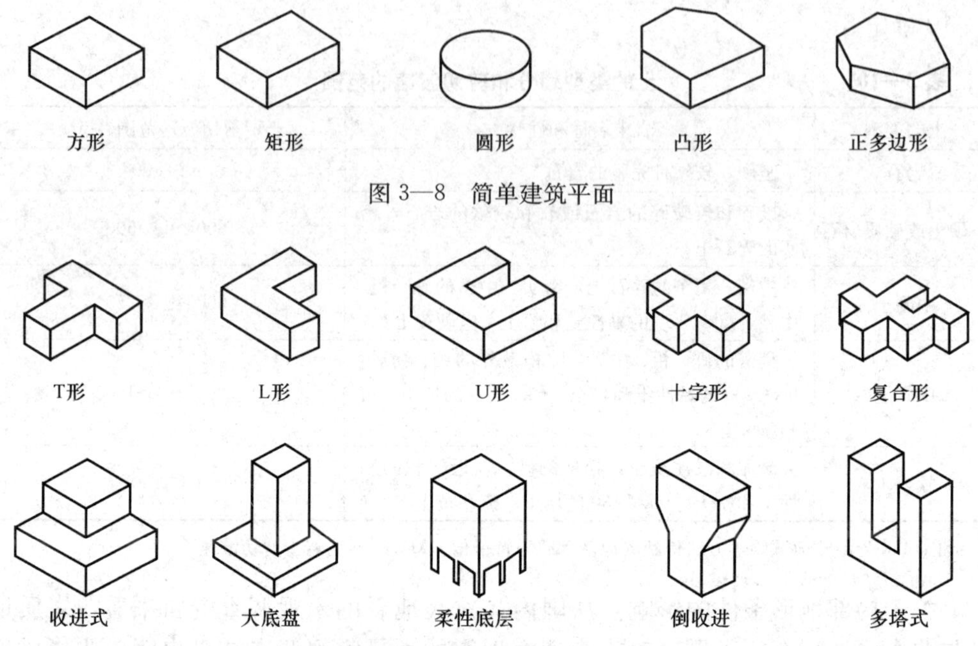

图 3—8　简单建筑平面

图 3—9　复杂建筑平面与立面

塑性变形。例如，立面突然收进的建筑或局部突出的建筑，会在凹角处产生应力集中；大底盘建筑的低层裙房与高层主楼相连，体型突变引起刚度突变，在裙房与主楼交接处塑性变形集中。

3）刚度中心和质量中心应一致。房屋中抗侧力构件合力作用点的位置称为质量中心。地震时，如果刚度中心和质量中心不重合，会产生扭转效应，使远离刚度中心的构件产生较大应力而严重破坏。例如，前述具有伸出翼缘的复杂平面形状的建筑，伸出端往往破坏较重。又如，刚度偏心的建筑，有的建筑虽然外形规则对称，但抗侧力系统不对称，如将抗侧刚度很大的钢筋混凝土芯筒或钢筋混凝土墙偏设，造成刚度中心偏离质量中心，产生扭转效应。再如，在建筑上将质量较大的特殊设备、高架游泳池等偏设，造成质量中心偏离刚度中心，同样也会产生扭转效应。

4）复杂体形建筑物的处理。对于体形复杂的建筑物可采取下面两种处理方法：一是设置建筑防震缝，将建筑物分隔成规则的单元，但设缝会影响建筑立面效果，容易引起相邻单元之间碰撞；二是不设防震缝，但应对建筑物进行细致的抗震分析，估计其局部应力、变形集中及扭转影响，判明易损部位，采取加强措施，提高结构的抗变形能力。

(3) 抗震结构体系选择

抗震结构体系的主要功能为承担侧向地震作用，合理选取抗震结构体系是抗震设计中的关键问题，直接影响着建筑的安全性和经济性。在选择抗震结构体系时，应从以下几方面加以考虑：

1) 结构屈服机制。结构屈服机制可以根据地震中构件出现屈服的位置和次序划分为两种基本类型：层间屈服机制和总体屈服机制。层间屈服机制是指结构的竖向构件先于水平构件屈服，塑性铰首先出现在柱上，只要某一层柱上下端出现塑性铰，该楼层就会整体侧向屈服，发生层间破坏，如弱柱型框架、强梁型联肢剪力墙等。总体屈服机制是指结构的水平构件先于竖向构件屈服，塑性铰首先出现在梁上，即使大部分梁甚至全部梁上出现塑性铰，结构也不会形成破坏机构，如强柱型框架、弱梁型联肢剪力墙等。总体屈服机制有较强的耗能能力，在水平构件屈服的情况下，仍能维持相对稳定的竖向承载力，可以继续经历变形而不倒塌，其抗震性能优于层间屈服机制。

2) 多道抗震防线。结构的抗震能力依赖于组成结构的各部分的吸能和耗能能力，在抗震结构体系中，吸收和消耗地震输入能量的各部分称为抗震防线。一个良好的抗震结构体系应尽量设置多道防线，当某部分结构出现破坏，降低或丧失抗震能力，其余部分仍能继续抵抗地震作用。具有多道防线的结构，要求结构具有良好的延性和耗能能力，要求结构具有尽可能多的抗震赘余度。结构的吸能和耗能能力，主要依靠结构或构件在预定部位产生塑性铰，若结构没有足够的超静定次数，一旦某部位形成塑性铰后，会使结构变成可变体系而丧失整体稳定。另外，应控制塑性铰出现在恰当位置，塑性铰的形成不应危及整体结构的安全。框架—抗震墙结构是具有多道防线的结构体系，它的主要抗侧力构件抗震墙是第一道防线，当抗震墙部分在地震作用下遭到损坏，刚度退化退出工作，框架部分起到第二道防线的作用，此时可以继续承受水平地震作用和竖向荷载。还有些结构本身只有一道防线，若采取某些措施，改善受力状态，可增加抗震防线。如框架结构只有一道防线，若在框架中设置填充墙，可利用填充墙的强度和刚度增设一道防线。在强烈地震作用下，填充墙首先开裂，吸收和消耗部分地震能量，然后退出工作，此为第一道防线，随着地震反复作用，框架经历较大变形，梁柱出现塑性铰，可看做第二道防线。

(4) 结构构件选择。结构体系是由各类构件连接而成，抗震结构构件应具备必要的强度、适当的刚度、良好的延性和可靠的连接，并应注意强度、刚度和延性之间的合理均衡。结构构件要有足够的强度，其抗剪、抗弯、抗压、抗扭等强度均应满足抗震承载力要求。要合理选择截面，合理配筋，在满足强度要求同时，还要做到经济可行。在构件强度计算和构造处理上要避免剪切破坏先于弯曲破坏，混凝土压溃先于钢筋屈服，钢筋锚固失效先于构件破坏，以便更好地发挥构件的耗能能力。

1）结构构件的刚度要适当。构件刚度太小，地震作用下结构变形过大，会导致结构构件的破坏。构件刚度太大，会降低构件延性，增大地震作用，还要多消耗大量材料。抗震结构要在刚柔之间寻找合理的方案。

2）结构构件应具有良好的延性，即具有良好的变形能力和耗能能力。从某种意义上说，结构抗震的本质就是延性。提高延性可以增加结构抗震潜力，增强结构抗倒塌能力。采取合理构造措施可以提高和改善构件延性，如砌体结构，具有较大的刚度和一定的强度，但延性较差，若在砌体中设置圈梁和构造柱，将墙体横竖相箍，可以大大提高变形能力。又如钢筋混凝土抗震墙，刚度大、强度高，但延性不足，若在抗震墙中用竖缝把墙体划分成若干并列墙段，可以改善墙体的变形能力，做到强度、刚度和延性的合理匹配。

3）构件之间要有可靠连接，保证结构空间整体性。构件的连接应具有必备的强度和一定的延性，使之能满足传递地震力的强度要求和适应地震对大变形的延性要求。

（5）非结构构件选择。非结构构件一般指附属于主体结构的构件，如围护墙、内隔墙、女儿墙、装饰贴面、玻璃幕墙、吊顶等。这些构件若构造不当或处理不妥，地震时往往发生局部倒塌或装饰物脱落，砸伤人员，砸坏设备，影响主体结构的安全。非结构构件按其是否参与主体结构工作，大致分成两类：

1）非结构的墙体。如围护墙、内隔墙、框架填充墙等。在地震作用下，这些构件或多或少地参与了主体结构工作，改变了整个结构的强度、刚度和延性，直接影响了结构抗震性能。设计时要考虑其对结构抗震的有利和不利影响，采取妥善措施。例如，框架填充墙的设置增大了结构的质量和刚度，从而增大了地震作用，但由于墙体参与抗震，分担了一部分水平地震力，减小整个结构的侧移。因此，在构造上应当加强框架与填充墙的联系，使非结构构件的填充墙成为主体抗震结构的一部分。又如，框架结构留窗洞时，常将窗台下墙体嵌砌于两柱之间，由于这部分墙体对框架柱的刚性约束，窗台以上形成短柱，地震时会发生脆性的剪切破坏。为避免这一现象发生，可采取墙体柔性连接方案，削弱墙柱之间联系，防止嵌固作用出现。

2）附属构件或装饰物。这些构件不参与主体结构工作。对于附属构件，如女儿墙、雨篷等，应采取措施加强本身的整体性，并与主体结构加强连接和锚固，避免地震时倒塌伤人。对于装饰物，如建筑贴面、玻璃幕墙、吊顶等，应增强其与主体结构的可靠连接，必要时采用柔性连接，使主体结构变形不会导致贴面和装饰的损坏。

第三节　减轻地震灾害的基本对策

为了减轻地震灾害造成的经济损失，保障人们生命和财产的安全，中华人民共和国第八届全国人民代表大会常务委员会第二十九次会议于1997年12月29日通过《中华人民共和国防震减灾法》，该法于1998年3月1日起施行。这部法律对地震监测预报、地震灾害预防、地震应急、震后救灾与重建四个环节的防震减灾活动作出了详细的规定。

《中华人民共和国防震减灾法》（以下简称《防震减灾法》）明确提出我国防震减灾工作实行以预防为主、防御与救助相结合的方针。这一方针准确地反映了我国防震减灾工作历史发展的特点，是对政府部门在防震减灾活动中工作中心的明确界定。防震减灾法确立了政府部门在防震减灾活动中的工作职责，确立了政府部门在履行防震减灾工作中必须遵循的若干基本法律原则，如防震减灾工作必须与经济和社会协调发展原则、依靠科技进步原则、加强政府的领导原则和政府职能部门分工负责的原则；同时，按照政府部门在防震减灾工作中必须遵循的方针和原则，设定了防震减灾的若干基本法律制度，如地震重点监视防御区制度、地震预报统一发布制度、地震安全性评价制度、破坏性地震应急预案制订与备案制度、震情和灾情速报和公告制度、地震灾害调查评估制度、紧急应急措施制度、紧急征用制度等，并且围绕上述一系列防震减灾基本法律制度，对地震监测预报、地震灾害预防、地震应急、地震救灾与重建中最重要的社会关系，通过确立政府部门工作职责和明确公民有关权利义务的方式予以法制化。防震减灾工作方针是在总结几十年来我国防震减灾工作的经验和教训的基础上确立的，具有科学性，能够在实践中作为防震减灾各项工作的指导原则。

“预防为主”的思想，是1966年河北邢台地震后首先由周恩来总理倡导的。根据周总理当时的多次讲话和指示中所强调的基本要点，1972年正式归纳成“在党的一元化领导下，以预防为主，专群结合，土洋结合，大打人民战争”的地震工作方针。1975年辽宁海城地震后，又作了一些修改，强调要“依靠广大群众做好预测预防工作”。实践表明，这个方针的基本精神是正确的，它的“以预防为主”的核心思想，一直指引着我国地震工作健康发展。

我国政府一贯重视减轻自然灾害，特别是对地震这类突发性灾害尤为关注。唐山大地震的教训表明，要减少一次大地震的发生造成的巨大人员伤亡和财产损失，必须坚决贯彻以预防为主的指导思想，认真做好震前的防御工作。但是地震是一种自然现象，地震的发生和造成灾害是不可能完全避免的，所以在做好震前防御工作的同时，还必须有效地实施灾后救助，这种救助可以帮助减少人员的伤亡和财产损失，又可以使灾后的人民生活得以尽快恢复。防震减灾工作方针的制定，首先必须着眼于灾害；其次，这个工作方针必须覆盖灾害的全过程。所以，进入 20 世纪 90 年代，防震减灾工作方针调整为“实行预防为主，防御与救助相结合”。《防震减灾法》肯定了被实践证明的行之有效的防震减灾工作方针，作为政府部门履行防震减灾工作职责的基本指导思想。

目前，减轻地震灾害的对策从宏观上可分为工程性措施和非工程性措施，二者相辅相成，缺一不可。工程性防御措施主要是通过加强各类工程的抗震能力来减少地震给人民生命和财产造成的损失；非工程性防御措施是通过增强全社会的防震减灾意识，提高公民在地震灾害中自救、互救能力，以减轻地震灾害。

一、工程性措施

工程性措施主要包括地震预测预报、地震转移分散、工程抗震三个方面。

1. 地震预测预报

地震预测预报主要是根据对地震地质、地震活动性、地震前兆异常和环境因素等多种情况，通过多种科学手段进行预测研究，对可能造成灾害的破坏性地震的发生时间、地点、强度的分析、预测和发布。预报按可能发生地震的时间可分为四类：①长期预报：预报几年内至几十年内将发生的地震；②中期预报：预报几个月至几年内将发生的地震；③短期预报：预报几天至几个月内将发生的地震；④临时预报：预报几天之内将发生的地震。

国家对地震预报实行统一的发布制度。其发布方式可以政府文件或者通过广播、电视、报刊等宣传媒介向社会公告。准确的地震预报可以提高政府和全社会防震减灾工作和活动的效率，减少地震灾害给人民生命和财产造成的巨大损失，保障社会主义现代化建设的顺利进行。地震的短期预报和临时预报，由省、自治区、直辖市人民政府按照国务院规定的程序发布。任何单位或者从事地震工作的专业人员关于短期地震预测或者临震预测的意见，应当报国务院地震行政主管部门或者县级以上地方人民政府负责管理地震工作的部门或者机构，不得擅自向社会扩散，以免造成人们不必要的恐慌，影响社会的安定。目前地震预报还存在着许多难以解决的问题，预报的水平仅是“偶有成功，错漏甚多”，致使未能及时防范，未能将损失减至最低。中外大多数破坏性的地震，或是错报（报而未震），或是漏报（震前未预报），对人民生活、社会秩序造成严重的影响。

我国早在1966年就开始在邢台地震现场进行地震预测研究的科学实践，20世纪70年代初开始了对地震大形势的研究。从1980年开始将全国地震活动的趋势分析预报和一两年内可能发生强震的重点危险地区及需要加强监视的地区列为每年一度的全国研讨会主要研究的议题。多年来，我国在地震预报工作方面取得了一定的成绩，如1975年辽宁海城地震就是我国地震工作者短临预报地震的成功范例。

在总结地震预报工作的经验基础上，1988年6月7日由国务院批准、国家地震局发布的《发布地震预报的规定》，是我国防震减灾领域中的第一个行政法规。《发布地震预报的规定》将地震预报分为长期预报、中期预报、短期预报、临震预报，并规定了地震预报的发布权限；同时，还对地震预报意见的宣传和报道的管理作了规定。实践证明，《发布地震预报的规定》对于加强我国的地震预报管理工作起到了积极的保障作用。但是，由于在实践中经常出现多渠道发布地震预报，并给社会生活造成混乱和不良后果的消极现象，因此，《防震减灾法》对地震预报工作进一步作了原则性规定。主要是确立地震预报统一发布制度，并对地震预报的发布程序进一步予以明确，对不符合地震预报发布程序要求的地震预测意见严格按照法律的规定进行处理。

为了进一步搞好我国的地震预报工作，在加强我国防震减灾工作的管理过程中，除了依据《防震减灾法》和《发布地震预报的规定》认真做好各项地震预报工作之外，还应当不断总结地震预报工作的经验，争取尽早制定一部全面调整地震预报工作各个方面关系的《地震预报工作条例》。同时，在相关的刑事立法中还应该对恶意传播地震谣言、制造社会混乱的行为设定必要的法律制裁措施。

2. 地震转移、分散

地震转移、分散是把可能在人口密集的大城市发生的大地震，通过能量转移，诱发至荒无人烟的山区或远离大陆的深海，或通过能量释放把一次破坏性的大地震化为无数次非破坏性的小震。这种方法目前尚在探索，未有应用。但即使成功，其实用价值也不大。如一个7级地震，需要3.6万多个不致造成破坏的4级地震才能释放其能量，其经济投入不可想象。

3. 工程抗震

鉴于地震预报和地震转移分散均不能很好地实现，因此工程抗震成为目前最有效的、最根本的措施。工程抗震是通过工程技术提高城市综合抗御地震的能力和提高各类建筑的耐震性能，当突发性地震发生时，把地震灾害减少至较轻的程度。工程抗震的内容非常丰富，包括地震危险性分析和地震区划、工程结构抗震、工程结构减震控制等。《防震减灾法》对工程性防御措施提出了规范化的法律要求。

（1）新建工程必须遵守有关法律规定。主要有以下两方面内容：

1）新建工程必须符合抗震设防要求。根据《防震减灾法》的规定，凡是新建、扩建、改建建设工程，必须达到抗震设防要求。具体分为三种情况：一是重大建设工程和可能发生严重次生灾害的建设工程，必须进行地震安全性评价；并根据地震安全性评价的结果，确定抗震设防要求，进行抗震设防。二是重大建设工程和可能发生严重次生灾害的建设工程之外的建设工程，必须按照国家颁布的地震烈度区划图或者地震动参数区划图规定的抗震设防要求，进行抗震设防。三是核电站和核设施建设工程，受地震破坏后可能引发放射性污染的严重次生灾害，必须认真进行地震安全性评价，并依法进行严格的抗震设防。

《防震减灾法》还对重大建设工程和可能发生严重次生灾害的建设工程明确划定了范围。重大建设工程是指对社会有重大价值或者有重大影响的工程；可能发生严重次生灾害的建设工程是指受地震破坏后可能引发水灾、火灾、爆炸、剧毒或者强腐蚀性物质大量泄漏和其他严重次生灾害的建设工程，包括水库、大坝、堤防、储油、储气、储存易燃易爆、剧毒或者强腐蚀性物质以及其他可能发生严重次生灾害的建设工程。

为了加强对抗震设防要求认定的权威性，《防震减灾法》第 18 条第 1 款规定，“国务院地震行政主管部门负责制定地震烈度区划图或者地震动参数区划图，并负责对地震安全性评价结果的审定工作。”

2）新建工程必须遵循抗震设计规范。抗震设计规范与抗震设防要求一样，都是建设工程必须遵循的基本法律规定。《防震减灾法》第 19 条明确规定，“建设工程必须按照抗震设防要求和抗震设计规范进行抗震设计，并按照抗震设计进行施工”。为了保证抗震设计规范的权威性，《防震减灾法》规定抗震设计规范，由专门的国家机关负责制定，主要包括两种情况：第一，国务院建设行政主管部门负责制定各类房屋建筑及其附属设施和城市市政设施的建设工程的抗震设计规范；第二，国务院铁路、交通、民用航空、水利和其他有关专业主管部门负责制定铁路、公路、港口、码头、机场、水利工程和其他专业建设工程的抗震设计规范。

（2）已建工程必须遵守有关法律规定。《防震减灾法》不仅对新建工程提出了最基本的法律要求，对已建工程也提出了相应的法律要求，这一要求的主要内容是只要符合防震减灾法所规定的条件的已建工程，必须依法进行抗震加固。抗震加固是增强已建工程抗御地震灾害能力的重要手段。《防震减灾法》对于需要进行抗震加固的已建工程的范围和性质作了具体的要求。根据该法第 20 条的规定，需要进行抗震加固的已建工程包括：已经建成的下列建筑物、构筑物，即属于重大建设工程的建筑物、构筑物；可能发生严重次生灾害的建筑物、构筑物；有重大文物价值和纪念意义的建筑物、构筑物；地震重点监视防御区的建筑物、构筑物等。属于上述种类的已建工程，只要是未采取抗震设防措施的，就应当按照国家有关规定进行抗震性能鉴定，并采取必要的抗震加固措施。

(3) 次生灾害防御必须遵守有关法律规定。《防震减灾法》对地震可能引起的次生灾害源的防范提出了法律要求，主要是在第 21 条设定了有关地方人民政府有责任采取相应的措施有效地防范地震可能引起的火灾、水灾、山体滑坡、放射性、污染、疫情等次生灾害源。工程抗震是地震灾害预防的工程性防御主要措施。《防震减灾法》规定，对于新建、扩建和改建建设工程，必须按照国家颁布的地震烈度区划图或地震动参数区划图规定的抗震设防要求，进行抗震设防。

二、非工程性措施

非工程性防御措施主要是指各级人民政府以及有关社会组织采取的工程性防御措施之外的依法减灾活动，包括建立健全防震减灾工作体系，制定防震减灾规划，开展防震减灾宣传、教育、培训、演习、科研以及推进地震灾害保险，做好救灾资金和物资储备等工作。非工程性防御措施主要包括以下几个方面：

1. 编制防震减灾规划

《防震减灾法》第 22 条规定，根据震情和震害预测结果，国务院地震行政主管部门和县级以上地方人民政府负责管理地震工作的部门或者机构，应当会同同级有关部门编制防震减灾规划，报本级人民政府批准后实施。修改防震减灾规划，应当报经原批准机关批准。

2. 加强防震减灾宣传教育

《防震减灾法》第 23 条规定，各级人民政府应当组织有关部门开展防震减灾知识的宣传教育，增强公民的防震减灾意识，提高公民在地震灾害中自救、互救的能力；加强对有关专业人员的培训，提高抢险救灾能力。

3. 做好抗震救灾资金和物资储备

《防震减灾法》第 24 条规定，地震重点监视防御区的县级以上地方人民政府应当根据实际需要与可能，在本级财政预算和物资储备中安排适当的抗震救灾资金和物资。

4. 建立地震灾害保险制度

《防震减灾法》第25条规定，国家鼓励单位和个人参加地震灾害保险。

第四节　结构减震控制工程

一、结构减震控制的基本概念

地震是一种极大地危害着人类的自然灾害，人类试图征服它的斗争一直在不停地进行着。特别是近代，随着科学技术的发展，对地震机制和结构破坏机理的研究和认识越来越深入，抗震理论和抗震措施不断取得新的突破。

通过对震害的调查分析，首先提出并得到广泛应用的抗震理论是静力理论，即抗侧力系数法。当时对地震作用的本质和地面运动的特性认识不足，没有地震记录和有效的分析手段，为了抗御地震的多倾向于采用刚强的建筑结构，即“刚性结构体系”。这种结构体系很难真正实现，也不经济。

抗震理论发展的第一次突破是在20世纪50年代初，出现了弹性地震反应谱分析方法。这种分析方法的发展，是以强震仪的研制成功和强震记录的取得，以及计算手段的发展为基础的。这时人们开始考虑地震动和建筑结构动力特性的关系，提出了“延性结构体系”，即适当控制结构体系的刚度，使结构构件（如梁、柱、墙、节点等），在地震时进入非弹性状态，并且具有较大的延性，以消耗地震能量，减轻地震反应，使建筑物“裂而不倒”。这正是目前我国和世界各国普遍采用的抗震设计基本思想，即“小震不坏，大震不倒”。

“延性结构体系”在较多情况下是有效的，但也有局限性。首先，某些重要的建筑物（如纪念性建筑、装饰昂贵的现代建筑、核电站等）不允许结构构件进入非弹性状态。其次，对一般性建筑，当遭遇超过设防烈度的地震时，主体结构非弹性变形过大，在地震后将难以修复，或在强地震中严重破坏，甚至倒塌，其震害程度难以控制。随着现代化城市的发展，各种昂贵设备和枢纽设施在建筑物内部的配置增加，如计算机信息系统、电信系统等，使“延性结构体系”的应用日益受到限制。

各国学者积极致力于新的抗震结构体系的探索和研究，提出了结构控制的概念。抗震理论又进入一个新的发展阶段。结构控制主要研究结构工程中的控制装置的设计理论、方法及其实施。控制结构是根据给定的控制备件将结构和控制装置作为一个整体进行优化设计。

工程结构减震控制是土木工程结构前沿领域，目前，仍处于初期发展和初步应用阶段，故对其内容分类未明确统一，一般可按是否有外部能源输入分类（见图 3—10）。

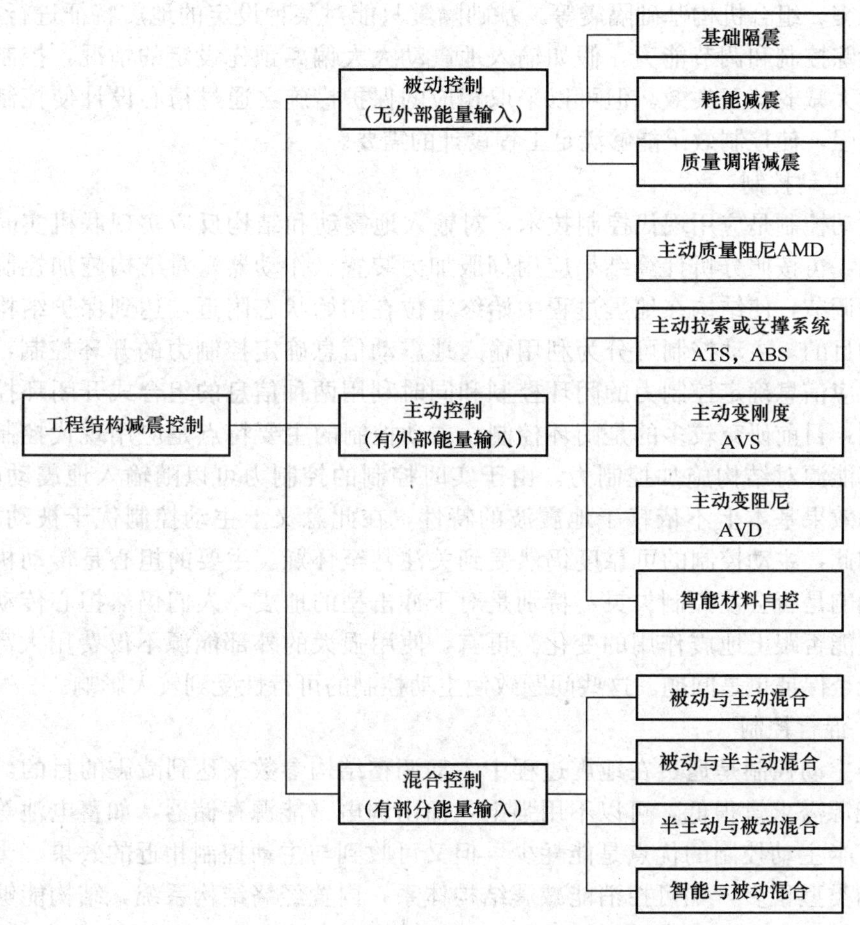

图 3—10　工程结构减震控制按是否有外部能源输入分类

1. 被动控制

被动控制的研究非常活跃，其理论和实验研究都取得了突破性进展，它可分为上部减震（如调频质量阻尼器、吸振器和耗能装置等）和基础减震（即基础隔震）。基础隔震就是在结构地面以上部分的底部和基础顶面之间设置一层具有足够可靠性的隔震层，控制地面运动向上部结构的传递，限制和减少输入上部结构的能量，从而保障结构在地震时的安全。根据隔震层所采用的隔震系统的不同，隔震结构体系可分为叠层钢板橡胶支座基础隔震，摩擦滑移支座基础隔震、螺旋弹簧支座基础隔震、滚动支撑基础隔震、曲面转动支座基础隔震、摆动倾动柱隔震、悬吊隔震、组合机构基础隔震等。基础隔震只能对某种设定的地震特征进行控制，缺乏跟踪控制和调节能力，假如输入地震动大大偏离预先设定的情况，控制的效果将大大减弱甚至失效。但可以采取相应的保护措施，通过精心设计使控制能力得到增强，使控制效果能够满足工程设计的需要。

2. 主动控制

主动控制是应用现代控制技术，对输入地震动和结构反应实现联机实时跟踪和预测，再按照分析计算结果应用伺服加力装置（作动器）对结构施加控制力实现自动调节，使结构在地震过程中始终定位在初始状态附近，达到保护结构免遭损伤的目的。主动控制可分为利用输入地震动信息确定控制力的开环控制，利用结构反应信息确定控制力的闭环控制和同时利用两种信息的组合式开闭环控制三种类型，目前研究较多的是闭环控制。主动控制的主要特点是应用现代控制技术和外部能源对结构施加控制力。由于实时控制的控制力可以随输入地震动改变，控制的效果基本上不依赖于地震波的特性，在此意义上主动控制优于被动控制。尽管如此，主动控制的可靠度仍然受到关注甚至怀疑。主要的担心是传动机构的滞后影响是否会使控制失灵，特别是对于冲击型的地震，人们仍然担心传动机构的反应能否跟上地震作用的变化。再有，使用强大的外部能源不仅费用太高，可靠度能否保证也是问题。这些问题致使主动控制的可行性受到较大影响。

3. 混合控制

半主动控制是通过在地震过程中主动调整结构参数来达到减震的目的。其对外部能源需求量很低，可以不用强电，而由弱电（能源存储器，如蓄电池等）来提供。半主动控制的优点是能耗少，但又可收到与主动控制相近的效果。半主动控制的类型很多，如可控消能减震结构体系，内置经络结构系统。结构能够根据外界激励和自身响应实时地调整其动力学参数（刚度、阻尼、质量分布等），从而实现减震的目的。

二、基础隔震

1. 基础隔震模式

基础隔震建筑的基本模式为竖向支撑机构、水平隔震机构、阻尼机构。当然，这并不意味着它们一定是各自独立的构件，现在开发和应用的隔震系统大都是选择不同特性的构件，经串联、并联而构成的复合机构或组合机构。竖向支撑机构主要作用是支撑建筑物的全部重量；水平隔震机构的作用是隔阻和减小地面运动向上部结构传递，它是发挥隔震作用的主要机构；阻尼机构的作用是吸收地震作用能量，抑制地震波中长周期成分可能给隔震层带来的大变形，并能提供恢复力。

（1）叠层钢板橡胶支座隔震。叠层钢板橡胶支座已广泛为世界各国所接受，由其组成的隔震系统是目前主要的基础隔震系统。叠层钢板橡胶支座隔震的基本原理可概括为以下两方面：一是延长结构的基本自振周期，远离场地的卓越周期，使结构的基频处于地震能量高的频段之外，从而有效地降低建筑物的地震反应；二是适度增大钢板橡胶支座的阻尼，以更多地吸收传入结构的地震能量，抑制地震波中长周期成分可能给建筑物带来的大变形。叠层钢板橡胶支座主要包括以下几种：

1）普通叠层钢板橡胶支座。这是由薄橡胶板与薄钢板叠合粘接起来，置于高温高压下硫化成型，而得到的橡胶板与薄钢板连成一体的产品，又称粘接型叠层钢板支座（见图3—11)。由于薄钢板对橡胶板横向变形产生约束，使叠层钢板橡胶支座具有非常大的竖向刚度。而薄钢板不影响橡胶板的剪切变形，保持了橡胶固有的柔韧性，使叠层钢板橡胶支座具有比竖向刚度相对小得多的水平刚度，从而同时具备了竖向支撑与水平隔震机构的功能。但它采用天然橡胶，本身无显著的阻尼性能，通常需与阻尼机构一起并联使用。

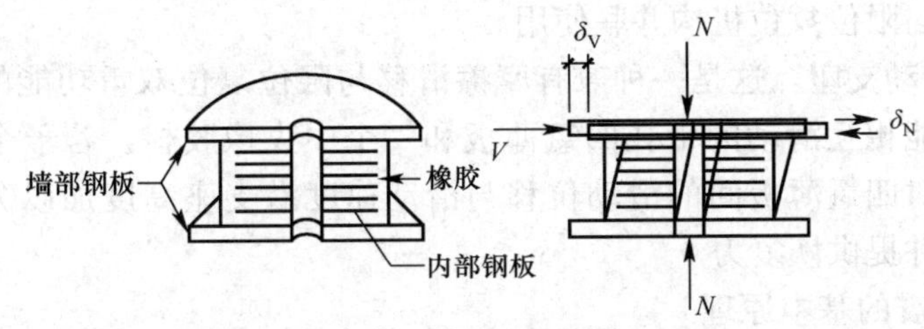

图3—11　粘接型叠层钢板支座

2）铅芯叠层钢板橡胶支座。在普通叠层钢板橡胶支座的中部或中心周围部位竖直地灌入铅棒就形成了铅芯叠层钢板橡胶支座。铅棒的灌入，可确保支座有适度的阻尼，提高支座的吸能能力，同时增加支座的早期刚度，对控制风反应和抵抗地基的微震动有利。它可以单独地在隔震系统中使用。

3）高阻尼叠层钢板橡胶支座。把普通叠层钢板橡胶支座采用的天然橡胶用高阻尼合成橡胶替代，就形成了高阻尼叠层钢板橡胶支座。其同时兼有普通叠层钢板橡胶支座与阻尼机构的作用，在隔震系统中可单独使用。

4）堆叠型叠层钢板橡胶支座。这种支座是把薄橡胶板和薄钢板堆叠在一起而制成，它的特点是橡胶板与钢板之间可发生滑移。由于摩擦滑移，本身就可以吸收能量。因此，具有一定的优越性。

（2）滑动支座隔震。滑动支座隔震的基本原理是：当结构受到较小地面激励时，摩擦力阻止上部结构滑动，使建筑物保持安定。当地面激励超过某一限度时，隔震层地震力超过摩擦力，滑动面开始滑移，发挥隔震作用，这时既使地面激励再增大，传入上部结构的地震力也不会随之增加。因此，通过选取适宜的摩擦材料就可以控制传入上部结构的地震力。再匹配合适的限位复位机构，可以控制滑移量。但也会使传入上部结构的地震力稍有增加。滑动支座隔震主要包括普通滑动支座、双层滑动支座和回弹滑动支座。

1）普通滑动支座。用砂、石墨、不锈钢板为底板的聚四氯乙烯等材料作为滑动面的支座，都属于普通滑动支座。这类支座利用滑动面的滑移使建筑物与固结于地基中的基础解耦，同时兼有阻尼作用，而且滑动面间的摩擦力对结构起着风控制和抵抗地基微震动作用。但支座本身不具有限位复位能力，通常需与限位复位机构并联使用，共同组成回弹型摩擦滑移隔震系统。

2）双层滑动支座。把普通滑动支座的单层滑动面改为双层滑动面，就成了双层滑动支座。两层滑动面的摩擦材料可以不同。这种支座可大大减少滑动面的滑移量。通常需与限位复位机构并联使用。

3）回弹滑动支座。这是一种兼有摩擦滑移与限位复位双重功能的支座，由一组重叠放置又能相互滑动的带孔四氯薄板和一个中央橡胶核，若干个卫星橡胶核组成，橡胶核对四氯薄板间的滑动位移与滑动速度沿支座高度加以分配，防止局部过大位移，并提供恢复力。

2. 基础隔震的基本原理

无论采用什么类型的叠层钢板橡胶支座，隔震的基本原理是基本相同的。下面，用建筑物的地震反应谱来加以说明。图 3—12 给出了普通建筑物的加速度反应谱和位移反应谱。一般中低层建筑物刚性大，周期短，如图中的 A 点，其加速度反应放大倍数 β 值较大，位移反应小。现在将建筑物基本周期延长，阻尼保持不变，如图中 B 点，则加速度反应被显著降低，但位移反应却有所增加。如果再加大阻尼，加速度反应继续减弱，位移反应也得到抑制，如图中的 C 点。

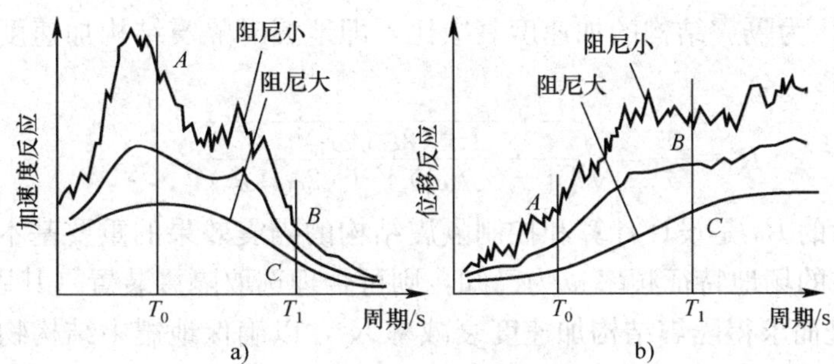

图 3—12　地震反应谱曲线

a）加速度反应谱　b）位移反应谱

现设定 $\ddot{x}_g$，$\dot{x}_g$，x_g为地面水平地震加速度、速度和位移；$\ddot{x}_s$，$\dot{x}_s$，x_s为上部结构水平加速度反应、速度反应和位移反应；D_g为上部结构与基础面之间（即隔震层）的相对位移；M为上部结构的总质量；K，C分别为隔震装置（如橡胶隔震垫）的水平刚度和等效阻尼值，该阻尼近似代表隔震结构体系的总阻尼（忽略结构本身的阻尼值，偏于安全）。

可以列出在地震动下的结构动力微分方程：

$$M\ddot{x}_g+C\dot{x}_g+Kx_g=CD_g+Kx_g \tag{3—3}$$

公式两边均除以M，并定义隔震结构体系的固有频率ω_n，阻尼比为ξ，则有：

$$\omega_{\mathrm{n}}=\sqrt{\frac{K}{M}}\cdot\xi=\frac{C}{2M\omega_{\mathrm{n}}}$$

则式（3—3）可表达为：$\omega_{\mathrm{n}}=\sqrt{\dfrac{K}{M}}$

$$\ddot{x}_g+2\xi\omega_{\mathrm{n}}\dot{x}_g+\omega_{\mathrm{n}}^2x_g=2\xi\omega_{\mathrm{n}}D_g+\omega_{\mathrm{n}}^2x_g \tag{3—4}$$

为求得结构体系的加速度反应，可采用转变函数的方法。设结构体系的动力反应转换函数为H（ω），地震地面的场地特征频率为ω，地面地震加速度为 $\ddot{x}_g=e^{i\omega t}$，则隔震结构地震加速度反应为：$\ddot{x}_{\mathrm{s}}=H$（ω）$e^{i\omega t}$。

把 $\ddot{x}_g$，$\ddot{x}_s$代入式（3—4），经过归纳整理，可得到隔震结构体系的动力反应转换函数为：

$$H(\omega)=\frac{\ddot{x}_{\mathrm{s}}}{\ddot{x}_g}=\sqrt{\frac{1+(2\xi\omega/\omega_{\mathrm{n}})^2}{[1-(\omega/\omega_{\mathrm{n}})]^2+(2\xi\omega/\omega_{\mathrm{n}})^2}} \tag{3—5}$$

转换函数的物理意义即为地震时隔震结构的地震加速度反应与地面地震加速度之比值。它表明隔震结构对地面地震加速度的衰减效果。

现定义 R_0 为隔震结构的加速度衰减比，即地震时隔震结构加速度反应与地面加速度之比为：

$$R_0=\frac{\ddot{x}_s}{\ddot{x}_g}=\sqrt{\frac{1+(2\xi\omega/\omega_n)^2}{[1-(\omega/\omega_n)]^2+(2\xi\omega/\omega_n)^2}} \tag{3—6}$$

式中表示的 R_0 是设计计算和控制隔震结构的隔震效果的重要基本公式。若建筑结构物所在的场地特征频率 ω 为已知，则可合理选取隔震装置（其固有频率 ω_n，阻尼比 ξ），进而求得隔震结构加速度衰减率 R_0，以确保地震中结构物或结构内部的装修、设备、仪器等的安全。

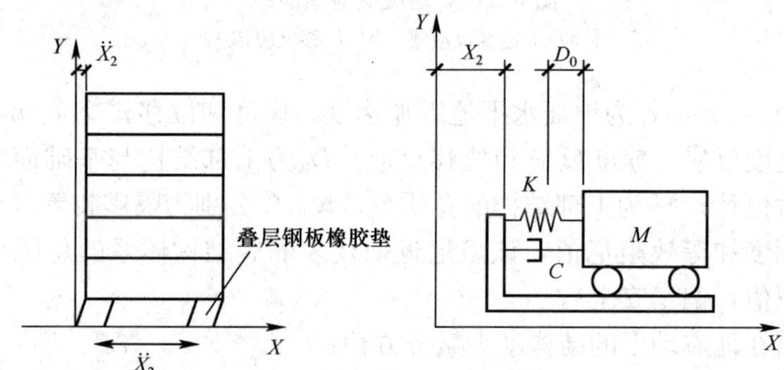

图 3—13　动力分析模型

将式（3—5）或（3—6）整理后可得到隔震结构阻尼比 ξ 的计算公式：

$$\xi=\frac{1}{2\omega/\omega_n}\sqrt{\frac{1-R_0^2[1-(\omega/\omega_n)^2]^2}{R_0^2-1}} \tag{3—7}$$

式（3—7）中的 ξ 代表隔震结构体系的阻尼比。由于上部结构在地震中的层间变位很小，基本上处于弹性状态，其结构的阻尼值很小，所以，此阻尼比 ξ 可近似视为隔震装置的阻尼比。当隔震结构体系要求的加速度反应衰减比 R_0 为已知，场地特征频率 ω 与隔震装置的固有频率 ω_n 之比（ω/ω_n）也为已知时，则可利用公式（3—7）求得隔震装置（如夹层橡胶垫）所要求的阻尼比。

根据图 3—13 可以列出在地震动下的结构体系动力微分方程式：

$$M\ddot{D}_s+C\dot{D}_s+\omega_n^2D_s=-M\ddot{x}_s \tag{3—8}$$

公式两边均除以 M，并定义：

$$\omega_n=\frac{\sqrt{K}}{M}\cdot\xi=\frac{C}{2M\omega_n}$$

则式（3—8）可表达为：

$$\ddot{D}_s+2\xi\omega_n\dot{D}_s+\omega_n^2D_s=-\ddot{x}_s \tag{3—9}$$

为求得隔震结构体系的位移 D_s，亦可采用转换函数的方法。设隔震结构体系的动力反应转换函数为 $G(\omega)$；地面地震加速度为 $\ddot{x}_g=e^{i\omega t}$；则隔震结构的地震位移反应为 $D_s=G(\omega)\ e^{i\omega t}$。把 $\ddot{x}_g$ 及 D_s 代入式（3—9），经过归纳整理，可得到隔震结构体系的位移反应转换函数：

$$G(\omega)=\frac{D_s}{\omega^2}=\frac{1}{\omega_n^2}\sqrt{\frac{1}{[1-(\omega-\omega_n)^2]^2+(2\xi\omega/\omega_n)^2}} \tag{3—10}$$

把式（3—10）移项整理，并设为地震时地面加速度的最大绝对值，则可求得地震时上部结构的位移反应的最大绝对值为：

$$|D_s|=\frac{|\ddot{x}_g|}{\omega^2}=\frac{(\omega/\omega_n)^2}{[1-(\omega/\omega)^2]^2+(2\xi\omega/\omega_n)^2} \tag{3—11}$$

因为地震时上部结构层间位移很小，所以，隔震结构体系的水平位移基本上表征为隔震装置的水平位移。

式（3—11）是计算地震时隔震装置水平位移最大绝对值 $|D_s|$ 值的基本公式。$|D_s|$ 值的大小与地面加速度反应 $|\ddot{x}_g|$、场地的特征频率 ω 与固有频率比 ω/ω_n（场地特征频率与隔震结构体系固有频率的比值）以及隔震装置的阻尼比 ξ 等参数密切相关。一般可通过调整隔震的阻尼比 ξ 值来减少隔震结构的位移值。

现定义 R_d 为隔震结构位移反应放大比，因地震时隔震结构的水平位移基本上集中在水平刚度较小的隔震装置（如夹层橡胶隔震垫）上，所以，R_d 可理解为地震时隔震装置的位移反应（最大绝对值）D_s 与地面位移（最大绝对值）D_g 之比，即：

$$R_d=\left|\frac{D_s}{D_g}\right|=\frac{(\omega/\omega_n)^2}{[1-(\omega/\omega_n)^2]^2+(2\xi\omega/\omega_n)^2} \tag{3—12}$$

$$D_g=\frac{|\ddot{x}_g|}{\omega^2}$$

R_d 是表征隔震装置（例如夹层橡胶隔震垫）位移放大效应的指标。当场地特性已定时，可通过增大隔震装置的阻尼比 ξ 来减少隔震装置变位。

三、结构消能减震

1. 消能减震机构

地震发生时地面震动引起结构物的震动反应，地面地震能量向结构物输入。

结构物接收了大量的地震能量，必须要进行能量转换或消耗才能最后终止震动反应。

传统抗震结构体系，容许结构及承重构件（柱、梁、节点等）在地震中出现损坏。结构及承重构件在地震中的损坏过程，就是地震作用能量的“消能”过程。结构及构件的严重破坏或倒塌，就是地震作用能量转换或消耗的最终完成。

结构消能减震体系就是把结构物的某些非承重构件（如支撑、剪力墙、连接件等）设计成消能构件，或在结构的某些部位（层间空间、节点、联结缝等）装设消能装置。在风或小地震时，这些消能构件或消能装置具有足够的初始刚度，处于弹性状态，结构物仍具有足够的侧向刚度以满足使用要求。当出现中、强地震时，随着结构侧向变形的增大，消能构件或消能装置率先进入非弹性状态，并且迅速衰减结构的地震反应（位移、速度、加速等），从而保护主体结构及构件在强地震中免遭破坏，确保主体结构在强地震中的安全。

结构消能减震体系中的消能构件或装置，按照其构造形式可以做成以下几种：

（1）消能支撑。消能支撑可以代替一般的结构支撑，在抗震或抗风中发挥支撑的水平刚度和消能减震作用。消能支撑可以做成方框支撑、圆框支撑、交叉杆支撑、斜杆支撑、K 形支撑、双 K 形支撑等。见图 3—14。

（2）消能剪力墙。消能剪力墙可以代替一般结构的剪力墙，在抗震或抗风中发挥剪力墙的水平刚度和消能减震作用。消能剪力墙可做成竖缝剪力墙、横缝剪力墙、斜缝剪力墙、周边缝剪力墙、整体剪力墙等。见图 3—15。

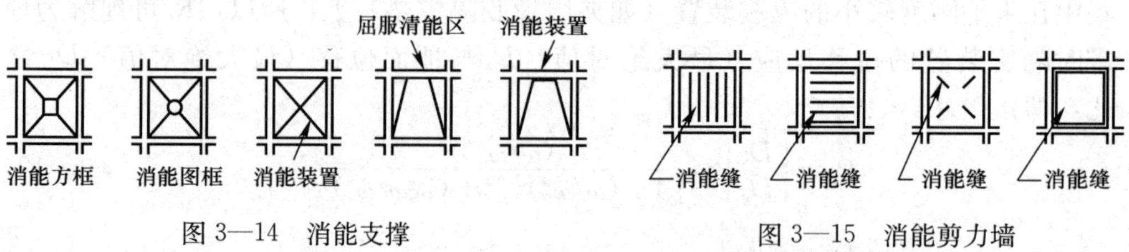

图 3—14　消能支撑

图 3—15　消能剪力墙

（3）消能节点。在结构的梁柱节点或梁节点处装设消能装置。当结构产生侧向位移构，在节点处产生角度变化、转动式错动时，消能装置发挥消能减震作用。

（4）消能联结。在结构的缝隙处或结构构件之间的联结处设置消能装置。当结构在缝隙或联结处产生相对变形时，消能装置即发挥消能减震作用。消能装置的功能是，当构件或节点发生相对位移或转动时，产生较大阻尼，从而发挥消能减震作用。为了达到最佳消能效果，要求消能装置提供最大的阻尼，即当构件或节点在力或弯矩作用下发生位移或转动时，所做的功最大。这可以用力或弯矩与位移或转角的关系曲线所包括的面积来表示，包括的面积越大，消能的能力越大，消能减震效果越显著。力 F 或弯矩 M 与位移 u 或转角 θ 的关系曲线有四种形式，见图 3—16。为了使消能装置具有较大的消能能力，可以采用多种消能形式，一般有下述几种：

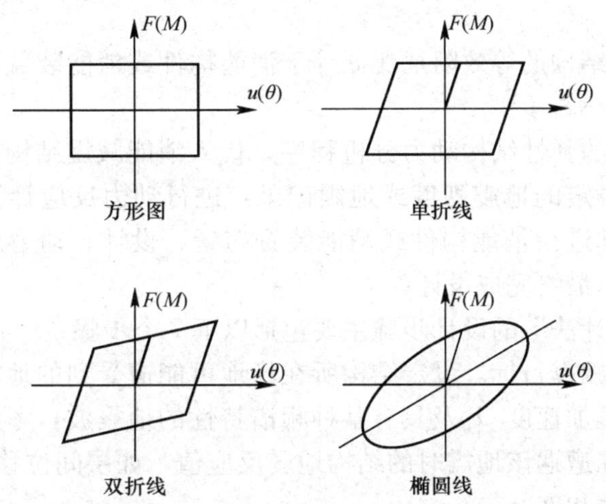

图 3—16 消能减震的力与位移关系曲线

1）摩擦消能。如摩擦消能支撑、摩擦节点。

2）钢件（梁、板、棒）非弹性消能装置。

3）材料塑性变形消能。如挤压铅阻尼器。

4）材料黏弹性消能装置。

5）液体阻尼消能。如液体阻尼缸。

6）混合式消能。几种消能形式混合应用。

2. 消能减震设计法

根据设计目标要求而进行循环多次的设计计算，不断调整消能构件或消能装置的设计和布置，直到满足设计要求而完成设计的方法，称为“循环设计法”。由于该法是利用现有的弹性结构动力分析程序，故比较实用、简便、可靠，能达到较高精确度，满足工程设计的要求。

（1）循环设计法的基本假定。主要包括以下几个方面：

1）装有消能构件或消能装置的结构，在地震中处于弹性状态。

2）消能构件或消能装置的刚度 k 和阻尼比 ξ 必须通过消能构件或消能装置的足尺试验测定。从足尺试验中测绘出力 F 或弯矩 M 与层间位移 u 或转角 θ 的关系曲线，测量计算其不同位移状态下刚度和阻尼比。

3）消能减震结构的层间刚度 k 等于主体结构的层间弹性刚度 k_s，与实际布置在该层的消能构件或消能装置在相应层间位移状态下的刚度 k_α 之和。对第 i 层，$k_i=k_{si}+k_{\alpha i}$。

4）消能减震结构的等效阻尼比 ξ 等于消能构件或消能装置在相应层间位移状态下的阻尼比，$\xi_i=\xi_{\alpha i}$。

5）利用已有的弹性结构动力分析程序，代入消能减震结构的质量、刚度和等效阻尼比，输入设定的地震烈度或地震记录，进行动力反应计算，并进行循环多次的设计计算，即进行消能构件或消能装置布置、设计、动力反应计算，直至满足设计目标要求，最终完成设计。

（2）“循环设计法”的设计步骤主要包括以下 7 个步骤：

1）确定结构减震目标。设定结构所在场地可能遭受到的地震烈度Ⅰ，或选定具有地面最大地震加速度 $\ddot{x}_g$ 及具有某种频谱特性的地震波，考虑结构的重要性或使用要求，限定在遭遇该地震时的结构地震反应值，如层间位移$[u]$，以确保结构在地震中处于弹性状态。

2）主体结构设计。可先按传统抗震结构的方案确定结构体系，但暂不设置侧向加强构件（如支撑、剪力墙等），只考虑主体承重结构。

3）结构弹性动力分析。利用已有的弹性结构动力分析程序，对主体结构（无侧向加强构件，如支撑、剪力墙等）进行动力分析。输入设定地震烈度Ⅰ的地震参数或地震波，求出结构的地震反应，如第 i 层间位移 u_i。在通常情况下，u_i 值难以满足要求，即 $u_i>[u]$。

4）确定结构所需的阻尼比$[\xi_i]$。根据经验确定阻尼比（例如，可取$[\xi_i]=15\%\sim25\%$），或选取不同的阻尼比 ξ_i，循环多次进行结构弹性动力分析，直至结构的地震反应 u_i 接近所要求的$[u]$，即 $u_i\approx[u]$，此时，该阻尼比接近所要求的阻尼比$[\xi_i]$。

5）选择及布置消能件或消能装置。可根据结构阻尼比的要求，选取适合的消能构件（如消能支撑等）或消能装置，并进行合理布置，布置在发生较大层间变形或变形突变的位置，对消能减震结构体系进行设计。

6）计算消能减震结构体系和动力参数。根据主体结构和实际选用和布置的消能构件或装置，以及参照步骤 3）和步骤 4）中已求出的结构变位 u_i，计算消能减震结构体系的动力参数，验算结构阻尼比大于限制阻尼比的条件 $\xi_i \geqslant [\xi_i]$。否则，重新调整布置消能构件或消能装置。

7）消能减震结构体系的结构弹性分析。再次利用已有的弹性结构动力分析程序，对设有消能构件或装置的消能减震结构体系（具有等效阻尼比 ξ 及层间刚度 k_i）进行动力分析。输入设定的地震烈度Ⅰ的地震参数或地震波，求出结构的地震反应小于限定的反应值，即 $u_i \leqslant [u]$，则设计完成。如果结构的地震反应仍大于限定的反应值，即 $u_i > [u]$，则必须再次进行“循环”设计。如果主体结构的设计不合理，则需重新调整主体结构，按步骤 2）～步骤 7）进行设计验算。如果仅是消能构件或装置的选用或布置不合理，则重新选定和布置消能构件或装置，按步骤 5）～步骤 7）进行验算。直至满足 $u_i \leqslant [u]$，设计才告完成。

第五节　地震应急活动

地震应急活动是防震减灾的四个主要环节之一。破坏性地震发生后，尤其是严重破坏性地震发生后，能否采取有效的应急措施，直接关系到人民生命和财产的安全。国内外地震应急活动的实践表明，有组织、高效率地开展地震应急活动，可以最大限度地减少地震灾害给人民生命和财产造成的损失。地震应急的根本目的在于：在临震前采取尽可能有效的措施，保护人民的生命安全，保护重要设施（如生命线系统）不受或少受损失；在灾害发生后尽可能迅速、有效地开展救援活动，并采取措施减少和防止灾害的扩大，迅速恢复社会秩序。

为了达到上述目的，必须做好下列工作：有强有力的组织和领导机构；有这些组织和领导机构事先制定好的应急预案；有在地震灾害突发时能够按照明确的职责分工，及时、有效地组织实施应急预案的队伍；有灾区全体人民的积极参与和努力。为了搞好我国的地震应急工作，1995 年 4 月 1 日国务院第 172 号令发布了《破坏性地震应急条例》，这是我国地震应急的第一个行政法规，该行政法规的出台改变了我国地震应急长期无法可依的局面，为地震应急活动的法制化提供了法律依据。《破坏性地震应急条例》对应急机构、应急预案、临震应急、震后应急等地震应急活动的法制化作了规定。自《破坏性地震应急条例》发布以来，在发生的地震应急活动中，地震灾区的人民政府很好地实施了该条例的规定，对于保护人民生命和财产的安全发挥了重要的作用。《防震减灾法》对地震应急工作和活动应当遵循的法律原则作了具体性规定，重申了最基本的法律要求。

一、制定地震应急预案的组织工作

地震应急预案是在“以预防为主”的防震减灾工作方针指导下，事先制订的在破坏性地震突然发生后政府和社会采取紧急防灾和抢险救灾的行动计划。正因为地震应急预案是地震应急工作的基础，所以，制订地震应急预案就是一项非常重要的工作，必须在地震行政主管部门的指导下，在充分考虑各种防灾条件的基础上制订。《防震减灾法》规定了地震应急预案制订工作的组织程序，主要包括：国务院地震行政主管部门会同国务院有关部门制订国家破坏性地震应急预案，报国务院批准；国务院有关部门应当根据国家破坏性地震应急预案，制订本部门的破坏性地震应急预案，并报国务院地震行政主管部门备案；可能发生破坏性地震地区的县级以上地方人民政府负责管理地震工作的部门或者机构，应当会同有关部门参照国家破坏性地震应急预案，制订本行政区域内的破坏性地震应急预案，报本级人民政府批准；省、自治区和人口在100万人以上的城市的破坏性地震应急预案，还应当报国务院地震行政主管部门备案。

二、地震应急预案的内容和要求

为了保证地震应急预案的科学性和规范性，《防震减灾法》对各种类型的地震应急预案的内容作了统一性的要求，以此来保证地震应急预案能够得到很好的实施。《防震减灾法》要求地震应急预案具有下列规范性的内容：应急机构的组成和职责；应急通信保障；抢险救援人员的组织和资金、物资的准备；应急、救助装备的准备；灾害评估准备；应急行动方案等。

为保证地震应急工作高效、有序进行，最大限度地减轻地震灾害，在《防震减灾法》出台以前，根据《破坏性地震应急条例》制订了《国家破坏性地震应急预案》。《国家破坏性地震应急预案》规定：一般破坏性地震发生后，由省、自治区、直辖市人民政府领导本行政区域内的地震应急工作；严重破坏性地震发生后，由省、自治区、直辖市人民政府领导本行政区域内的地震应急工作，国务院根据灾情组织、协调有关部门和单位对灾区进行紧急支援；造成特大损失的严重破坏性地震发生后，省、自治区、直辖市人民政府抗震救灾指挥部组织、指挥灾区地震应急工作，国务院抗震救灾指挥部领导、指挥和协调地震应急工作。

三、地震应急预案的组织实施

及时准确地组织实施地震应急预案是提交地震应急活动效率的重要条件，

《防震减灾法》突出强调，要根据地震应急活动的需要适时地、准确地组织实施地震应急预案。第29条规定，破坏性地震临震预报发布后，有关的省、自治区、直辖市人民政府可以宣布所预报的区域进入临震应急期；有关的地方人民政府应当按照破坏性地震应急预案，组织有关部门动员社会力量，做好抢险救灾的准备工作。第30条规定，造成特大损失的严重破坏性地震发生后，国务院应当成立抗震救灾指挥机构，组织有关部门实施破坏性地震应急预案。破坏性地震发生后，有关的县级以上地方人民政府应当设立抗震救灾指挥机构，组织有关部门实施破坏性地震应急预案。

四、抗震救灾指挥机构的设立和地震应急活动的指挥

地震是突发性自然灾害，因此，一旦地震灾害发生，就必须调动社会各方面的力量投入抢险救灾活动。为了保证地震应急工作的秩序和高效率，必须建立有效的地震应急活动指挥机构。从我国地震应急活动的实践来看，成立在人民政府领导下的抗震救灾指挥机构，在组织震后抢险救灾等地震应急活动中发挥了非常重要的作用。

《防震减灾法》对破坏性地震发生后在人民政府领导下成立抗震救灾指挥机构的组织方式予以充分肯定。根据该法第30条的规定，破坏性地震发生后，有关的县级以上地方人民政府应当设立抗震救灾指挥机构。造成特大损失的严重破坏性地震发生后，国务院应当成立抗震救灾指挥机构。国务院抗震救灾指挥机构的办事机构，设在国务院地震行政主管部门。上述规定，对于有效地组织地震应急活动具有重要的保障作用。

五、震情、灾情通报和灾情评估工作

破坏性地震发生后，如何向地震灾区派遣救援力量，给予地震灾区以何种程度的经济援助等，都需要准确的震情、灾情报告作为决策的基础。《防震减灾法》对地震应急活动中的震情、灾情通报和灾情评估活动作了基本的法律要求。第31条规定，地震灾区的各级地方人民政府应当及时将震情、灾情及其发展趋势等信息报告上一级人民政府；地震灾区的省、自治区、直辖市人民政府按照国务院有关规定向社会公告震情和灾情。

国务院地震行政主管部门或者地震灾区的省、自治区、直辖市人民政府负责管理地震工作的部门，应当及时会同有关部门对地震灾害损失进行调查、评估；应当及时将灾情调查结果报告本级人民政府。

六、地震应急技术的研究开发工作

地震应急工作是一项专门性的工作。能否运用科学的手段来进行地震应急活动，不仅涉及地震应急活动的效果，还涉及人民生命财产的安全是否能够通过地震应急活动得到切实有效的保障。《防震减灾法》第 27 条规定，国家鼓励、扶持地震应急、救助技术和装备的研究开发工作。可能发生破坏性地震地区的县级以上地方人民政府应当责成有关部门进行必要的地震应急、救助装备的储备和使用训练。

第四章 风灾害与防风减灾工程

第一节 风灾害概述

一、风的类型与特性

风就是空气的流动，这是由于地球上高纬度与低纬度所接受的太阳辐射强度不同造成温差，从而形成气压梯度，空气从高气压处向低气压处流动形成风。自然界中常见的造成灾害的风的类型主要有热带气旋、寒潮风暴、季风和龙卷风。

1. 热带气旋

热带气旋在世界十大自然灾害中排名第一，是发生在热带或副热带洋面上伴有狂风暴雨的低压涡旋，是一种强大而深厚的热带天气系统，也是热带低压、热带风暴、台风或飓风的总称。热带气旋的形成随地区不同而异，它主要是由太阳辐射在洋面所产生的大量热能转变为动能（风能和海浪能）而产生，海洋水面受日照影响，往往在赤道及低纬度地区生成热而湿的水汽，水汽向上升起形成庞大的水汽柱和低气压。热低压区和稳定的高压区气压之差产生空气流动，由于平衡产生相互补充的力使之形成螺旋状流动，气压高低相差越大，旋转流动的速度越快。从卫星上拍摄的照片看，热带气旋是一大片具有螺旋状结构的云团，达到台风强度时，云团中心通常都有一个直径几千米的无云区，称为台风眼（见图 4—1），那里天气晴朗，风力微弱，与台风眼外的狂风暴雨形成强烈的反差。

热带气旋的生命史一般都要经过发生阶段、发展阶段、成熟阶段和衰亡阶段，从形成到衰亡的过程中，其强度也在不断变化。

气象部门将不同强度的热带气旋冠以不同的名称：按其强度分为四个等级和不同名称。中心附近的平均最大风力 6～7 级（风速 10.8～17.1 m/s）称做热带低压；中心附近的平均最大风力 8～9 级（风速 17.2～24.4 m/s）称做热带风暴；中心附近的平均最大风力 10～11 级（风速 24.5～32.6 m/s）称做强热带风暴；中心附近的平均最大风力大于等于 12 级（风速≥32.7 m/s）称做台风。

为了便于分别和预防，我国从 1959 年起开始采用对台风编号的办法。凡是东经 180°以西、赤道以北的太平洋和南海地区范围内有台风形成或侵入，就按照它出现的先后，顺次进行编号。例如，1999 年发生的第一次台风，编为 9901，第二次台风，编为 9902……依此类推。这种对台风编号的办法，目前已为许多国家和地区的气象台采用。有的国家考虑到国际上台风英文名称沿用已久的习惯，除了编号以外，还同时标明该次台风的英文名称。我国于 2000 年开始采用该台风命名的方式。

热带气旋尤其是达到台风强度的热带气旋具有很强的破坏力，狂风会掀翻船只、摧毁房屋和其他设施，巨浪能冲破海堤，暴雨能引起山洪暴发。1991 年孟加拉国强热带风暴致死大约 14.3 万人；2005 年“卡特里娜”飓风（见图 4—2）横扫美国墨西哥湾沿岸，造成 100 万居民流离失所；2008 年缅甸遭受热带风暴“纳尔吉斯”的猛烈袭击（见图 4—3）洪水淹没面积达到 5 000 km²，受灾人数达 2 400 万人，占缅甸总人口的近一半，使 77 738 人遇难，55 917 人失踪。

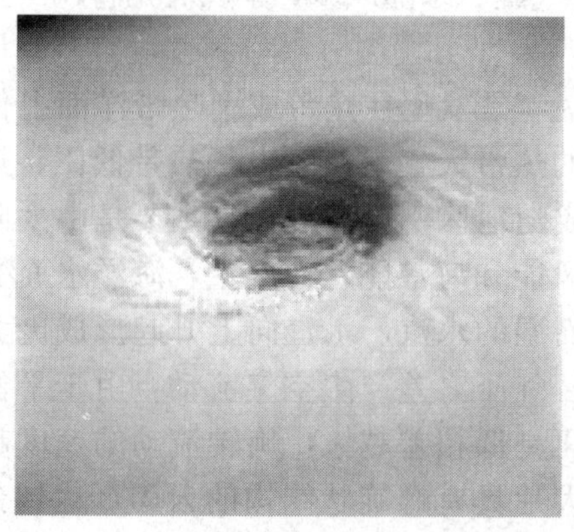

图 4—1 热带气旋

图 4—2 卡特里娜飓风

2. 寒潮风暴

寒潮风暴是来自极地或寒带向中纬度侵入的强烈冷空气。它来势猛烈，所经之地短期内气温急降，可引发大风、雪灾等灾害，是我国冬季主要灾害性天气。寒潮冷空气来源地主要有两个：一是来自欧亚大陆北面的寒冷海洋，二是直接来自欧亚大陆。由于极地或寒带气温低，大气的密度就要大大增加，空气不断收缩

图 4—3 缅甸风灾致使大部分地区成为汪洋

下沉，使气压增高，这样便形成一个势力强大、深厚宽广的冷高压气团。当这个冷性高压势力增强到一定程度时，就会像决了堤的海潮一样，一泻千里，暴发寒潮。

入侵我国的寒潮主要有三条路径：

（1）西路。西路是从西伯利亚西部进入我国新疆，经河西走廊向东南推进。

（2）中路。中路是从西伯利亚中部和蒙古进入我国后，经河套地区和华中地区南下。

（3）东路加西路。东路加西路是指东路冷空气从河套地区下游南下，西路冷空气从青海东部南下，两股冷空气常在黄土高原东侧，黄河、长江之间汇合，汇合时造成大范围的雨雪天气，接着两股冷空气合并南下，出现大风和明显降雨雪天气。

3. 季风

由于大陆及邻近海洋之间存在的温度差异而形成大范围盛行的，风向随季节有显著变化的风系，具有这种大气环流特征的风称为季风。

季风的形成是由冬夏季海洋和陆地温度差异所致。季风在夏季由海洋吹向大陆，在冬季由大陆吹向海洋。季风活动范围很广，它影响着地球上 1/4 的面积和

1/2 人口的生活。西太平洋、南亚、东亚、非洲和澳大利亚北部，都是季风活动明显的地区，尤以印度季风和东亚季风最为显著。中美洲的太平洋沿岸也有小范围季风区，而欧洲和北美洲则没有明显的季风现象。在我国为东南季风和西南季风。夏季风特别温暖而湿润。冬季大陆迅速冷却，海洋上温度比陆地要高些，因此大陆为高压，海洋上为低压，低层气流由大陆流向海洋，高层气流由海洋流向大陆，形成冬季的季风环流。

4. 龙卷风

龙卷风（见图 4—4、图 4—5）是在极不稳定天气下由空气强烈对流运动而产生的一种伴随着高速旋转的漏斗状云柱的强风涡旋，其中心附近风速可达 100～200 m/s，最大风速 300 m/s，比台风（产生于海上）近中心最大风速大好几倍，其破坏性极强。龙卷风外貌奇特，它上部是一块乌黑或浓灰的积雨云，下部是下垂着的形如大象鼻子的漏斗状云柱。

龙卷风俗称“龙吸水”，它是从雷雨云底伸向地面或水面的一种范围很小而风力极大的强风旋涡。在龙卷风中心附近，水平风速可达 100 m/s 以上，极端情况，可达 300 m。如此罕见的巨大的风，造成的破坏异常惊人。当它触及地面时，可以把人畜卷到空中，它可以“倒拔垂杨柳”，甚至可以像利剑似的把坚固的高楼大厦削掉一角。1925 年美国曾出现过一次强大的龙卷风，造成 2 000 多人伤亡。1956 年 9 月 24 日，上海曾出现过一次龙卷风，把一个三四层楼高的 110 t 的储油罐举到 15 m 的空中，然后把它甩到 100 多米以外的地方。

图 4—4　龙卷风

图 4—5　海面上的龙卷风

5. 其他风灾

能形成灾害的其他风灾还有雷暴大风、“黑风”等。

雷暴大风天气是强雷暴云的产物。强雷暴云，又称“强风暴云”，主要是指那些伴有大风、冰雹、龙卷等灾害天气的雷暴。强风暴云体的前部是上升气流，后部是下沉气流。由于后部下降的雨、雹等的降水物强烈蒸发，使下沉的气流变得比周围空气冷。这种急速下沉的冷空气就形成一个冷空气堆，气象上称“雷暴高压”，使气流迅速向四周散开。因此，当强雷暴云来临的瞬间，风向突变，风力猛增，往往由静风突然变为狂风大作，暴雨、冰雹俱下。这种雷暴大风突发性强，持续时间相对较短，一般风力达 8～12 级，有很强的破坏力。当强风暴云中伴有大冰雹和龙卷风时，其破坏性就更大。

“黑风”是一种强烈的沙尘暴或沙暴，现在已常用沙尘暴这个词了。它是由强风将地面大量的浮尘细沙吹起，卷入空中，使空气混浊，能见度很低的一种恶劣天气现象。内蒙古一带的沙尘暴又称为“黄毛风”。发生黑风的条件有两个：一是要有足够强大而持续的风力；二是大风经过地区植被稀疏，土质干燥松软。因此，我国阿拉善高原、内蒙古北部、河西走廊、塔里木盆地、柴达木盆地及黄土高原北部等是最易出现黑风的地区。春季，这些地区气温回升很快，低层空气很不稳定，空气极易扰动，能把沙土卷向空中。据研究，当风速达 7 m/s 左右时，即可明显起沙。尤其当冷峰过境时，峰后大风更使大量沙粒、尘土扬向天空，有时沙尘气层厚度可高达 4～5 km。然后，随高空气流向西南飘移，其浮尘部分常常可以扩散到几千千米远的地方。黑风所到之处，飞沙走石，日光昏暗，能见度很差。这种天气对航空和交通运输及农牧业生产等均有严重影响。1983 年 4 月 27 日，内蒙古西中部出现一次强黑风天气，呼和浩特市下午 3 时天空即一片橙黄，百米之外视物不清，室内需点灯。风过之处，吹断电杆，通信中断，火车停驶。尤其是在毛乌素沙漠的鄂托克前旗，午后起风，瞬间飞沙走石，最大风速达 31 m/s。对面不见人，造成 11 人死亡，3 万多头（只）牧畜被风沙掩埋，跑散丢失牲畜 10 万余头（只），沙埋或吹坏水井 5 千余眼。

北京地区受沙尘暴侵袭已有多年，目前正在联合西北各省区共同建造防风固沙林及改善植被。

二、风灾造成的损失

风灾发生频繁、危害严重，造成的损失非常大，见表 4—1。

表 4—1 全球部分特大风灾害情况

年份	地点	风类型	受灾情况
1900	美国加尔维斯顿岛	飓风	遇难 6 000 多人
1906	中国香港地区	台风	一万多人丧生，被毁房屋和船只价值 2 000 美元
1918	日本东京	强烈台风	死亡 13.9 万人，20 万间房屋倒塌
1922	中国汕头	台风	7 万人死亡
1937	中国香港地区	台风	死亡 1.1 万人，数十万人受伤
1959	日本名古屋	超级台风	2 000 多人失踪，经济损失达 20 亿美元
1963	加勒比海	飓风	5 000 多人死亡，10 万人无家可归
1970	孟加拉国	风暴潮	50 万人死亡，400 多万人受灾
1975	中国河南	暴风	7503 号台风登陆引起暴雨，9 万人丧生，7 个县受灾
1989	中国海南	台风	105 人死亡，1 156 人受伤。40 多万间房屋倒塌，直接经济损失 27.48 亿元
1991	孟加拉湾	热带风暴	13 万余人丧生，数百万人无家可归
1992	美国佛罗里达	飓风	经济损失 300 多亿美元
1994	中国浙江	台风	40 多个县市受灾，受灾人口 1 392.9 万人，直接经济损失 177.6 亿元
1998	中美洲	飓风	导致 9 000 多人死亡
1999	印度	热带风暴	导致至少 1 万人死亡
2005	美国新奥尔良	飓风	死亡 1 000 多人，直接经济损失 4 亿美元
2007	孟加拉国	热带风暴	导致 4 000 多人死亡或失踪，800 多万人受灾，经济损失逾 23 亿美元
2008	缅甸	热带风暴	2 400 万人受灾，77 738 人死亡，55 917 人失踪

风灾造成的危害大致分为以下几种：

大风：飓风级的风力足以损坏以至摧毁陆地上的建筑、桥梁、车辆等。特别是在建筑物没有被加固的地区，造成破坏更大。大风亦可以把杂物吹到半空，使户外环境变得非常危险。

风暴潮：造成的水面上升，可以淹没沿海地区，倘若适逢天文高潮，危害更大。风暴潮往往是热带气旋各种破坏之中夺去生命最多的。

大雨：引起河水泛滥、泥石流及山泥倾泻。

风灾也可造成诸多间接危害，常见的有引起疾病、破坏基建系统、破坏农业引致粮食短缺等。

三、风对建筑物的破坏作用

由于高层建筑和高耸结构的主要特点是高度较高和水平方向的刚度较小，因此，水平风荷载会引起较大的结构反应。风对建筑物的破坏作用主要有：

1. 对房屋建筑的破坏

对房屋建筑结构的破坏主要表现在以下几个方面：

（1）对高层结构的破坏作用。1926 年的一次大风使得美国一座叫 Meyer - Kiser 的 10 多层大楼的钢框架发生塑性变形，造成围护结构严重破坏，大楼在风暴中严重摇晃（见图 4—6）。

（2）对简易房屋，尤其是轻屋盖房屋造成破坏。例如，2003 年一次台风袭击深圳，一民工棚倒塌，造成 7 人死亡、10 余人受伤。又如，9914 号台风在厦门登陆，有 3 000 m^2左右的轻型屋盖被吹落。

（3）对外墙饰面、门窗玻璃及玻璃幕墙的破坏。例如，1971 年 9 月完成的美国波士顿约翰汉考克大楼（John Hancock Building），高 60 层、241 m，自 1972 年夏天至 1973 年 1 月，由于大风的作用，大约有 16 块窗玻璃破碎，49 块严重损坏，100 块开裂，后来不得不调换了所有的 10 348 块玻璃，价值 700 万美元以上，超过了原玻璃的价值。同时，还采取了其他措施，增加了造价。使得该建筑不仅在使用上被耽误了三年半，而且造价从预算的 7 500 万美元上升到了 15 800 万美元。2005 年，飓风“卡特里娜”也造成美国部分高层建筑的破坏，建筑的围护结构（玻璃幕墙）严重受损，不得不在灾后替换所有的玻璃幕墙（见图 4—7）。

图 4—6　变形的 Meyer - Kiser 大楼

图 4—7　玻璃幕墙在飓风作用下严重受损

2. 对高耸结构的破坏

高耸结构主要涉及一些桅杆和电视塔，其中桅杆结构更容易遭受风灾害。桅杆结构具有经济实用和美观的特点，但它的刚度小，在风荷载下会产生较大幅度的振动，从而容易导致桅杆的疲劳或破坏，且结构安全可靠度较差。近 50 年来，世界范围内发生了数十起桅杆倒塌事故。例如，1955 年 11 月，前捷克斯洛伐克的一桅杆在风速达 30 m/s 时因失稳而破坏；1963 年，英国约克郡（Endey Morr）高 386 m 的钢管电视桅杆被风吹倒；1985 年，前联邦德国一座高 298 m 的无线电视桅杆受风倒塌；1988 年，美国密苏里（Missouri）一座高 610 m 的电视桅杆受阵风倒塌，造成 3 人死亡。

3. 对供电线结构和公交线路的破坏

供电线路的电线杆埋深浅，在大风中容易被刮倒，造成停电事故，严重影响生产和生活。例如，1988 年 8807 号台风袭击杭州，一夜之间美丽的杭州面目全非，数以万计的树木被刮倒，水泥电线杆被折断、电线被吹断，电信和输电线路中断，造成全市严重停电、停水，铁路和市内交通一度中断。又如，9914 号台风登陆厦门，市区路灯电线杆倒塌 151 根，灯具脱落 1 500 多套，公交路牌损坏 56 块，人行道损坏 6 700 m^2，20 台公交车玻璃破损，公交候车廊倒塌 18 座，严重影响市内交通，造成巨大经济损失。

4. 对大跨度桥梁结构的破坏作用

桥梁的风毁事故最早可以追溯到 1818 年，苏格兰的 Drybutgh Abbey 桥首先因风的作用而遭到毁坏。随后，到 1940 年，相继有 11 座桥因风的作用而受到不同程度的破坏，其中英国苏格兰的 Tay 桥的倒塌造成了 75 人死亡的惨剧。近几年来，我国随着大跨度桥梁的建设，桥梁的风害也时有发生。例如，广东南海公路斜拉桥施工中吊机被大风吹倒；江西九江长江公路铁路两用钢拱桥吊杆的涡激共振，上海杨浦斜拉桥缆索的涡振和风雨振使索套损坏等。这些桥梁风害事故的出现，使人们越来越意识到桥梁风害问题的重要性。

5. 对广告牌、标语牌等附属建筑物的破坏

广告牌、标语牌常建在主建筑物的顶部，受风面积相对较大，而根部抗弯能力往往不足，遇大风即倒翻。在大风中广告牌吹翻砸伤行人的事故屡见不鲜。

第二节　结构的抗风设计

一、风对结构的作用

当风以一定的速度向前运动遇到阻塞时，将对阻塞物产生压力，即风压。将

阻塞物体上的风压沿表面积分，就可得到风作用力，称为风荷载。结构的风荷载作用分为静力风荷载和脉动风荷载两种。静力风荷载是直接作用于结构上、不随时间变化的风荷载；脉动风荷载是三维的风湍流，随时间而变化。对于大多数结构的风致振动而言，可以忽略风致共振效应，并将脉动风振响应等效为静力风荷载施加在结构上，从而进行结构的抗风设计。这种风的作用力有三个分力成分，即顺向风力、横向风力和扭力矩。由风荷载产生的结构内力、位移、速度和加速度的响应，称为风效应。与一般结构设计要求一样，风效应应满足结构对于安全性、适用性和耐久性的要求。在风荷载的三个分量中，顺风作用是最主要的，一般工程结构均应考虑；横向风力则对于细长结构，尤其是柔性圆截面结构，如烟囱、缆索等才须计算，对于细长或不对称结构则应计算风扭力矩。

大量风的实测资料表明，在风的顺风向风速时程曲线中，包括两种成分：一种是长周期成分，其值一般在 10 min 以上；另一种是短周期成分，一般只有几秒左右。根据风的这一特点，实用上常把顺风向的风效应分解为平均风（即稳定风）和脉动风（也称阵风脉动）来加以分析（见图 4—8）。

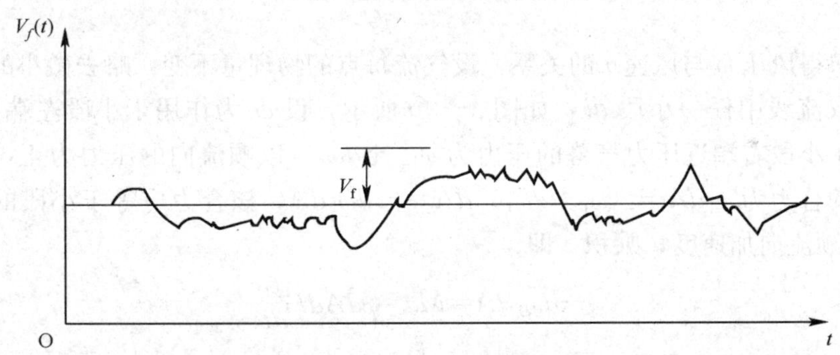

图 4—8 平均风速 v 和脉动风速 v_t

平均风相对稳定，主要受风的长周期成分影响。由于风的长周期远大于一般结构的自振周期，因此，这部分风对结构的动力影响很小，可以忽略，可将其等效为静力作用。

脉动风是由于风的不规则性引起的，其强度随时间变化而随机变化。由于脉动风周期较短，与一些工程结构的自振周期较接近，将使结构产生动力响应。实际上，脉动风是引起结构顺风向振动的主要原因。

根据观察资料，可以了解到在不同粗糙度的地面上空的同一高度处，脉动风的性质有所不同。在地面粗糙度大的上空，平均风速小，而脉动风的幅值大且频率高；反之，在地面粗糙度小的上空，平均风速大，而脉动风的幅值小且频率低。

二、结构上的静力风荷载

1. 风速与风压的关系

设速度为 v 的一定截面的气流冲击面积较大的结构物时，由于受到阻碍，气流向四周外围扩散，形成压力气幕，如图 4—9a 所示。如果气流原先的压力强度为 ω_b，气流冲击结构物后速度逐渐减小，其截断面中心一点的速度减小至零时，在该点处产生的最大气流压强，设为 ω_m。则结构物受气流冲击的最大压力强度为 $\omega_m \sim \omega_b$，此即工程上所定义的风压，记为 ω。

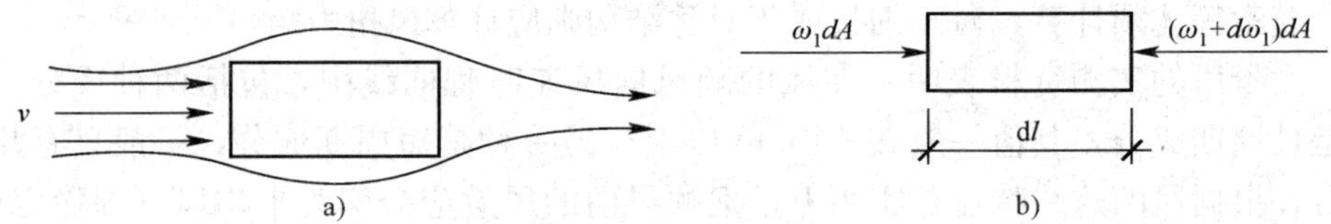

图 4—9　风压的产生

为求得风压 ω 与风速 v 的关系，设气流每点的物理量不变，略去微小的位势差影响，取流线中任一小段 dl，如图 4—9b 所示，设 ω_1 为作用于小段左端的压力，则作用于小段右端近压力气幕的压力为 $\omega_1+d\omega_1$。以顺流向的压力为正，作用于小段上的合力为 $\omega_1 dA-(\omega_1+d\omega_1)dA=-d\omega_1 dA$，该合力应等于小段的气流质量 M 与顺流向加速度 a 乘积，即：

$$-d\omega_1 dA=Ma=\rho dAdl\frac{dv}{dt} \tag{4—1}$$

式中　A——气流截面积；

ρ——空气质量密度。

由式（4—1）可得：

$$-d\omega_1=\rho dl\frac{dv}{dt} \tag{4—2}$$

注意到：

$$dl=vdt \tag{4—3}$$

可得：

$$-d\omega_1=\rho vdv \tag{4—4}$$

此方程解为：

$$\omega_1 = -\frac{1}{2}\rho v^2 + c \tag{4—5}$$

式（4—5）称为伯努利方程，其中 c 为常数。从该方程可以看出，气流在运动过程中，其本身压力随流速变化而变化，流速快，则压力小，而流速慢，则压力大。当 $v=0$ 时，$\omega_1=\omega_\mathrm{m}$，代入式（4—5）得：

$$c = \omega_m \tag{4—6}$$

而当风速为 v 时，$\omega_1=\omega_b$，则：

$$\omega_b = \omega_m - \frac{1}{2}\rho v^2 \tag{4—7}$$

因此有：

$$\omega = \omega_m - \omega_b = \frac{1}{2}\rho v^2 = \frac{1}{2}\frac{\gamma}{g}v^2 \tag{4—8}$$

式（4—8）即为风速与风压的关系公式，其中，γ 为空气单位体积的重力；g 为重力加速度。

在压力为 101.325 kPa、常温 15℃和绝对干燥的情况下，$\gamma=0.012\,018\ \mathrm{kN/m^3}$，在纬度 45°处，海平面上的重力加速度为 $g=9.8\ \mathrm{m/s^2}$，代入式（4—8）得此条件的风压公式为：

$$\omega = \frac{\gamma}{2g}v^2 = \frac{0.012\,018}{2\times 9.8}v^2\ \mathrm{kN/m^2} = \frac{v^2}{1\,630}\ \mathrm{kN/m^2} \tag{4—9}$$

由于各地地理位置不同，因而 γ 和 g 值不同。在地球上，重力加速度 g 不仅随高度变化，还随纬度变化。而空气单位体积的重力 γ 与当地气压、气温、湿度有关。因此，各地的 γ 值均不相同。为方便计算，我国的有关规范建议，在一般情况下 $\frac{r}{2g}$ 可取为 1/1 600。

2. 基本风压的确定

根据风速可以求出风压。由于风在地面附近受到地面物体的阻碍或摩擦作用，风速随地面高度的不同而发生变化，离地面越近，风速越小，反之，则越大。而且地貌环境（如建筑物的密集程度和高低情况不同），对风的阻碍或摩擦大小不同，造成同样高度不同环境的风速并不同。为了比较不同地区风速或风压大小，必须对不同地区的地貌、测量风速的高度等有所规定。按规定的地貌、高度、时距等量测的风速所确定的风压称为基本风压。我国规定空旷平坦地区离地面 10 m 高度处的风速为基本风速，相应的风压为基本风压。

工程设计所关心的最大风速值与时距的大小有关。如果时距取得过短，如 3 s，则最大风速只反映了风速记录中最大值附近的较大数值的影响，较低风速在最大风速中的作用难以体现，因此，最大风速值很高。相反，如果时距取得过长，如1 d，则将1 d中大量的出现的小风值平均计算进去，致使最大风速值较低。一般时距越长，最大风速越小；时距越短，最大风速越大。因此，确定不同地点的基本风速时，应规定统一的时距。

风速记录表明，10 min～1 h的平均风速基本上是一个稳定值，若时距太短，则易突出风的脉动峰值作用，使风速值不稳定。另外，风对结构产生破坏作用需一定长度的时间或一定次数的往复作用，因此，我国《建筑结构荷载规范》所规定的基本风速的时距为10 min。

综上所述，基本风压是根据规定的高度、规定的地貌、规定的时距和规定的样本时间所确定的最大风速的概率分布，按规定的重现期（或年保证率）确定的基本风速，依据风速与风压的关系所定义的。

3. 风载标准值

建筑物所处高度不可能恰好为10 m，周围的地形也不一定空旷平坦，因而必须对基本风压进行修正。此外，前面推导的风速与风压的关系是基于自由气流碰到障碍物面而完全停滞所得到的。但一般工程结构物并不是能理想地使自由气流停滞，而是让气流以不同方式在结构表面绕过，因此，实际结构物所受的风压并不能直接按式（4—8）计算，而需要对其进行修正，其修正系数与结构物的体型有关。

于是，当计算垂直于建筑物表面上的风荷载标准值时，可按下式（4—10）计算：

$$\omega_k = \beta \mu_s \mu_z \omega_0 \tag{4—10}$$

式中 ω_k——风荷载标准值（kN/m²）；

μ_s——风荷载体型系数；

μ_z——风压高度变化系数；

ω_0——基本风压（kN/m²）；

β——风振系数。计算主要承重结构时取高度为 z 处的风振系数 β_z；计算围护结构时则高度为 z 处的阵风系数 β_{gz}。

（1）高度变化系数。根据实测结果分析，平均风速沿高度变化的规律可用指数函数来描述，即：

$$\frac{v}{v_s} = \left(\frac{z}{z_s}\right)^{\alpha} \tag{4—11}$$

式中 υ、z——任一点的平均风速和高度；

υ_s、z_s——标准高度处的平均风速和高度，大多数国家的基本风压都规定标准高度为 10 m；

α——与地貌或地面粗糙度有关的指数，地面粗糙积度越大，α 越大。

为应用方便，我国《建筑结构荷载规范》将地面粗糙度分为 A、B、C、D 四类，每一类的风压高度变化系数见表 4—2。

表 4—2 **风压高度变化系数 μ_z**

离地面或海平面高度/m	地面粗糙类别			
	A	B	C	D
5	1.17	1.0	0.74	0.62
10	1.30	1.0	0.74	0.62
15	1.52	1.14	0.74	0.62
20	1.63	1.25	0.84	0.62
30	1.80	1.42	1.00	0.62
40	1.92	1.56	1.13	0.73
50	2.03	1.67	1.25	0.84
60	2.12	1.77	1.35	0.93
70	2.20	1.86	1.45	1.02
80	2.27	1.95	1.54	1.11
90	2.34	2.02	1.62	1.19
100	2.40	2.09	1.70	1.27
150	2.64	2.38	2.03	1.61
200	2.83	2.61	2.30	1.92
250	2.99	2.80	2.54	2.19
300	3.12	2.97	2.75	2.45
350	3.12	3.12	2.94	2.68
400	3.12	3.12	3.12	2.91
≥450	3.12	3.12	3.12	3.12

注：A 类指近海海面和海岛、海岸及沙漠地区；B 类指田野、乡村、丛林、丘陵及房屋比较稀疏的乡镇和城市郊区；C 类指有密集建筑群的城市地区；D 类指有密集建筑群且房屋较高的城市市区。

（2）体型系数。目前还没有对各类体型均适合的体型系数计算公式，我国学者对常见的各类建筑物作了系统的试验和分析，并参照国外的先进经验对常见的房屋和构筑物的体型，给出了风载体型系数，可供直接查用。对于重要而特殊的建筑物，其体型系数应由风洞试验确定。对于一般建筑结构体型，我国《建筑结构荷载规范》给出了体型系数。见图 4—10。

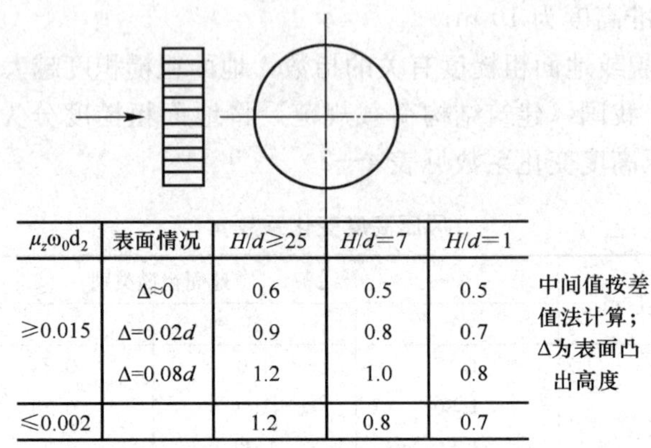

$\mu_z\omega_0 d_2$	表面情况	$H/d\geqslant 25$	$H/d=7$	$H/d=1$
$\geqslant 0.015$	$\Delta\approx 0$	0.6	0.5	0.5
	$\Delta=0.02d$	0.9	0.8	0.7
	$\Delta=0.08d$	1.2	1.0	0.8
$\leqslant 0.002$		1.2	0.8	0.7

中间值按差值法计算；Δ为表面凸出高度

图 4—10　圆截面构筑物（包括烟囱、塔桅等）

（3）风振系数 β_z。对于自振周期 $T<0.25$ s 的结构和高度小于 30 m 或高度比小于 1.5 的房屋，风振影响不大，一般对单层、多层建筑可取 $\beta_z=1$。对于高层、高耸、柔性结构 β_z 的计算，将在下一节说明。

三、顺风向风振及风振系数

对于基本自振周期 $T_1>0.25$ s 的工程结构，如房屋、屋盖、各种高耸结构，以及高度超过 30 m 且高宽比大于 1.5 的高柔房屋，由于风引起的结构振动明显，而且随着结构自振周期的延长，风振也随之增强，因而均应考虑风压脉动对结构发生顺风风向风振的影响，原则上还应考虑振型的影响，对于前几个振型比较密集的结构，如桅杆、大跨屋盖等应考虑的振型可多达 10 个以上。对此类结构应按结构的随机振动理论进行计算。

随机振动理论比较复杂，一般有专业程序进行计算。对于一般的臂型竖向结构，如框架、塔架，烟囱等，以及高度大于 30 m、高度比大于 1.5 且可忽略扭转影响的高层建筑，可只考虑第 1 振型的影响。这时可用风振系数来表达。结构在高度 z 处的风振系数 β_z 可按下式计算：

$$\beta_z=1+\frac{\xi\nu\varphi_z}{\mu_z} \tag{4—12}$$

式中　ξ——脉动增大系数；

v——脉动影响系数；

φ_z——振型影响系数；

μ_z——风压高度变化系数。

其中，风压高度变化系数 μ_z 在前节中已说明。关于其他 n 个系数，简要说明如下：

1. 脉动增大系数

脉动增大系数实质上是风的动力作用产生的增大系数，它与风的脉动规律和结构的振动特性有关。如取 Davenport 建议的风谱密度经验公式，并把响应近似取静态分量及窄带白噪声共振响应分量之和，则可得：

$$\xi=\sqrt{1+\frac{x^2\pi/6\varphi}{(1+x^2)^{3/4}}}$$

$$x=\frac{1\,200f_1}{v_0}\approx\frac{30}{\sqrt{\omega_0T_1^2}} \tag{4—13}$$

式中　φ——结构阻尼比，对刚结构取 0.01；对混凝土及砖石砌体结构取 0.05；对有墙体填充的房屋钢结构取 0.02。

ω_0——考虑当地地面粗糙度后的基本风压；

T_1——结构的基本自振周期。

为了方便应用，脉动增大系数可按表 4—3 中的数据取用。

表 4—3　　　　脉动增大系数 ξ

$\omega_0T_1^2$/（kNs^2/m^2）	0.01	0.02	0.04	0.06	0.08	0.10	0.20	0.40	0.60
钢结构	1.47	1.57	1.69	1.77	1.83	1.88	2.04	2.24	2.36
有填充墙的房屋钢结构	1.26	1.32	1.39	1.44	1.47	1.50	1.61	1.73	1.81
混凝土及砌体结构	1.11	1.14	1.17	1.19	1.21	1.23	1.28	1.34	1.38
$\omega_0T_1^2$/（kNs^2/m^2）	0.80	1.00	2.00	4.00	6.00	8.00	10.00	20.00	30.00
钢结构	2.46	2.53	2.80	3.09	3.28	3.42	3.54	3.91	4.14
有填充墙的房屋钢结构	1.88	1.93	2.10	2.30	2.43	2.52	2.60	2.85	3.01
混凝土及砌体结构	1.42	1.44	1.54	1.65	1.72	1.77	1.82	1.96	2.06

注：计算 $\omega_0T_1^2$ 时，对地面粗糙度 B 类地区可直接代入基本风压，而对 A 类、C 类和 D 类地区应按当地的基本风压分别乘以 1.38、0.62 和 0.32 后代入。

2. 脉动影响系数

这一系数考虑脉动风压及其相关性的影响，其值按随机振动理论，通过计算机计算确定。对于一般常见结构形式，脉动影响系数，可按下列情况分别确定。见表 4—4。

表 4—4　　脉动影响系数 v（一）

总高度 H/m		10	20	30	40	50	60	70	80	90	100	150	200	250	300	350	400	450
粗糙程度类别	A	0.78	0.83	0.86	0.87	0.88	0.89	0.89	0.89	0.89	0.89	0.87	0.84	0.82	0.79	0.79	0.79	0.79
	B	0.72	0.79	0.83	0.85	0.87	0.88	0.89	0.89	0.90	0.90	0.89	0.88	0.86	0.84	0.83	0.83	0.83
	C	0.64	0.73	0.78	0.82	0.85	0.87	0.88	0.90	0.91	0.91	0.93	0.93	0.92	0.91	0.90	0.89	0.91
	D	0.53	0.65	0.72	0.77	0.84	0.84	0.87	0.89	0.91	0.92	0.97	1.00	1.01	1.01	1.01	1.00	1.00

（1）结构迎风面宽度远小于其高度的情况（如高耸结构等）。有两种情况：若外形、质量沿高度比较均匀，脉动系数可按表 4—3 中数值来确定；当结构迎风面和侧风面的宽度槽高度按直线或接近直线变化，而质量沿高度按连续规律变化时，表 4—4 中的脉动影响系数应再乘以修正系数 θ_B 和 θ_v。θ_B 为构筑物迎风面在 z 高度处的宽度 B_z 与底部宽度 B_0 的比值；θ_v 可按表 4—5 中数值确定。

表 4—5　　修正系数 θ_v

B_H/B_0	1	0.9	0.8	0.7	0.6	0.5	0.4	0.3	0.2	≤0.1
θ_v	1.00	1.10	1.20	1.32	1.50	1.75	2.08	2.53	3.30	5.60

注：B_H、B_0 分别为构筑物理迎风面在顶部和底部的宽度。

（2）结构迎风面宽度较大时（如高层建筑等），应考虑宽度方向风压空间相关性的情况。若外形、质量沿高度比较均匀，脉动影响系数可根据总高度 H 及其与迎风面宽度 B 的比值，按表 4—6 中数值确定。

表 4—6　　脉动影响系数 v（二）

H/B	粗糙度类别	总高度 H（m）							
		≤30	50	100	150	200	250	300	350
≤5	A	0.44	0.42	0.33	0.27	0.24	0.21	0.19	0.17
	B	0.42	0.41	0.33	0.28	0.25	0.22	0.20	0.18
	C	0.40	0.40	0.34	0.29	0.27	0.23	0.22	0.20
	D	0.36	0.37	0.33	0.30	0.27	0.25	0.24	0.22

续表

H/B	粗糙度类别	总高度 H（m）							
		≤30	50	100	150	200	250	300	350
1.0	A	0.48	0.47	0.41	0.35	0.31	0.27	0.26	0.24
	B	0.46	0.46	0.42	0.36	0.36	0.29	0.27	0.26
	C	0.43	0.44	0.42	0.37	0.34	0.31	0.29	0.28
	D	0.39	0.42	0.42	0.38	0.36	0.33	0.32	0.31
2.0	A	0.50	0.51	0.46	0.42	0.38	0.35	0.33	0.31
	B	0.48	0.50	0.47	0.42	0.40	0.36	0.35	0.33
	C	0.45	0.49	0.48	0.44	0.42	0.38	0.38	0.36
	D	0.41	0.46	0.48	0.46	0.46	0.44	0.42	0.39
3.0	A	0.53	0.51	0.49	0.42	0.41	0.38	0.38	0.36
	B	0.51	0.50	0.49	0.46	0.43	0.40	0.40	0.38
	C	0.48	0.49	0.49	0.48	0.46	0.43	0.43	0.41
	D	0.43	0.46	0.49	0.49	0.48	0.47	0.46	0.45
5.0	A	0.52	0.53	0.51	0.49	0.46	0.44	0.42	0.39
	B	0.50	0.53	0.52	0.50	0.48	0.45	0.44	0.42
	C	0.47	0.50	0.52	0.52	0.50	0.48	0.47	0.45
	D	0.43	0.48	0.52	0.53	0.53	0.52	0.51	0.50
8.0	A	0.53	0.54	0.53	0.51	0.48	0.46	0.43	0.42
	B	0.51	0.51	0.54	0.52	0.50	0.49	0.46	0.44
	C	0.48	0.48	0.54	0.53	0.52	0.52	0.50	0.48
	D	0.43	0.43	0.54	0.53	0.55	0.55	0.54	0.53

3. 振型系数

结构振型系数应按实际工程由结构动力学计算得出。这里仅给出截面沿高度不变的两类结构第 1 振型～第 4 振型系数和截面沿高度规律变化的高耸结构第 1 振型系数的近似值。在一般情况下，对顺风向响应可仅考虑第 1 振型的影响，对横风向的共振响应，应验算第 1 振型～第 4 振型的频率，因此，列出相应的前 4 个振型系数。

（1）迎风面宽度远小于其高度的高耸结构，其振型系数见表 4—7。

（2）迎风面宽度较大的高层建筑，当剪力墙和框架均起主要作用时，其振型系数见表4—8。

（3）对截面沿高度规律变化的高耸结构，其第1振型系数见表4—8。

表4—7　　高耸结构的振型系数

相对高度 z/H	振型序号			
	1	2	3	4
0.1	0.02	−0.09	0.23	−0.39
0.2	0.06	−0.30	0.61	−0.75
0.3	0.14	−0.53	0.76	−0.43
0.4	0.23	−0.68	0.53	0.32
0.5	0.34	−0.71	0.02	0.71
0.6	0.46	−0.59	−0.48	0.33
0.7	0.59	−0.32	−0.66	−0.40
0.8	0.79	0.07	−0.40	−0.64
0.9	0.86	0.52	0.23	−0.05
1.0	1.00	1.00	1.00	1.00

表4—8　　高层建筑的振型系数

相对高度 z/H	高耸结构				
	$B_H/B_0=1.0$	0.8	0.6	0.4	0.2
0.1	0.02	0.02	0.01	0.01	0.01
0.2	0.06	0.06	0.05	0.04	0.03
0.3	0.14	0.12	0.11	0.09	0.07
0.4	0.23	0.21	0.19	0.16	0.13
0.5	0.34	0.32	0.29	0.26	0.21
0.6	0.46	0.44	0.41	0.37	0.31
0.7	0.59	0.57	0.55	0.51	0.45
0.8	0.79	0.71	0.69	0.66	0.61
0.9	0.86	0.86	0.85	0.83	0.80
1.0	1.00	1.00	1.00	1.00	1.00

4. 风振振型影响系数

设 φ_z 为结构的振型影响系数，理应在结构动力分析时确定，为了简化，在确定风荷载时，可采用近似公式。按结构变形特点，对高耸构筑物可按弯曲型考虑，采用下式计算：

$$\varphi_z = \frac{6z^2H^2 - 4z^3H + z^4}{3H^4} \tag{4—14}$$

对高层建筑，当以剪力墙的工作为主时，可按弯剪型考虑，采用下式计算：

$$\varphi_z = \tan\left[\frac{\pi}{4}\left(\frac{z}{H}\right)^{0.7}\right] \tag{4—15}$$

对高层建筑也可进一步考虑框架和剪力墙各自的弯曲和剪切刚度，根据不同的综合刚度参数，给出不同的振型系数。

四、横向风振

许多情况下，横风向力较顺风向力小得多，横风向力可以忽略。然而，对于一些细长的柔性结构，如高耸塔架、烟囱、缆索等，横风向力可能会产生很大的动力效应，即风振，这时，横风向效应应引起足够的重视。

横风向风振都是由不稳定的空气动力形成，其性质比顺风向更为复杂，其中包括旋涡脱落（Vortex - shedding）、驰振（Galloping）、颤振（Flutter）、扰振或称抖振（Buffeting）等空气动力现象。其中，驰振与颤振主要出现在长跨柔性桥梁上。颤振和驰振都属于自激型发散振动，它们都具有对结构造成毁灭性破坏的特点。其中，颤振是指桥梁以扭转振动形式或扭转与竖向弯曲振动相耦合（即两种或两种以上振动形式同时发生，耦连在一起）形式的破坏性发散振动；驰振则是指桥梁像骏马奔驰那样上下舞动而产生竖向弯曲形式的破坏性发散振动。驰振现象一般会出现在桥梁的绞缆索上。抖振是指风速中随机变化的脉动成分激起的桥梁不规则的有限振幅振动。这在桥梁工程中，尤其在长大跨的柔性桥梁中有专门论述，这里不作介绍。长而细的建筑物受横向风的振动，主要是旋涡脱落引起的涡激共振，当然也可能伴有抖振。

对圆截面柱体物结构，当发生旋涡脱落时，若脱落频率与结构自振频率相符，将出现共振。大量试验表明，旋涡脱落频率 f_s 与风速 v 成正比，与截面的直径 D 成反比。同时，雷诺数 $Re=\frac{vD}{\nu}$（ν为空气运动黏性系数，约为 1.45×10^{-5} m²/s）和斯脱罗哈数 $S_t=\frac{fsD}{v}$在识别其振动规律方面有重要意义。

1. 雷诺数的计算

在空气流动中，对流体质点起着主要作用的是两种力：惯性力和黏性力。根据牛顿第二定律，作用在流体上的惯性力为单位面积上的压力$\frac{1}{2}\rho v^2$乘以面积。黏性是流体抵抗剪切变形的性质，黏性越大的流体，其抵抗剪切变形的能力越大。流体黏性的大小可通过黏性系数μ来衡量，流体中黏性应力为黏性系数μ乘以速度梯度$\frac{dv}{dy}$或剪切角γ的时间变化率，而黏性力等于黏性应力乘以面积。

雷诺通过大量实验，首先给出了惯性力与黏性力之比为参数的动力相似定律，该参数以后被命名为雷诺数（Rey nolds number）。只要雷诺数相同，流体便动力相似。后来发现，雷诺数也是衡量平滑流动的层流（laminar flow）向混乱无规则的湍流（turbulence）转换的尺度。

因为惯性力的量纲为$\rho v^2 l^2$，而黏性力的量纲是黏性应力$\mu \frac{v}{l}$乘以面积l^2，故雷诺数Re的定义为：

$$Re=\frac{\rho v^2 l^2}{\frac{\mu v}{l}l^2}=\frac{\rho v l}{\mu}=\frac{vl}{x} \tag{4—16}$$

$\chi=\frac{\mu}{\rho}$为动黏性，它等于黏性系数μ除以流体密度ρ，对于空气其值为$0.145\times 10^{-4}\ \mathrm{m^2/s}$。将该值代入式（4—16），并用垂直于流速方向物体截面的最大尺度B代替上式的l，则式（4—16）成为：

$$Re=69\ 000\ vB \tag{4—17}$$

由于雷诺数的定义是惯性力与黏性力之比，因此，如果雷诺数很小，如小于1 000，则惯性力与黏性力相比可以忽略，即意味着高黏性行为；相反，如果雷诺数很大，如大于1 000，则意味着黏性力影响很小，空气流体的作用一般是这种情况，惯性力起主要作用。

由圆形截面结构的阻力系数与雷诺数的关系可以将雷诺数分为三个临界范围，即亚临界范围（$300<Re<3\times10^5$）、超临界范围（$3\times10^5\leqslant Re\leqslant 3.5\times10^6$）和跨临界（$Re>3.5\times10^6$）。

若雷诺数在亚临界和跨临界范围内，尾流的旋涡会产生周期性的不对称脱落，其频率f_s为：

$$f_s=\frac{S_t v}{D} \tag{4—18}$$

式中　v——风速；

D——圆柱体的直径；

S_t——与结构截面几何形状和雷诺数有关的参数，称为斯托罗哈（Strouhal）数，对于亚临界和跨临界范围内圆截面结构，$S_t=0.2$。

横风向风力系数与雷诺数 Re 有关，图 4—11 是由实验得出的圆形平面结构雷诺数 Re 与横向风力 μ_L 的关系曲线。可见，在亚临界范围（$3\times10^2<Re<3\times10^5$），圆形平面结构横风向风力系数 μ_L 在 0.2～0.6 变化；在超临界范围（$3\times10^5\leqslant Re\leqslant 3\times10^6$），由于圆形平面结构横风向作用具有随机性，不能准确确定 μ_L 值；而在跨临界范围（$Re>3\times10^6$），结构横风向风力系数 μ_L 又稳定在 0.15～0.2。以上这些系数对于其他平面形式结构也可参考使用。

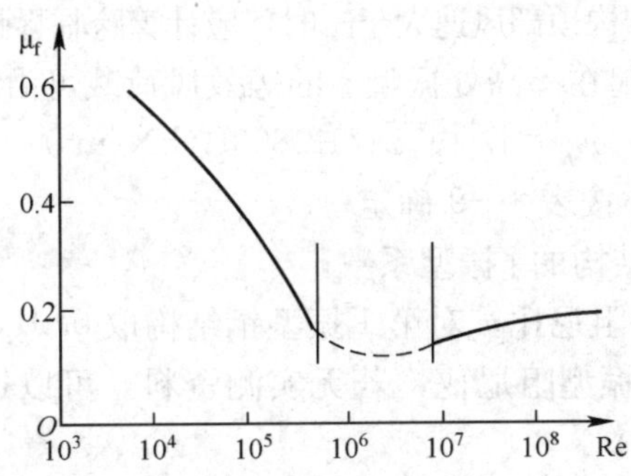

图 4—11　圆形平面结构 μ_L 与 Re 的关系

结构顺向风力系数 μ_D 一般在 1.3 左右，比结构横向风力系数 μ_L（一般小于 0.4）大 3 倍以上。因而在一般情况下可以忽略横向风的效应。但是，当横风向作用与结构发生共振时，则不能忽略，这时甚至还会起控制作用，因而必须考虑。

2. 结构顶部风速和临界风速的计算

当风流场中圆形截面结构的雷诺数处于亚临界范围时，即 $3\times10^2<Re<3\times10^5$ 应控制结构顶部风速 v_H 不超过临界风速 v_{cr}，v_{cr} 和 v_H 可按下式确定：

$$v_{cr}=\frac{D}{T_1 S_t} \tag{4—19}$$

$$v_H=\sqrt{\frac{2\,000\gamma_w\mu_H\omega_0}{\rho}} \tag{4—20}$$

式中　T_1——结构基本自振周期；

S_t——斯托罗哈数，对圆截面结构取 0.2；

γ_w——风荷载分项系数，取 1.4；

μ_H——结构顶部风压高度变化系数；

ω_0——基本风压（kN/m²）；

ρ——空气密度（kg/m³）。

当结构沿高度截面缩小时（倾斜度不大于0.02），可近似取2/3结构高度处的风速和直径。此时，雷诺数Re可按下列公式确定：

$$Re = 69\ 000\ vD \tag{4—21}$$

式中 v——计算高度处的风速（m/s）；

D——计算高度处结构截面的直径（m）。

3. 跨临界强风共振的计算

当$Re \geqslant 3.5\times10^6$且结构顶部风速大于$v_{cr}$时，应计算跨临界强风共振引起的风荷载。

跨临界强风共振引起在z高处振型j的等效风荷载可由下式确定：

$$\omega_{czj} = |\lambda_j| v_{cr}^2 \varphi_{zj} / 12\ 800 \zeta_j (\mathrm{kN/m^2}) \tag{4—22}$$

式中 λ_j——计算系数，按表4—9确定；

φ_{zj}——在z高出结构的j振型系数；

ζ_j——第j振型的阻尼比；对第1振型钢结构取0.01，房屋结构取0.02，混凝土结构取0.05；对高振型阻尼比，若无实测资料，可以近似按照第1振型的值取用。

4—9表中的H_1为临界风速起始点高度，可按照下式确定：

$$H_1 = H \times \left(\frac{v_{cr}}{v_H}\right)^{1/a} \tag{4—23}$$

式中 α——地面粗糙度指数，对A、B、C和D四类分别取0.12/0.16/0.22和0.30；

v_H——结构顶部风速（m/s）。

表4—9 **λ_j计算系数**

结构类型	振型序号	H_1/H					
		0	0.1	0.2	0.3	0.4	0.5
高耸结构	1	1.56	1.55	1.54	1.49	1.42	1.31
	2	0.83	0.82	0.76	0.6	0.37	0.09
	3	0.52	0.48	0.32	0.06	−0.19	−0.30
	4	0.30	0.33	0.02	−0.02	−0.23	0.03
高层建筑	1	1.56	1.56	1.54	1.49	1.41	1.28
	2	0.73	0.72	0.63	0.45	0.19	−0.11

续表

结构类型	振型序号	H_1/H				
		0.6	0.7	0.8	0.9	0.10
高耸结构	1	1.16	0.94	0.68	0.37	0
	2	−0.16	−0.33	−0.38	−0.27	0
	3	−0.21	0.00	0.20	0.23	0
	4	0.16	0.15	−0.05	−0.18	0
高层建筑	1	1.12	0.91	0.65	0.35	0
	2	−0.36	−0.52	−0.53	−0.36	0

校核横风向风振时，风的荷载总效应可将横风向风荷载效应 S_c 与顺风向风荷载效应 S_A 按下式组合后确定：

$$S=\sqrt{S_c^2=S_A^2} \tag{4—24}$$

五、高层建筑的抗风设计要求

1. 高层结构的风振特点

风速的脉动以及横风向涡流的频繁作用将引起结构的顺风向振动、横风向振动和扭转振动。因此，对于高层建筑而言，风荷载常常起着控制作用，抗风设计是结构设计中必不可少的一部分。

2. 高层结构的设计要点

（1）为了使高层建筑不会发生破坏、倒塌、结构开裂和残余变形过大等现象，以保证结构的安全，结构的抗风设计必须满足强度要求。也就是说，要在设计风荷载和其他荷载的组合作用下，使结构的内力满足强度设计要求。

（2）为了使高层建筑在风力作用下不会引起隔墙开裂、建筑装饰及非结构构件的损坏，结构的抗风设计还必须满足刚度设计的要求。也就是说，要使设计风荷载作用下的结构顶点水平位移和各层相对位移满足规范要求。但是，目前水平位移限值指标还没有一个可被广泛接受的值，在不同国家中使用的水平位移设计限值通常在 H/1 200～H/400 范围内。对于一般惯用的结构形式可直接在 H/650～H/300范围内取值，随着建筑物高度的增加，相应水平位移限值指标取值降低直到下限值。我国《高层建筑混凝土结构技术规程》(JGJ 3—2002) 规定，按弹性方法计算的楼层层间最大位移与层高之比 A_u/h 宜符合以下规定：

1）高度不大于 150 m 的高层建筑，其楼层层间最大位移与层高之比 $\triangle u/h$ 木宜大于表 4—10 的限值。

表 4—10　楼层层间最大位移与层高之比的限值

结构类型	$\triangle u/h$ 限值	结构类型	$\triangle u/h$ 限值
框架	1/550	筒中筒、剪力墙	1/1 000
框架—剪力墙、框架—核心筒、板柱—剪力墙	1/800	框支层	1/1 000

2）高度不小于 250 m 的高层建筑，其楼层层间最大位移与层高之比$\triangle u/h$ 不宜大于 1/500。

3）高度在 150～250 m 的高层建筑，其楼层层间最大位移与层高之比$\triangle u/h$ 的限值按 1）和 2）的限值线性插入取用。

（3）高层建筑在强风力作用下由于脉动风的影响将产生振动，这种振动有可能使在高层建筑内生活或工作的人在心理上产生不舒服感，因此，结构的抗风设计还必须满足舒适度的设计要求。根据国内外医学、心理学和工程学专家的实验研究结果可知，影响人体感觉不舒适的主要因素是振动频率、振动加速度和振动持续时间。由于持续时间取决于阵风本身，而结构振动频率的调整又十分困难，因此，一般采用限制结构振动加速度的方法来满足舒适度的设计要求。风振加速度和舒适度两者的关系，见表 4—11。

表 4—11　舒适度与风振加速度关系

不舒适的程度	建筑物的加速度 m/s^2	不舒适的程度	建筑物的加速度（m/s^2）
无感觉	＜0.005 g	十分扰人	0.05 g～0.15 g
有感觉	0.005 g～0.015 g	不能忍受	＞0.15 g
扰人	0.015 g～0.05 g		

我国《高层建筑混凝土结构技术规程》（JGJ 3—2002）规定，高度超过 150 m 的高层建筑结构应具有良好的使用条件，满足舒适度要求。按现行国家标准《建筑结构荷载规范》（GB 50009—2001）规定的 10 年一遇的风荷载取值计算的顺风向与横风向结构顶点最大加速度，a_{max}不应超过表 4—12 的限值。

表 4—12　结构顶点最大加速度限值 a_{max}

使用功能	$a_{max(m/s^2)}$	使用功能	$a_{max(m/s^2)}$
住宅、公寓	0.15	办公、旅馆	0.25

（4）除了要使结构的抗风设计满足上述的强度、刚度和舒适度的设计要求外，还需对高层建筑上的外墙、玻璃、女儿墙及其他装饰构件合理设计，以防止风荷载引起此类构件的局部损坏。

六、高耸建筑的抗风设计要求

高耸结构（电视塔、输电线塔和桅杆结构等）由于具有高度高、柔度和阻尼小的特点，风荷载成为其主要的水平荷载，有时甚至成为结构设计的控制荷载，使结构产生较大的风致振动响应。如在风力作用下，电视塔结构的舒适度要求有时不易满足，以致影响电视塔结构的正常使用；输电线塔和桅杆结构的强度要求有时也不易满足，以致出现严重的倒塌事故。因此，在风荷载作用下，有必要考虑高耸结构的风致振动响应，其使结构产生的失效形式主要包括：结构或构件的内力超过许用值，引起主筋屈服；结构或构件的变形超过许用值，引起结构构件开裂或留下较大的残余变形；结构或构件失稳。目前利用风洞试验技术研究建筑结构风致振动的途径主要有：一是采用气动弹性模型试验直接获得建筑物动力响应信息；二是利用高频底座力天平技术确定建筑整体动态气动力，再计算结构动力响应；三是利用电子扫描阀的多通道测量系统，测试建筑表面的瞬时风压来确定结构的气动力和动力响应。

第三节　防风减灾对策与风振控制

一、防风减灾对策

根据历年防风的经验和教训，总结以下防止风灾对策：

（1）建设预防设施，在北方大陆内地建造防风固沙林，在沿海地区建造防风护岸植被，使其起到减少风力及大风对城市的破坏。

（2）加强气象预报的建设，在经常发生风灾的地区，建立预报、预警体制。能提前预测强风活动的规律及其发生的地区，并通知有关单位做好防风准备，最大限度减小风灾可能引起的损失。

（3）城市应编制风灾害影响区划，建立合理有效的应对策略，如避风疏散规划等。

（4）加强工程结构的防风设计，针对生命线工程和非主体但易损构件的防风易损性分析，及时加固并进行防风设计。

(5) 针对各地区的风荷载特性研究，如地区风压分布、地面粗糙度划分、高层建筑风效应、大跨结构的风振分析等。

(6) 对于工程结构，力求选择合理的建筑体形（如流线形、截锥状体形等），采取有效的抗风措施（如透空层、并联高楼群等），使用先进的风振控制装置（如主动、半主动及被动控制装置等），以有效减小强风荷载对结构的作用。

二、风振控制

自从20世纪70年代提出工程结构控制的概念以来，结构振动控制理论、方法及其实践越来越受到重视。结构振动控制理论、方法是从控制工程移植过来的。从控制方式上，结构振动控制可分为被动控制（Passive Control）、主动控制（Active Control）、半主动控制（Semi - Active Control）和混合控制（Hybrid Control）。其中，被动控制无须外部能源的加入，其控制力是控制装置随结构一起运动而被动产生的；主动控制是有外加能源的控制，其控制力是控制装置按最优控制规律，由外加能源主动施加的；半主动控制一般为有少量外加能源的控制，其控制力虽也由控制装置随结构一起运动而被动产生，但在控制过程中控制机构能由外加能源主动调整本身参数，从而起到调节控制力的作用；而混合控制是主动控制和被动控制有机结合的控制方案。一般来说，主动控制的效果较好，但由于高层建筑和高耸结构本身体形巨大，主动控制所需的外加能源，需要长期加入并精心维护，实际操作起来很困难，且投资尤其是维护费用高。半主动控制系统结合了被动控制的可靠性和主动控制的适应性，通过一定的控制律可以接近主动控制的效果，是一种极具前途的控制方法，也是目前国际控制领域研究的重点。

针对不同的振动控制技术，科研工作者们开发了多种形式的风振控制装置，如AMD、TMD、TLD等，这些控制装置的研制和应用均有一些成功的例子。

1. 主动控制技术

当风振控制为主动控制时，控制力由外加能源主动施加，这时风振控制主要是如何合理地选择控制力的施加规律，以使结构的风振反应满足减振要求。主动控制装置通常由传感器、计算机、驱动设备三部分组成。传感器用来监测外部激励或结构响应，计算机根据选择的控制算法处理监测的信息及计算所需的控制力，驱动设备根据计算机的指令产生需要的控制力。土木工程结构比机械结构重而大，不能直接运用经典的最佳控制方法，对于控制方式尤其是控制装置而言，现应用于土木工程结构中的主动控制系统有：

(1) 主动调谐质量阻尼器（Active Tuned Mass Damper，AMD）。它是将调谐

质量阻尼器与电液伺服机构连接，构成一个有源质量阻尼器，质量运动所产生的主动控制力和惯性力都能有效地减小结构的振动反应。世界上第一个在实际工程结构中安装AMD的建筑位于日本东京，这是一个11层的钢框架结构，整个尺寸长12 m，宽4 m，高33 m，在顶部安装了AMD系统以减小它的振动幅值。利用两个AMD系统来控制结构的响应。建成后，进行了强迫振动试验和实际观测，获得了在地震及强台风作用时的实测数据，试验、地震响应数值分析及风振观测均表明控制效果很好。

(2) 主动拉索（Active Tendon）控制装置。它是利用拉索分别连接着伺服机构和结构的适当位置，伺服机构产生的控制力由拉索实施于结构上，以减小结构的振动反应。

(3) 主动挡风板（Aero Dynamic Appendage）装置。在建筑物的适当位置安装主动挡风板，可以减少在暴风荷载作用下结构的振动。

2. 被动控制技术

主动控制效果较好，但需要从外部输入能量，像高耸结构这样的庞然大物用能量控制是十分不易的，加上主动控制装置十分复杂，需要经常维护，经济上增添了额外的负担。同时计算方法和控制机构的灵敏度所带来的“时迟”效应，使它不可能与状态向量同步实现，必然要滞后于结构反应即存在“时迟”的影响，尽管采取了“校正”的办法，也未能很好地解决这个问题。另外，控制机构的可靠性还存在一些问题，往往使控制效果打了折扣。相比之下，无论从经济上还是技术上来看，主动控制用于实际工程目前还存在较大困难（美国、日本等国在个别工程中已将主动控制技术应用于实际工程），而被动控制装置诸如TMD、阻尼器等，用于实际工程的经验已趋于成熟。理论研究和实际经验已经相互证实，对不同的结构，如果能选择适当的被动控制装置及其相应的参数取值，往往可以使其控制效果与采用相应的主动控制效果等效。因此，目前采用被动控制作为主要手段是有效而且可行的。

被动控制中具有代表性的装置有阻尼器（Dampers）、被动拉索（Passive Tendon）、被动调频质量阻尼器（Passive Tuned Mass Damper，PTMD或TMD）、调频液体阻尼器（Tuned Liquid Damper，TLD）等。其中阻尼器按照耗能方式的不同，又主要分为黏弹性阻尼器、黏滞阻尼器、金属阻尼器和摩擦阻尼器四种。

3. 混合控制技术

混合控制就是主动控制和被动控制的结合。由于具备多种控制装置参与作用，混合控制能摆脱一些对主动控制和被动控制的限定，这样就能获得更好的控制效果。尽管它相对于完全主动结构更复杂，但是，其效果比一个完全主动控制结构更可靠。现在，有越来越多的高层建筑和高耸结构采用混合控制来抑制动力反应。现在，混合控制的研究与应用主要集中在以下两个方面：混合质量阻尼器系统和混合基础隔震系统。对于风振控制，则主要是混合质量阻尼器系统（Hybrid Mass Damper，HMD）。

HMD现在是应用最普遍的工程控制装置，其构成原理是：联合了一个TMD和一个主动控制驱动器，其降低结构反应的能力主要依靠TMD运动时的惯性力，主动控制驱动器所产生的作用力主要是增加HMD的作用效率，以及通过增加强度来改变结构的动力参数。研究结果表明，达到同样的控制效果，一个HMD装置所需要的能量远小于一个完全主动控制装置。

世界上第一个安装HMD的建筑是位于日本东京清水公司技术研究所的7层建筑。平时装置保持控制力为零的状态，当强风或地震作用下的响应超过一定水平时，驱动装置自动启动。几次强迫振动试验和风振观测表明，控制效果令人满意。另外，还可以利用若干个HMD来减小建筑物不同方向的振动。

4. 半主动控制技术

半主动控制系统结合了主动控制系统与被动控制系统的优点，既具有被动控制的可靠性又具有主动控制系统的强适应性，通过一定的控制律可以达到主动控制的效果，而且构造简单，所需能量小，不会使结构系统发生不稳定。

半主动控制系统根据结构的响应和（或）外激励的反馈信息，及时地调整结构参数，使结构的响应减到最小。该系统概括起来可以分为三类：主动变刚度控制系统、主动变阻尼控制系统和主动变刚度阻尼控制系统。

(1) 主动变刚度（AVS）控制系统。主动变刚度控制系统即在外界激励作用下，根据检测到结构响应和（或）外激励的反馈信息，利用一定的控制算法，通过开关切换技术，随时调整结构的刚度，从而尽量避开共振状态，达到减小结构响应的目的。

(2) 主动变阻尼（AVD）控制系统。主动变阻尼控制系统是在外激励作用下，根据检测到结构响应和（或）外激励的反馈信息，利用一定的控制算法，通过开关切换技术，随时向受控结构提供最佳的阻尼，从而达到减小结构响应的目的。随着对变阻尼装置不断深入研究，出现了许多控制装置，主要有以下几种：

1) 半主动流体阻尼器。该装置由充满硅油的外缸、不锈钢活塞杆、铜制活塞和具有一控制阀的旁路组成，利用控制阀改变通过旁路的流体流量，进而控制阻尼器的阻尼特性。

2）可变孔隙阻尼器。该装置以传统的液压流体阻尼器为基础，利用一可调的机电变孔隙阀来改变对流体流动的阻力，从而提供可变的阻尼。

3）可变摩擦阻尼器。该装置主要由外缸、滑移杆、两个制动垫、压电作动器、支撑板和间隙可调螺栓组成，下部的制动螺母附着在外壳上，上部制动垫放在滑移杆上，压电作动器一面与上部的制动垫相连，另一面与支撑板相连，并且根据主控制器提供的电压指令改变自身长度，进而改变制动垫与滑移杆间的压力，实现摩擦力可调。

4）半主动液压阻尼器。该装置由一可调阻尼单元和一阻尼力控制器两部分组成，变阻尼单元包括一双推杆式液压缸体和一管路，在管路中装有流量控制阀、止回阀和一蓄能器。阻尼力的大小通过流量控制阀来调节，阻尼力指令由主计算机根据使结构每一层的风振响应达到最优的反馈控制算法计算。

5）半主动调频质量阻尼器和半主动调频液体阻尼器。被动的调谐质量阻尼器基本上由一单自由度的质量—弹簧—阻尼器组成，一般固定在多层结构的顶层。

(3) 主动变刚度阻尼（AVSD）控制系统。主动变刚度阻尼控制系统在外激励作用下，根据检测到结构响应和（或）外激励的反馈信息，利用一定的控制算法，使结构在不同的刚度、阻尼间进行切换。这种系统既具有主动变刚度系统避开共振状态的优点，同时又具有主动变阻尼系统削减动力反应峰值的减振性能，因而是一种极具发展前景的半主动控制系统。目前，对主动变刚度阻尼控制装置的研究较少，但由于这一控制方式将 AVS 控制和 AVD 控制结合起来，极具开发潜力。

第五章 洪水灾害与防洪减灾工程

第一节 洪水灾害概论

洪涝灾害是当今世界上最主要的自然灾害之一。我国是世界上洪涝灾害发生最频繁的国家之一，有 2/3 的国土面积、半数以上的人口、35%的耕地、2/3 的工农业总产值受到洪水的严重影响。

据统计，自公元前 206 年至 1949 年的 2 155 年中，我国发生较大洪涝灾害共计 1 092 次，平均两年左右就发生 1 次。1990 年以来，全国年均洪涝灾害损失在 1 100 亿元左右，约占同期全国 GDP 的 2%。遇到发生流域性大洪水的年份，如 1991 年、1994 年、1996 年和 1998 年，该比例可达到 3%～4%。由于洪水对人民生命财产、国民经济建设构成严重威胁，影响社会、经济的稳定和发展，因此江河防洪古往今来都是关系人民安危和国家兴衰的大事。从某种意义上讲，我国的历史也是一部人民与洪水抗争的历史。在这漫漫历史长河中，我国人民积累了丰富的抗洪经验；特别是新中国成立以后，我国积极进行江河治理和防洪工程建设，取得了巨大的成就。但是，近年来人口增长和经济发展迅速、人类对自然界的开发进一步加剧、城市化进程明显加快，致使全球性气候变暖、水资源和水环境问题日益突出，造成新时期的防洪形势更加严峻，防洪任务也更加繁重。由此可见，防洪将是一项长期持久的斗争。为了有效地抗御洪水，使洪灾带来的损失减小到最低程度，我们必须清楚地了解洪水，认识洪水，并且掌握防洪的基本知识。

一、洪水灾害及形成

洪水是一种自然水文现象。暴雨、急骤融冰化雪、风暴潮等自然因素引起的江河湖海水量迅速增加或水位迅猛上涨，就形成洪水。而当洪水超过人们的防洪能力时，就会给人类生产、生活和生命财产造成危害和损失，这就是洪水灾害。

我国幅员辽阔，形成洪水的气候和自然地理条件千差万别，影响洪水形成过程的人类活动情况也各不相同，因而具有多种类型的洪水。按成因不同，我国的洪水可分为暴雨洪水（含山洪、泥石流）、风暴潮、冰凌洪水、冰川洪水、融雪洪水和溃坝洪水等多种类型。虽然上述各种类型的洪水均有发生，但主要还是暴雨洪水。历年严重的洪水灾害主要是暴雨洪水造成的，其次是风暴潮、冰凌洪水等。

洪水、洪灾现象是自然和人文两方面因素共同作用的结果，自然因素是产生洪水的最直接原因，人文因素则可以削减或加剧洪水。洪水形成的最主要原因是暴雨和大雨，特别是降雨强度大、影响面积较广、历时较长的阵雨。从这个意义上说，洪水是雨水降落到地面，经过产流、汇流等下垫面影响后集中汇合的径流。成灾洪水除气象因素（降水、冰凌、气温等）外，还有非气象因素，其中主要是地震等自然因素和人为阻塞河道、侵占蓄滞洪区、围垦湖泊洼地等。但无论是从发生的频次，还是从造成的灾情来看，气象因素都是造成洪灾的主要因素。

1. 暴雨洪水

(1) 成因。暴雨洪水的主要成因是大强度、长时间的集中降雨。按暴雨的成因，暴雨洪水可分为雷暴雨洪水、台风暴雨洪水和锋面暴雨洪水。山洪和泥石流也多由暴雨引起。

我国大部分地区在大陆季风气候影响下，降雨时间集中，强度很大。汛期（东部地区的北方一般在6—9月份，南方一般在5—8月份）集中全年雨量的60%～80%，而汛期中雨量最大的一个月的降雨量占全年的25%～50%，这一个月的降雨又往往是几次大暴雨的结果。大范围暴雨主要由两种天气系统所形成：一种是西风带低值系统，包括锋、气候、切变线、低涡和槽等，影响全国大部分地区；另一种是低纬度热带天气系统，主要是热带风暴和台风，影响东南沿海和华南各省。另外，干旱和半干旱地带的局部地区热力性雷阵雨也可能形成小面积、短历时的特大暴雨。地形对暴雨的分布影响很大，山地与平原的交界处或盆地周边的迎风面往往是暴雨最集中的地带。中国大陆阶梯形地势第二阶梯与第三阶梯的过渡地带，正是暴雨集中分布和频次很高的地带。自东北地区的大兴安岭、医巫闾山到燕山、太行山、伏牛山、巫山、雪峰山的东南侧、四川盆地的西北侧，以及东南沿海山地的迎风面成为中国特大暴雨的主要分布地带，如1930年8月辽西大暴雨、1935年7月鄂西五峰大暴雨、1963年8月海河南系大暴雨以及1975年8月淮河上游大暴雨等，都发生在这一地带。

除一般暴雨外，还有江淮流域的梅雨和东南沿海的台风雨。梅雨经常出现在湖北宜昌以东北纬26°～40°之间的长江中下游和淮河流域，一般年份，6月中旬至7月上旬梅雨开始，来自西北的冷空气与偏南方向的夏季风之间形成梅雨锋系，这种梅雨锋系受鄂霍库次克海高压的阻塞作用，呈静止状态停留在江淮一带，因而形成连续性的阴雨天气。来自南中国海的低空急流和西南季风是梅雨天气的重要水汽来源。梅雨天气的主要特征是长时间的连续降雨，相对湿度大，日照时间短，地面风力小。这个时期正值江淮一带梅子黄熟，故称梅雨。梅雨期的早晚和长短以及降雨量的大小，对长江中下游和淮河流域的旱涝都有很大影响。1931 年和 1954 年江淮特大洪灾就是梅雨来临早、结束迟、雨期长、降水多造成的。

热带风暴和台风主要生成于菲律宾以东洋面加罗林群岛、关岛附近和南海一带，大部分出现在副热带高压的南侧。一般年份，5 月份南海出现热带风暴或台风，登陆地点偏南，偶尔影响我国大陆沿海地区；6—8 月份的热带风暴或台风，登陆于东南沿海的机会最多，有的年份华北、东北地区也有台风登陆；9 月份热带风暴或台风大都在温州以南登陆，主要是广东沿海一带；10 月中旬以后，除海南以外，中国大陆沿海一般不再有热带风暴或台风登陆。热带风暴或台风登陆后，除在沿海形成暴雨洪水外，少数台风深入内地往往产生特大暴雨，1963 年 8 月的海河南系大暴雨和 1975 年 8 月淮河上游大暴雨都是受台风影响而产生的。

（2）特点。我国的暴雨洪水主要有以下三个特点。

第一，各地暴雨洪水出现的时序有一定的规律。夏季集中出现的雨带，一般呈东西向，南北来回移动。集中雨带常出现在西太平洋副热带高压的西北侧，雨带的移动与副热带高压脊的位置变动密切相关。一般年份，4 月初至 6 月初，副热带高压脊线在北纬 15°～20°，暴雨洪水多出现在珠江流域，南岭以南进入前汛期；6 月中旬到 7 月初，副热带高压脊跳至北纬 20°～25°，雨带北移至江淮流域，南岭以南前汛期结束，江淮梅雨开始；7 月中下旬副热带高压脊第二次北跳至北纬 30°附近，雨带移至黄河流域，江淮梅雨结束，黄河两岸雨季开始；7 月下旬至 8 月中旬，副热带高压脊第三次北跳，跃过北纬 30°，到达全年最北位置，雨带也到达海滦流域、河套地区和东北一带，此时，华南受副热带高压脊以南的东风带影响，低层的赤道合线上热带气旋扰动经常出现，热带风暴和台风不断登陆，酿成第二个降水高峰期，副热带高压脊部控制下的地区则出现伏旱，其范围可扩大到陕甘交界处；8 月下旬，副热带高压脊开始南撤，华北、华中雨季相继结束，有些年份在结束前出现秋涝。以上是我国汛期降水，也是暴雨洪水集中出现南北移动的正常过程，如果副热带高压脊在某一位置上发生迟到、早退或停滞不前，均将产生干旱或洪涝灾害，如图 5—1 所示。

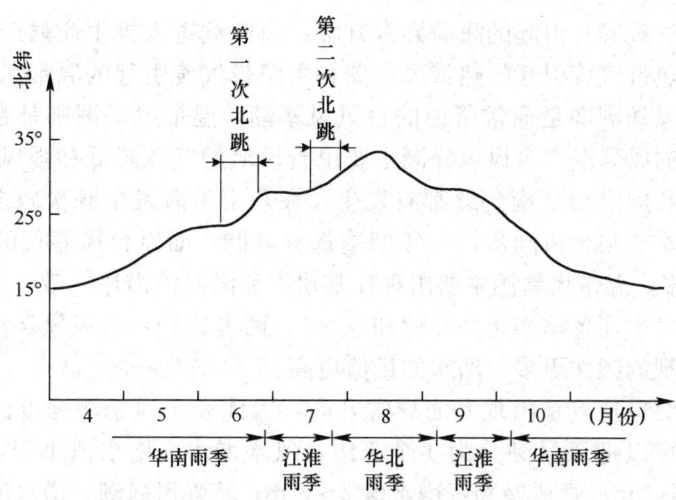

图 5—1　中国历年各月份副热带高压脊线的平均和相应的东部雨带位置图

第二，暴雨洪水集中程度高。我国实测最大 1 h 降雨达 401 mm（内蒙古上地），最大 6 h 降雨达 830 mm（河南林庄），最大 24 h 降雨达 1 672 mm（台湾新寮），不同历时的最大点暴雨纪录相当接近甚至超过世界各地相应最大纪录。这种强度高、覆盖面广的暴雨，经常形成极大的洪峰流量，造成洪水严重泛滥。历史上长江流域 1998 年大洪水、黄河流域 1933 年大洪水、珠江的西北江流域 1915 年大洪水、海河流域 1963 年大洪水及淮河流域 1975 年大洪水、嫩江和松花江 1998 年特大洪水等，都是暴雨洪水。

第三，严重的洪水灾害存在着周期性变化。从暴雨洪水发生的历史规律来看，造成严重洪水灾害的历史特大洪水存在着周期性的变化。根据全国 6 000 多个河段历史洪水调查资料分析，近代主要江河发生过的大洪水，历史上几乎都出现过极为类似的洪水，其成因和分布情况极为相似。如 1963 年 8 月海河南系大洪水与 1668 年同一地区发生的特大洪水十分相似；1931 年、1954 年长江中下游与淮河流域的特大洪水，其气象成因和暴雨洪水的时空分布基本相同。一般认为，暴雨洪水有重复发生的规律性，大洪水也存在着相对集中的时期。从历史资料中不同年代发生特大洪水的次数分析，20 世纪 30 年代、50 年代及 90 年代，是中国洪涝灾害最为频繁的时期。

2. 风暴潮

风暴潮也称风暴增水、风暴海啸、气象海啸等，是指由强烈大气扰动（如热带气旋、温带气旋等）引起的海面异常升降，由此危害人类生命财产安全的现象。风暴潮分为由热带气旋引起的热带风暴潮和由温带气旋引起的温带风暴潮两大类。在我国，热带风暴潮即是通常所说的台风风暴潮，温带风暴潮则是在北部海区由寒潮大风引起的风暴潮。台风风暴潮主要由台风域的气压降低和强风作用所引起。这种风暴潮在我国沿海从南到北都有发生，在东南沿海发生频次较多、增水量较大。其发生的季节与台风同步，一年四季都有可能，而以台风盛行的 7 月、8 月、9 月份机会最多。温带风暴潮主要出现在莱州湾和渤海湾沿岸一带，与寒潮大风季节同步，主要发生在冬季半年（春秋和冬季）。两者比较，台风风暴潮发生的地域范围更广，出现的频次更多，增水的量值更高。

风暴潮的突出特点是出现海面异常升高，因此表示风暴潮强度的基本指标用增水值。据此可以把风暴潮分为 4 个等级：风暴增水，增水值小于 1 m；弱风暴潮，增水值 1～2 m；强风暴潮，增水值 2～3 m；特强风暴潮，增水值大于 3 m。

我国位于太平洋西岸，是世界上风暴潮影响比较大的国家之一。台风季节长，频次多，强度大；冬夏过渡季节寒潮在北部海区又十分活跃；广阔的大陆架海区有助于风暴潮的发展。这些因素使我国成为多风暴潮的国家之一，而且风暴潮增水值之大也位居世界前列。从统计规律看，我国的风暴潮有以下几个特点：第一，各潮位站平均每年发生风暴潮 1.5 次左右，其中福建、广东和广西沿海次数尤多，平均每年约 2～3 次。第二，台风风暴潮增水，东南沿海频次最多，量值最大。最大增水纪录为 5.94 m，于 1980 年 7 月 22 日出现在广东雷州半岛东海岸的南渡水文站。北部沿海也有台风风暴潮发生，频次很少，量值较小。第三，台风风暴潮最大增水值多出现在 7 月、8 月、9 月三个月。第四，寒潮大风诱发的温带风暴潮最大增水记录为 3.77 m，于 1969 年 4 月 23 日出现在山东小清河口濒临莱州湾的羊角沟。

形成于热带海洋上的台风（飓风）每年在全世界造成巨大的损失，全球因灾死亡人数的 60%是由热带风暴（台风、飓风）引发的洪水、风暴潮、巨浪以及风暴本身的大风灾害所造成的。

风暴潮洪水不仅具有一般洪水淹没土地的危害，还因海水含盐，有腐蚀作用，对受其浸淹的耕地、建筑物和其他物品的危害，比一般洪水更大。此外，风暴潮作用于建筑物的波浪冲击力很大，其破坏作用也非一般洪水可比。根据我国历年防汛抗灾实践和关于风暴潮灾害的大量历史记载，风暴潮洪水造成损失之大仅次于暴雨洪水。在改革开放和经济发展的新形势下，威胁沿海及河口地区安全的风暴潮问题尤为突出。

3. 冰凌洪水

冰凌洪水一般发生在我国北方河流，在冬春季节气温开始上升期间，江河中大量冰凌壅积形成的冰塞或冰坝，冰凌对水流阻塞及冰凌瓦解河床水位大幅升高而形成的洪水，称冰凌洪水，又称凌汛。

我国西部、华北和东北地区的中小河流，冬季水流量一般都很小，有些河道甚至因上游水库拦蓄而断流，因而不产生冰凌洪水。少数河流虽在下游积冰，但解冻缓慢，上游来水小，也不致形成有害的冰凌洪水。只有黄河干流和松花江的冰凌洪水危害比较大。黄河的冰凌洪水集中在上游的宁蒙河段和下游的山东河段；松花江冰凌洪水集中在哈尔滨以下河段。

与暴雨洪水相比较，冰凌洪水主要有以下几个特点：第一，流量小而水位高。冰凌使水流受阻流速减小，水位壅高，因而同流量的凌汛水位高于暴雨洪水水位。第二，凌汛洪峰流量沿程递增。在凌汛期，由于河槽蓄水量逐段释放叠加，洪峰最大流量沿程不断增大。第三，冰坝上游水位上涨幅度大、涨速快。第四，冰排撞击，破坏力大。第五，抢险护堤困难较大。由于以上特点，冰凌洪水经常形成冰塞、冰坝，急剧抬高水位，造成决口，破坏力很强。

4. 其他类型的洪水

除上述洪水类型以外，还有冰川洪水、融雪洪水和溃坝洪水等多种类型，但这些类型洪水的发生次数与频率都远远小于暴雨洪水与风暴潮，破坏力相对来说也比较小。

(1) 冰川洪水。冰川洪水是以冰川融水为主要来源所形成的洪水。气温升高使冰雪融化，气温越高，冰川洪水流量越大。我国的天山、昆仑山、祁连山和喜马拉雅山北坡等高山地区有丰富的永久积雪和现代冰川，夏季气温高，积雪和冰川开始融化，最容易形成冰川洪水。

(2) 融雪洪水。融雪洪水是以积雪融水为主要来源所形成的洪水。一般发生在4—5月份，最迟6月就结束。融雪洪水主要分布在新疆阿勒泰和东北地区的一些河流。

(3) 溃坝洪水。溃坝洪水指水坝在蓄水状态下突然崩塌而形成的向下游急速推进的巨大洪流。习惯上把因地震滑坡或冰川堵塞河道引起水位上涨后，堵塞处突然崩溃而暴发的洪水也归入溃坝洪水。

(4) 雨雪混合洪水。由降雨和融雪混合形成的洪水称为雨雪混合洪水。

5. 灾害产生的人为因素分析

人类世世代代遭受洪水的侵扰，祖祖辈辈探求根治水灾的良策。时至今日，尽管人类已经拥有了相当强大的改造自然的能力，增加了若干制约自然灾害的新手段，但洪水灾害却仍然难以控制。究其原因，除全球环境变化、自然大势的作用外，人类活动对自然环境的破坏也不容忽视。

(1) 毁林开荒。据研究，1 万 hm^2 森林所能含蓄的水量，相当于一座库容为 3×10^6 m^3 的水库。森林被盲目砍伐，一方面在暴雨之后不能蓄水于山上，使洪峰来势迅猛，峰高量大，增加了水灾的频率；另一方面加重了水土流失，使水库淤积、库容减少，同时使得下游河道淤积抬升，河道调洪和排洪的能力减弱。我国近 40 年来由于各种原因形成几次毁林开荒高潮。以长江流域为例，由于森林大量被砍伐，水土流失面积不断扩大，全流域水土流失面积已由 20 世纪 50 年代的 3.6×10^5 km^2 增加到 20 世纪 80 年代的 5.6×10^5 km^2，年土壤侵蚀总量已达到 2.24 Gt，超过了黄河流域的土壤侵蚀总量，这是长江下游河道河床抬高的原因之一。从洞庭湖区域陵矾站水文资料也可以看出，由于淤积和湖区围垦，在相同的洪峰流量下，20 世纪 80 年代的水位比 60 年代的水位高出 2～3 m，洪水威胁明显增加。

(2) 城市化的影响。一方面，近年来城市发展迅速，城市建设面积不断扩大，不透水地面也不断增加。降雨后，地表径流汇流速度因此而加快，洪峰出现时间提前，洪峰流量成倍增长。另一方面，城市的“热岛效应”使得城区的降暴雨频率与强度提高，增加了洪水的成灾因素。此外，新建城区多向临时滞纳洪水的低洼地区发展，必要的排洪设施建设滞后，有些城郊的排洪河道变成市内排污沟，而且清淤不力，人为提供了洪涝的成灾条件。而城市人口密集、经济发达，洪水灾害造成的损失十分显著。

(3) 泄洪湖泊急剧减少。湖泊对削减江河洪峰起着重要作用。近 30 多年来，我国周围湖泊垦田发展很快，仅湖南、湖北、江西、安徽、江苏五省围垦湖泊的面积就在 1.2×10^4 km^2 以上，比现在的 4 个洞庭湖还要大。素称“千湖之省”的湖北，湖泊面积损失了 70%。湖南洞庭湖围垦掉 1.5×10^3 km^2，现在仅剩湖面 2.84×10^3 km^2。湖泊的围垦增加了土地面积，有所得益，但从防洪角度来看，湖泊的围垦损失了洪水的调蓄容积，人们不得不依靠修建山区水库、加高河流堤防、开辟滞洪区等种种措施来补偿。

(4) 盲目发展带来了新的致灾因素。1985 年辽河水灾，加上洪涝大风、冰雹等灾害，辽宁全省受灾耕地 1.6×10^6 km^2，占当地耕地面积的 40%，损失粮食近 5 Mt。其实该年度辽河洪水量不足 2 000 m^3/s，只有河道允许泄量的 40%。这次水灾的发生，主要原因就是在河滩地盲目建设。又如荆江分洪区在 1952 年新建时区内只有 17 万人口，一次分洪只需移民 6 万人，现在区内共有 47 万人，固定资产 17 亿元，事实上很难继续启动移民工程。

（5）水利工程的修建也带来了新的致灾因素。例如修建水库，汛期集中的暴雨洪水经过水库调蓄，再安全而有计划地向下游排放，既可免灾，又可兴利，特别是将同一流域干、支流上的水库联合运用，效果更为明显。不过由于水文、地震等系列观测资料不足，有些水库设计标准偏低，我国 20 世纪 60—70 年代设计建造的许多水库库容不足，在洪水期间发生漫顶溃坝。还有部分水库大坝抗震强度不够，强震后坝体出现裂缝和滑坡移滑等险情，构成新的潜在威胁。此外，修建水库带来环境灾害的事例也不容忽视，在水库下游干旱地区出现沙化灾害的事例，无论是在我国还是在其他国家都有发生。堤防的修建一方面可以约束常见洪水的泛滥，但另一方面，一旦洪水决堤而出，灾情会更加严重。特别是在下游河床逐年淤高的高含沙河流上，不断增高的堤防本身就表明其致灾能量也随之不断地聚积。

二、我国主要的洪水灾害

洪水灾害是可持续发展的重要制约因素，严重影响国家或地区的自然生态、经济和社会的可持续发展。频繁的洪灾破坏了原有的自然生态系统，影响了农业生产的发展，也威胁到了动物和植物的生存，同时也破坏了原有的水利和饮水系统，使水质恶化，影响到人类的生存环境。不仅如此，洪灾还直接威胁洪泛区人民的生命财产安全，造成农田减产或绝收、房屋倒塌、工厂停产或破坏、交通中断，给当地的经济带来巨大的损失。洪灾往往还导致人民生活环境的重大改变，引起诸多社会问题，进而影响国家经济收入乃至国民经济政策和国家重大方针的调整。

确定洪灾的发生必须具备三个条件：一是存在诱发洪灾的主因，即灾害性洪水；二是存在洪水危害的对象，即洪水淹没区内有人居住或分布有社会财产，并因被洪水淹没受到了损害；三是人们在洪灾威胁面前，采取回避、适应或防御洪水的对策。由此可见，影响洪水灾害的因素可归结为自然因素和社会因素两个方面。天气系统的变化、暴雨时间和地域分布的不均匀、热带风暴和台风的影响、地形地貌的变化等称为自然因素，是产生洪水、形成洪灾的根源。但洪水灾害的不断加重却是社会经济发展的结果，谓之社会因素。

在历史上，黄河、长江、珠江、海河、淮河、辽河、松花江等流域都发生过特大洪水，给当地人民的生命财产带来了巨大损失。洪水灾害对生产力的破坏很大，往往引起社会不安定。洪水灾害对中国社会的影响，自古至今都十分突出。下面分别介绍几大流域的洪水灾害。

1. 黄河洪灾

据历史记载，黄河自公元前 602 年（周定王五年）至 1938 年的 2 540 年中，决口泛滥的年份有 543 年，决溢次数达 1 590 余次，重要的改道 26 次，曾经有 6 次大的河道迁移，洪水灾害延续数千年。1855 年（清咸丰五年）铜瓦厢（在今河南省兰考县）决口，东坝头以下夺大清河入海，形成当今河道。此后的 130 多年中，较大的堤防决口 114 次，洪水泛滥北抵金堤、徒骇河、卫河，南达淮河和小清河。20 世纪以来，1933 年黄河大洪水，南北两岸决口 50 余处，淹晋鲁豫三省 67 个县，受灾面积达 11 000 km^2，受灾人口达 364 万人，死亡 1.8 万人，估计受灾损失达 2.3 亿银元。1935 年洪水在兰考下游决口，苏鲁等 27 个县受淹，受灾人口达 340 万人。1938 年国民党军队在花园口扒开黄河，造成黄河沿颍河至正阳关入淮，使豫东、皖北、苏北 44 个县市，54 000 km^2 的地区成为一片汪洋，受灾人口达 1 250 万人，300 多万人离乡逃难，89 万人死亡。

2. 长江洪灾

长江的洪灾主要集中在中下游的平原地区，其成灾原因是洪水来量大，河湖蓄泄能力不足。20 世纪 80 年代河道的安全泄量，荆江河段为 60 000～68 000 m^3/s，城陵矶河段不足 60 000 m^3/s，汉口约 70 000 m^3/s，湖口以下约 80 000 m^3/s。宜昌以上的洪水来量，自 1877 年有实测记录以来超过 60 000 m^3/s 的有 24 次，从 1153 年以来大于 80 000 m^3/s 的有 8 次，城陵矶以下，如 1931 年、1935 年、1954 年的几个大洪水年，合成洪峰流量都在 100 000 m^3/s 以上，这些洪水都大大超过了河道的安全泄量，造成了严重的洪水灾害。20 世纪内，先后发生了几次灾情极其严重的大洪水，如 1931 年全江型大洪水，平原潮区几乎全部受灾，淹没耕地约 5 000 万亩，受灾人数达 2 800 万人，死亡 14.5 万人，汉口被淹 3 个月之久，江汉平原、洞庭湖区和太湖流域灾情最为严重，洪灾损失估计约为 13.5 亿银元。又如 1935 年，汉水、澧水发生特大洪水，中下游地区 6 省受灾，受灾面积 29 000 km^2，淹没农田 2 200 多万亩，受灾人口 1 000 余万人，死亡 14 万余人。其中汉北平原 8 万人死亡，洞庭湖区 3 万人死亡。再如 1954 年全流域性的特大洪水，长江干流及主要湖区洪水水位绝大部分达到了历史最高纪录，通过紧张的抢险防汛，虽然保住了荆江大堤和武汉主要市区，但其他河段溃口分洪的水量达 1 023 亿 m^3，淹没农田 4 755 万亩，受灾人口 1 880 余万人，京广铁路不能正常通车达 100 d，使整个国家经济发展受到严重影响。

3. 淮河洪灾

自 12 世纪末以来，由于黄河夺占了淮河的入海河道，使淮河流域分为淮河与沂沭泗河两个水系。

淮河水系处于中国南北气候的过渡地带，降雨量很不稳定。全流域性的大洪水一般由梅雨形成，局部地区的大洪水往往由台风形成。20 世纪内曾经发生 1931 年和 1954 年两次全流域性的特大洪水，洪泽湖上游地区最大 30 d 洪水总量均超过 500 亿 m^3。1931 年全流域淹地 7 700 万亩，死亡 7.5 万人，干支流普遍溃决泛滥，里运河东堤多处决口并开放归海坝，淮北平原和里下河一片汪洋。1954 年，治淮工程初见成效，三河闸控制了洪泽湖下泄洪水，里运河东堤确保安全，广大平原免除了洪灾，但是上中游灾情仍然十分严重，成灾农田达 6 400 万亩，受灾人口达 2 000 多万人。沂、沭、泗水系地处我国暴雨洪水最为集中的地区之一，在新中国成立以前，苏北与鲁南地区，几乎年年遭灾。1957 年 7 月份发生了 50 年一遇的大洪水，其中南四湖水系约合 80～90 年一遇，出现实测最高水位，入湖的最大 30 d 洪水总量达 114 亿 m^3。全流域因洪涝共淹耕地 3 400 万亩。1974 年 8 月沂沭河发生 100 年一遇大洪水，在水库和下游河道超标准运行下，下游的主要堤防虽未发生重大决口，但局部地区的灾情仍十分严重。

4. 海河洪灾

20 世纪内，海河流域南、北系各河都发生过特大洪水，北系（永定河、北运河、潮白河等）以 1939 年 7 月洪水为最大，永定河左堤在梁各庄决口改道，京山铁路中断，大清河白洋淀千里长堤溃决；南系（漳卫河、子牙河、大清河等）以 1963 年 8 月洪水为最大，8 月 4 日暴雨中心 24 h 降雨达 950 mm，8 月 2—8 日 7 d 降雨量达 2 050 mm，洪水以子牙河支流滏阳河为最大。这两次大洪水，在平原地区属于 50 年一遇，个别水系如子牙河超过 100 年一遇。1963 年大洪水，被淹耕地达 5 360 多万亩，其中绝收达 3 700 多万亩，104 个县市受灾，受灾人口达 2 200 万人，许多中小城市被淹，堤防决口 6 800 多处，估计直接经济损失达数十亿元。

5. 珠江洪灾

珠江上、中游主要受暴雨洪水的影响，三角洲地区则受江河洪水和风暴潮的双重影响。据历史资料粗略统计，自汉代以来珠江流域发生较大范围的洪灾 408 次；20 世纪以来，洪水灾害更为频繁。1915 年 7 月，珠江流域的西江与北江同时发生特大洪水，均相当于 200 年一遇，相邻的韩江、闽江、赣江和湘江等流域也同时发生大洪水或特大洪水，这一年广东、广西合计受灾农田约 1 400 万亩，受灾人口约 600 万人。其中，珠江三角洲受淹农田 648 万亩，受灾人口 379 万人，死伤 10 余万人，广州市被淹 7 d。此外，风暴潮也常使珠江三角洲海堤溃决成灾，如 1964 年第 2 号和第 15 号台风风暴潮，溃决海堤共 125 条，受灾农田近 300 万亩。

20世纪90年代以来，我国先后发生了1991年江淮大水，1994年珠江大水，1995年辽河、浑河和第二松花江大水，1996年七大江河流域大范围洪水。1998年6月，我国的长江、嫩江、松花江、西江与闽江等流域同时发生特大洪水，这次大洪水，影响范围最广，持续时间也最长，洪涝灾害十分严重，全国共有29个省（自治区、直辖市）遭受到了不同程度的洪涝灾害。据统计，全国共有受灾人口达1.8亿人，农田受灾面积约2 229万 hm^2（3.34亿亩），成灾面积约1 378 hm^2（2.07亿亩），死亡4 150人，倒塌房屋685万间，直接经济损失2 551亿元，灾情超过多年平均水平，属洪涝灾害偏重年份。其中，以江西、湖南、湖北、黑龙江、安徽、内蒙古、吉林等省区受灾最为严重。

进入21世纪，我国仍然遭受了不同程度的洪涝灾害。特别是2006年夏季，受大陆暖湿气流和台风登陆的共同影响，我国江南、华南各省份多次出现强降雨过程，有5次台风登陆。这些台风及其所带来的强降雨，使一些地区发生严重山洪、泥石流、滑坡等自然灾害，造成人员伤亡和财产损失。

2006年洪涝灾害总体上比历史同期偏重，主要体现在以下四个方面。第一，洪涝灾害中，经济损失比历史同期偏重，经济损失已经高达919亿元，历史同期是800亿元左右。但死亡人口少于历史同期，因洪涝灾害造成的死亡人口是1 231人，历史同期是1 800多人。第二，山洪灾害，包括山体滑坡、泥石流灾害损失严重，特别是由此造成死亡的人数偏多。在因灾死亡的1 231人中，有1 137人是因为山洪滑坡和泥石流灾害造成的，占总数的92%。第三，一些地区重复受灾，比较严重的有福建、湖南、广东、广西等地，特别是福建，四次遭受了台风和强降雨袭击。第四，多灾并发，风、雨、内涝、地质灾害同时出现。正因为有以上四个特点，致使2006年的灾害明显重于历史同期。

三、防洪形势与面临的挑战

1. 防洪建设与防洪能力

由于洪水灾害对国计民生有重大影响，历朝历代都把防洪抗灾作为国家基本建设的大事，予以特别重视。从大禹治水开始，几千年来，劳动人民前仆后继地与洪水搏斗，谱写了人类改造自然的壮丽篇章。但是，由于长期的封建统治，特别是19世纪中叶我国沦为半封建半殖民地社会以后，民生凋敝，国势衰微，洪水灾害日益严重。中华人民共和国成立以后，我国防灾减灾事业才有了长足发展，并取得了巨大的成就。

我国政府十分重视对黄河的治理，上游修建了龙羊峡和刘家峡两级水库，配合堤防工程，兰州市与宁蒙河段已分别能够抵御100年一遇和50年一遇洪水，下游防洪工程设防标准由30年一遇提高到60年一遇。除1951年凌汛曾在下游附近发生一次大决口外，到现在为止，黄河未曾发生过大决口。20世纪90年代在黄河中下游修建了以防洪、拦沙为主要功用的小浪底工程，基本上保证了黄河的安全。

为了更好地防御长江洪水，在历经40多年的论证之后，长江三峡工程终于建成，它的坝顶高程185 m，正常蓄水位175 m，总库容393亿m^3，具有防洪库容221.5亿m^3。在宜昌以上地区发生100年一遇洪水时，可使荆江下泄流量不超过60 000 m^3/s，不需使用荆江分洪区，发生千年一遇洪水时，配合荆江分洪区的运用，可使荆江河段下泄流量不超过80 000 m^3/s，沙市不超过防洪保证水位45 m，在遭遇1931年、1935年、1954年那样的大洪水时，可减少分蓄洪区淹没耕地各约300万亩，也可不使用荆江分洪区，这标志着长江流域设防工程进入了一个崭新的阶段。

对于淮河，我国政府加高、加固了干流两岸的堤防，整治河道，修建各类水库3 500多座（其中大型水库17座），重点加高加固了淮北大堤、洪湖大堤和里运河大堤，上中游主要支流的防洪标准有所提高，建成了南四湖与骆马湖的控制工程。这些工程使本水系主要地区的防洪标准达到20年一遇。

根据海河流域的特点，我国政府采取了“上蓄、中疏、下排、适当滞蓄”的防洪方法进行全面治理：共修建各类水库1 700多座，开挖疏浚河道，各河分流入海，改变了过去集中由天津入海的局面；同时也加高加固了堤防，各水系形成了蓄泄兼筹的防洪体系，各骨干河道防洪标准已达20～50年一遇。

对珠江流域的防洪重点珠三角地区，进行了圩区调整，联圩修闸，全面加强了西江下游、北江下游及其三角洲的江河和海堤堤防，并在上游兴修水库。现已建成大、中型水库300多座，控制了部分洪水。其中北江上的飞来峡工程，结合防护广州市的北江大堤可防御200年一遇的洪水。东江上已建成了新丰江、枫树坝和白盘珠等水库，基本控制了东江的主要洪水来源。

新中国成立以来，虽然我国政府在防洪工程建设上取得了巨大的成就，但要完全消除洪灾是不可能的。首先，防洪标准本身就是一个动态的概念，其标准的制定与当时、当地的社会和经济发展水平是相适应的，而一个地区的社会经济水平是不断发展的，这就要求洪水设防标准随社会经济的发展而逐渐提高。从我国目前的情况看，几大流域和几百个城市的防洪标准都不够高。其次，在已建成的水利工程中，有不少已老化失修，带病运行，加上近年来自然环境的改变以及人为的破坏，洪水情势也出现了新的变化。因此，洪灾的潜在威胁仍然很大。由此可见，我国的防洪形势仍然很严峻，防洪任务还十分艰巨，必须从长计议、科学治理。

2. 防洪存在的主要问题与面临的挑战

(1) 防洪存在的主要问题。规划中的控制性防洪枢纽工程还未全部建成，仅靠堤防或水库防洪不能调控大洪水。控制性防洪枢纽建设进度的滞后，导致部分河段堤防工程的过度建设，出现大量洪水流入河道的现象（也称洪水归槽），加大了河道洪水流量，增加了防洪风险。

堤防工程（包括江堤和海堤）堤线长，漫长的堤线给防守带来了极大的困难。现有堤防大多兴建于 20 世纪 50—60 年代，堤防标准低，普遍存在着堤顶高程不够、堤身单薄的现象，部分堤防不同程度地存在渗水、冒沙及穿堤建筑物老化失修等隐患和部分迎流顶冲、急流迫岸的险工险段，虽历经加高培厚和除险加固，仍难完全消除隐患。同时，随着河道的变迁及其他因素的影响，新的险情又不断出现。

城市防洪建设滞后，防洪能力低，规划范围内的一些国家重点防洪城市的城区防洪工程体系还未形成，部分堤防工程尚在建设中，一些城市的防洪（潮）堤也未达标，防洪能力亟待提高。

现有侵占河滩地、违章建设、肆意倾倒沙石及无序围垦现象仍在发生，影响了河道泄洪功能的正常发挥；桥梁、码头及其他跨河建筑物的兴建，减小了河道的有效过流断面，造成局部河段泄洪不畅、水位壅高。

中上游山区和丘陵区水土流失现象以及喀斯特山区石漠化现象严重，山地灾害时有发生。由于林草植被屡遭破坏，土层变浅变薄，水旱灾害频繁，暴雨期间，地表径流汇流迅速，引起洪水暴涨暴落。水土流失还导致大量泥沙随洪水下泄，淤塞河道、水库，削弱了河道的行洪能力，减小了水库的有效库容。由于水土流失面积较大，治理工作难度大。

与《中华人民共和国防洪法》配套的有关条例与实施细则尚未出台，流域性的水文遥测站网、洪水预报预警系统及防洪决策支持系统还未形成，非工程防洪措施的滞后，往往使防洪决策陷入被动，给防洪抢险带来不利。

(2) 面临的挑战。多年的防洪建设虽然取得了巨大的成就，但与国家《防洪标准》（GB 50201—1994）及社会经济持续发展的要求相比，还存在着一定的差距，防洪仍面临着严峻的挑战，这些挑战既来自自然，也来自人类社会。

1) 暴雨洪水频繁，防洪任务长期而复杂。由于气候环境及地形地貌特点，决定了流域暴雨频繁，洪水峰高、量大、历时长的特性，在热带气旋频繁季节，更担心特大洪水遭遇风暴潮顶托的风险。加上人口、资源与环境的巨大压力，决定了防洪任务的复杂性、长期性。

2）人类活动加重了防洪压力。水土流失引起河道泄洪能力降低。在上游及中游的部分地区，水土流失比较严重，为短期的经济利益而进行的乱采滥伐，更加剧了水土流失。水土流失的加剧直接导致土壤蓄水能力下降，降雨流量增大，汇流时间缩短，这就使洪水过程向陡涨陡落的形态发展，加大了洪水的破坏力。同时，河水含沙量增大，大量泥沙淤积于河道中，降低了河道的行洪能力，壅高了水位，从而增大了发生洪涝灾害的风险。

堤防工程的建设引发洪水归槽下泄，加大了下游地区的防洪压力。河道滞蓄洪水的能力降低，下游河段的洪峰流量明显加大。在上游来水相当的情况下，下游洪水的洪峰流量明显增大，其原因主要在于洪水归槽的影响。

涉水建筑物数量增加影响行洪。例如，在改革开放初期，珠江三角洲地区的主要桥梁有 60 多座，到 2000 年，已发展到 200 多座，这些桥梁多筑于河道的狭窄处，阻流壅水影响明显。

城市化进程加快，排涝压力加大。随着城市化进程的加快，城市排涝要求不断提高，过去的农田排涝体系已明显不适应城市化的需要；城市建设使其地面条件发生了较大的变化，暴雨下渗能力减弱，暴雨流量加大，汇流时间缩短，加重了涝灾；如向外江大量排涝，则加大了外江的泄洪压力，相应地增加了洪灾风险。

3）社会经济发展快、防洪建设任务艰巨。平原一般是流域经济相对发达的地区。例如，仅占该珠江流域面积约 5%的平原地区，所创造的产值约占该流域国内生产总值的 60%。其中，珠江三角洲平原是珠江流域经济最发达的地区，也是全国经济发展最快、城市化水平最高的地区之一。但是，这些地区地势低、河道比降缓、集雨面积大，要承泄流域洪水量大，泄洪任务繁重，沿海地区还同时面临着风暴潮的威胁。

随着社会经济的发展，国家、集体与个人财富的积累，洪灾损失也在不断增加，直接威胁全面建设小康社会的奋斗目标。当前的防洪设施现状，难以满足社会经济发展对防洪安全的要求，防洪建设任务十分艰巨。

第二节　防洪工程规划与设计

人类社会发展到今天，还不具备与造成自然灾害的宇宙力相抗衡的能力，因此自然灾害是不可避免的，也就是说人类不能完全避免灾害的发生。但是，人们可以通过采取各种防灾减灾的手段和措施，把灾害造成的损失降到最低。当发生洪水灾害规模很小时，尽可能避免损失的发生；当发生洪水灾害的规模超过防御能力时，尽量设法减小其所造成的损失。因此，必须认识洪水的基本规律，并且掌握防洪减灾的基本知识和方法。本节主要介绍有关洪水的计算、防洪标准的确定、防洪规划、防洪减灾的主要措施等内容。

一、水文分析与设计洪水

1. 水文基础知识

水文学是研究自然界各种水体的变化规律及其分布的科学，其目的是为水利工程的规划、设计、施工和运行管理提供有关暴雨、洪水、年径流、泥沙等方面的分析计算和预报的水文依据。作为水文工作的一项主要内容就是洪水预报。洪水预报是根据洪水形成的客观规律，利用过去或现时已经掌握的水文、气象资料（称水文信息或水文数据），对洪水的未来状态做出预测。洪水预报是防汛、蓄洪、减灾必不可少的重要信息，在度汛防洪中占有重要地位。洪水预报包括河段洪水预报与流域降雨径流预报两部分。河段洪水预报是根据河段上断面已出现的洪水过程（即洪水入流过程），推算其下断面将要出现的洪水过程。降雨径流预报是根据当前已经测到的流域降雨过程和径流资料，按产汇流计算原理推算流域出口断面未来可能出现的洪水过程。洪水预报直接为防汛抗洪服务，因此，提高洪水预报精度和增长有效预见期，是需要解决的主要技术难题。

为了在防洪工作中及时提供准确有效的水情信息，对洪水过程做出较准确的预报，平时就必须做好水文基础工作。水文基础工作包括基础数据的观测、收集、整理及分析、计算两个方面。水文资料的主要来源是各级水文站观测和整编的资料，而水文站是组织进行水文测验、搜集水文资料的基本场所。在防洪方面，水文站主要针对降雨、流量、水位等项目进行观测及资料整编，把分散的、逐次的测验数据，整理推算成各种水文要素的全年变化过程、分布情况和各项特征值，为水文分析和洪水预报打下基础。我国在主要江河流域上都建立了水文站，观测和收集了大量的水文数据，并按照国家统一标准进行了整编，每年刊布一次，称为水文年鉴，可作为洪水分析最基本的资料。水文分析计算主要是应用统计学的基本原理和方法，对各种水文要素（如年径流、洪峰流量、洪水过程、设计洪峰流量、设计洪峰过程等）进行分析推求，为防洪工程的设计、建设及防洪调度提供科学依据。

由于水文现象受众多因素的影响，其发生、发展和演变过程既有必然性，又有随机性。透过随机性研究大量的长时段观测资料就可找出其中内在的水文变化规律，对防洪更有意义。统计方法是研究随机性的有力工具，其实质在于用统计学的理论，来研究和分析随机水文现象的统计变化特性，并以此为基础对水文现象未来可能的长期变化做出在概率意义下的定量预测，以满足工程计算的各种需要。

2. 随机变量及概率分布

（1）随机变量。水文统计的研究对象是水文随机变量。随机变量是表示随机试验结果的一个数量。随机变量可分为离散型随机变量和连续型随机变量两种。

如果相邻两个随机变量之间不存在中间值，则称为离散型随机变量。如某水文站年降雨的总日数，出现的天数只有1～365（366）种可能性，不能取其任何中间值。

如果随机变量在一个有限区间内可以取得任何数值，则称为连续型随机变量。例如，某河流上任一断面的流量，可以是零与极限流量间的任何实数值。

（2）随机变量的概率分布。随机变量取得某一可能值具有一定的概率。这种随机变量与其概率一一对应的关系，称为随机变量的概率分布规律，简称概率分布。它反映了随机现象的变化规律。

离散随机变量 X 只可能取有限个值或是一连串的值。设 X 的一切可能值为 x_1，x_2，…，x_n，且对应的概率为 p_1，p_2，…，p_n，即：

$$P\ (X=x_1)\ =p_1,\ P\ (X=x_2)\ =p_2,\ \cdots,\ P\ (X=x_n)\ =p_n$$

或将 X 可能取值及其相应的概率列成表，称为随机变量 X 的概率分布表。

【案例 5—1】南方××水文站 6 月上旬降雨日数有 11 种可能结果，各种结果以随机变量 0，1，2，…，8，9，10 来表示。如设 x 的统计（试验）结果为：p（x=0）＝3%，p（x=1）＝5%，p（x=2）＝8%，…，p（x=7）＝33%，…，p（x=10）＝6%，则其随机变量 X 的概率分布表见表 5—1。

表 5—1　　　　××水文站 6 月上旬降雨日数统计

X 日	0	1	2	3	4	5	6	7	8	9	10	
P（%）	3	5	8	12	16	22	27	33	21	13	6	100

根据表 20—1 可绘制概率 P（x）与降雨日（z）的关系，如图 5—2 所示。

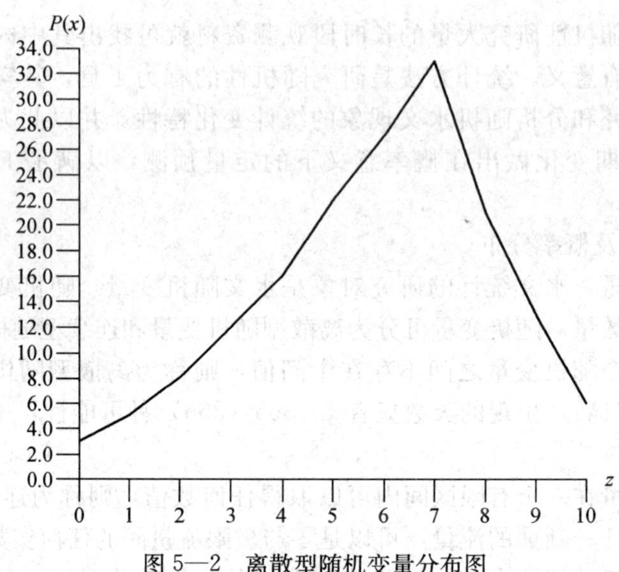

图 5—2　离散型随机变量分布图

对于连续随机变量，其所有可能取值充满某一区间，取得任何个别值的概率趋近于零。连续随机变量只能研究某一区间的概率。一般为方便起见，研究 $X \geqslant x$ 的概率，将此概率表示为 $P(X \geqslant x)$；同样可研究 $X < x$ 的概率。两者之间有互换关系，即：

$$F(X \geqslant x) = 1 - P(X < x)$$

因此只需研究一种概率。

显然，$P(X \geqslant x)$ 是随机变量 x 的分布函数，记为：

$$F(x) = P(X \geqslant x)$$

它代表 X 大于等于某取值 x 的概率，其几何曲线称为概率分布曲线；如果用实测资料点绘的，水文上称为累积频率曲线。

（3）重现期。水文特征值常常是随机变量，因此在进行工程规划设计时，对这些基本的水文特征值必须应用随机分析方法，求得这些特征值在不同线型下的累积频率曲线，从而推求某一特征值在不同累积频率下的量值。在工程设计中，对于那些以年为周期的水文特征值，如设计洪水等，在取用其设计值时，常引入“重现期”的概念，并根据工程规模、水文特征值的特点和工程重要性，在工程设计标准中对重现期作出规定。重现期是指在某一随机变量系列多次出现的一些数值中，某一数值重复出现的时间间隔的平均数，即平均重现间隔期。重现期

T与累积频率P有一定的关系，根据不同的研究问题，有两种不同的表示方法：

1）当为了防洪治涝研究暴雨或洪水时，一般的设计频率P小于50%，则

$$T=\frac{1}{P} \tag{5—1}$$

式中　T——重现期，以年计；

P——积累频率，以小数或百分数计。

将某一年水文特征值，例如洪峰流量的累积频率为$P=0.2\%$，代入式（5—1）得$T=1/0.002=500$（年），即可以说设计标准为500年一遇洪水。

2）当考虑水库兴利调节或河道供水而研究枯水问题时，为了保证灌溉、发电及饮水等用水需要，设计频率P常采用大于50%，则

$$T=\frac{1}{1-P} \tag{5—2}$$

例如，某一河段供水的设计保证率（最低水位设计累积频率）$P=95\%$，代入式（5—2）得$T=1/(1-0.95)=20$年，称为以“20年一遇”的枯水年作为设计供水水位的标准，即平均20年中有一年的水位小于此枯水年的水位，而其余19年的河道水位等于或大于此数值，说明平均具有95%的可靠程度（保证率）。

应当指出，由于水文现象一般并无固定的周期性，上述累积频率是指多年平均出现的机会，重现期则是指平均若干年出现一次，而不是固定周期。所谓百年一遇，并不意味着每隔百年发生一次，实际上某100年内可能出现若干次，也许不出现，只反映在很长时间内，平均100年可能出现一次的机遇。另外，通常对于某一水文特征值（例如洪峰）所说的“百年不遇”，是指其在近百年内的最大值，与百年一遇的该水文特征值的概念不同，它仅是一个通俗的说法，非统计学概念，它可能小于、等于或大于其百年一遇的标准。

3. 设计洪水及其计算

（1）设计洪水。当流域内降落暴雨或冰雪速融时，大量的径流急速汇入江河，致使江河流量激增，出现一次洪水过程，如图5—3所示。洪水过程通常用三个要素描述，即洪峰流量Q_m，一次洪水过程总量W（图中$ABCDE$所包围面积，交流为地面和地下径流分割线）、洪水历时T（由涨水历时t_1与退水历时t_2相加求得）。

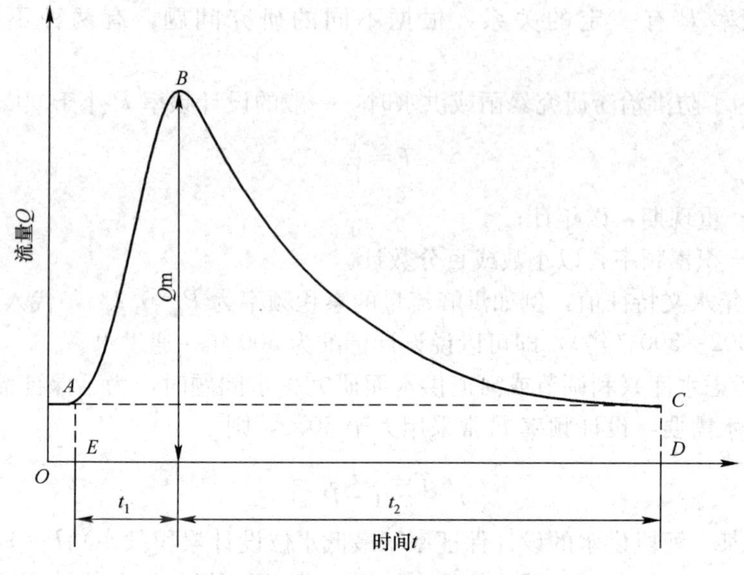

图 5—3 洪水流量过程

由于实际洪水过程可能退水历时很长，为简化而取 C 点，使其与起涨流量相等，即假定 C 点以后的退水水量与 A 点以前上次洪水的退水水量相等。进行防洪规划时，洪水流量过程需要选定某一量级的洪水作为设计依据。为解决某特定目标的防洪问题，需要对有关的地点和河段，按照指定的标准，预估出未来水利工程运行期间可能发生的洪水情势。这种设计水利工程所依据的各种标准的洪水总称为设计洪水。它具有两个性质：一是按照什么标准作为计算的依据；二是对于这种标准如何确定洪水数值（如洪峰、洪量、洪水过程线）。标准与数据是相关联的。设计洪水的标准越高，其相应的洪水数值就越大，则水库等建筑物的规模也越大，造价就越高，水库安全上承担的风险就越小。这是安全与经济的矛盾。如何将安全与经济（防洪效益与工程投资）协调起来，求出最优的标准和相应洪水数据，这是一个难题。目前，我国和世界上许多国家都是根据防护对象的重要程度和洪灾损失情况，确定适度的防洪标准，以该标准相应的洪水作为防洪规划、设计、施工和管理的依据。此防洪标准是指防护对象防御洪水能力相应的洪水标准，统一采用洪水的重现期表示，如 50 年一遇、100 年一遇等。

（2）设计洪水计算

1）设计洪水计算的内容。设计洪水主要包括设计洪峰流量、不同时段（最大 3 日、5 日、7 日、11 日……）的设计洪水总量和设计洪水过程三项。工程特点不同，需要计算的设计洪水的内容和重点也不同。如蓄洪区、水库工程，都有一定的调节库容，水库的出流过程与水库的整个入流过程有关，不只是与一两个入流洪水特征值（如洪峰或某时段流量）有关。此时，不仅需要计算设计洪峰流量或某时段设计流量，还须计算完整的设计洪水过程线。

2）推求设计洪水的基本方法。根据资料条件和设计要求，推求设计洪水有三种基本方法：第一，由流量资料推求设计洪水。在流量资料比较充分时，先求出一定累积频率的设计洪峰量和各时段的设计洪量；然后选择典型洪水过程线，用所求得的设计洪峰、洪量放大或缩小得到一个完整的设计洪水过程线。第二，由暴雨资料推求设计洪水。当流量资料不足而实测暴雨资料较多时，可先用频率分析法求设计暴雨过程，再经产流和汇流计算，最后求得设计洪水过程线；如果暴雨是通过天气形势分析，并统计风速、露点等气象资料加以移置、改正推求的可能最大暴雨，则经产汇流计算推求出来的是可能最大洪水过程。第三，在流量和降雨资料非常少或缺乏时，可用水文比拟法、等值线图法、水力学公式法等来推求。

二、防洪标准

1. 确定防洪标准的因素

防洪设计标准是指通过采取各种措施后使防护对象达到的防洪能力，一般以江河的某一段所能防御的一定重现期的洪水表示。防洪标准的高低取决于防护对象在国民经济中所处的地位和重要性。我国许多受洪水威胁地区人口稠密，财富集中，又常是交通枢纽地带，一旦被洪水淹没将受到巨大经济损失并带来严重的社会影响，因此，客观上要求达到的防洪标准往往很高。但防洪标准也受制于人们控制自然的实际可能性，包括工程技术的难易程度、所需投入的多少等。一般来说，要求通过控制使其完全符合人们的愿望是难以做到的。进行江河治理，只能根据一定的投入，力求最大限度地适应各方面的需求，并使可能受到的损失和影响限制在国民经济与社会发展所能承受的风险之内。防洪标准越高，需要的投入越多，承担的风险越小。相反，标准越低，投入越少，承担的风险越大。因此，采用的防洪标准实质上是国家在一定时期内技术政策和经济政策的具体体现，要在防洪规划中根据任务要求，结合国家或地区的经济状况和工程条件，通过技术经济论证确定。

自新中国成立以来，为满足大规模防洪建设的需要，我国有关部门对所管理的防护对象的防洪标准，先后作过一些规定。由于我国是发展中国家，目前财力有限，不可能用大量投资进行防洪建设。考虑我国现阶段的社会经济条件，水利部于1994年重新颁布了《防洪标准》。此标准按照具有一定的防洪安全度，承担一定的风险，经济上基本合理、技术上切实可行的原则，在各部门现行规定的基础上，经综合分析研究，充实补充制定。随着社会经济的发展、国家财力的增强、防洪安全要求的提高，我国的防洪标准也会相应地进行修订。《防洪标准》把防护对象分成了九类：城市、乡村、工矿企业、交通运输设施、水利水电工程、动力设施、通信设施及文明古迹和旅游设施，还指出，各类防护对象的防洪标准，应根据防洪安全的要求，并考虑经济、政治、社会、环境等因素，综合论证确定。

2. 具体防洪标准

目前，我国和世界上许多国家都是分别按防护对象重要程度和洪灾损失情况，统一规定了适当的防洪安全度，确定适度的防洪标准，以该标准相应的洪水作为防洪规划设计、施工和管理的依据。此防洪标准是指防护对象防御洪水能力相应的洪水标准，统一采用洪水的重现期表示，如50年一遇、100年一遇等。表5—2、表5—3、表5—4分别是城市、工矿企业和乡村防护区的等级（别）防洪标准。

表5—2　城市的等级和防洪标准

等级	重要性	非农业人口（万人）	防洪标准（重现期/年）
Ⅰ	特别重要的城市	≥150	≥200
Ⅱ	重要的城市	150～50	200～100
Ⅲ	中等城市	50～20	100～50
Ⅳ	一般城镇	≤20	50～20

表5—3　工矿企业的等别和防洪标准

等别	工矿企业规模	防洪标准（主要厂区或车间）（重现期/年）
Ⅰ	特大型	200～100
Ⅱ	大型	100～50
Ⅲ	中型	50～20
Ⅳ	小型	20～10

注：辅助厂区（或车间）和生活区可以单独进行防护的，其防洪标准可适当降低。

表 5—4　　　　　　　　乡村防护区的等别和防洪标准

等别	防护区人口（万人）	防护区耕地面积（万亩）	防洪标准（重现期/年）
Ⅰ	≥150	≥300	100～50
Ⅱ	150～50	300～100	50～30
Ⅲ	50～20	100～30	30～20
Ⅳ	≤20	≤30	20～10

为保证水库和大坝等永久性水工建筑物的安全，《防洪标准》又规定了校核标准。设计洪水所对应的是正常运用的洪水标准，用它来决定工程的设计洪水位、设计泄流量等。但一旦永久性水工建筑物出现超过设计标准的洪水时，就到了短时期的“非常运用条件”，非常运用洪水标准所对应的洪水称为校核洪水。在非常运用洪水期，主要水工建筑物不允许破坏，但允许一些次要建筑物破坏。因此，《防洪标准》规定在进行设计时要提供两种标准的洪水情况进行设计与校核，以保证在两种运用条件下主要建筑物都不破坏。表 5—5 是水库工程水工建筑物的防洪标准。

表 5—5　　　　　　　　水库工程水工建筑物的防洪标准

<table>
<tr><th rowspan="4">水工建筑物级别</th><th colspan="5">防洪标准（重现期/年）</th></tr>
<tr><th colspan="3">山区、丘陵区</th><th colspan="2">平原区、滨海区</th></tr>
<tr><th rowspan="2">设计</th><th colspan="2">校核</th><th rowspan="2">设计</th><th rowspan="2">校核</th></tr>
<tr><th>混凝土坝浆砌和石坝及其他水工建筑物</th><th>土坝、堆石坝</th></tr>
<tr><td>1</td><td>1 000～500</td><td>5 000～2 000</td><td>可能最大洪水（PMF）或 10 000～5 000</td><td>300～100</td><td>2 000～1 000</td></tr>
<tr><td>2</td><td>500～100</td><td>2 000～1 000</td><td>5 000～2 000</td><td>100～50</td><td>1000～300</td></tr>
<tr><td>3</td><td>100～50</td><td>1 000～500</td><td>2 000～1 000</td><td>50～20</td><td>300～100</td></tr>
<tr><td>4</td><td>50～30</td><td>500～200</td><td>1 000～300</td><td>20～10</td><td>100～50</td></tr>
<tr><td>5</td><td>30～20</td><td>200～100</td><td>300～200</td><td>10</td><td>50～20</td></tr>
</table>

三、防洪规划

防洪规划是指为防治某一流域、河段或者区域的洪涝灾害而制定的总体部署，是江河、湖泊治理和防洪工程设施建设的基本依据。其特点是：第一，防洪规划是一种安排或计划，它规定的是一个时期内的防洪工作。第二，防洪规划是在深入研究有关流域、河段或者区域的自然与社会特点、水文气象资料、洪灾损失的历史经验和现有防洪能力等各种情况，在广泛调查研究的基础上，通过综合比较论证而制定的，它反映的是对某一流域或区域防洪工作的总体要求，对该地区的防洪工作具有普遍意义。第三，防洪规划的主要内容是拟定防洪标准和选择优化的防洪系统，包括对现有河流、湖泊的治理计划及兴修新的防洪工程的战略部署等。第四，相对于流域或区域的综合规划而言，防洪规划是一项专业规划。

防洪规划作为一项专业规划，应当服从总体发展规划；一定区域的防洪规划应当服从整个流域的防洪规划。综合规划是指综合研究一个流域或区域的水资源开发利用和水害防治的规划。综合规划是根据水具有多种功能的特点，在综合考虑了社会经济发展的需要和可能，统筹兼顾各方面的利益、协调各种关系的基础上，以综合开发利用水资源、兴利除害为基本出发点制定的，其确定的开发目标和方针，选定的治理开发的总体方案、主要工程布局与实施程序都体现了开发利用水资源与防治水害相结合，开发利用和保护水资源服从防洪总体安排的原则。因此，综合规划对防洪规划具有指导意义。防洪规划应当在综合规划的基础上编制，与综合规划相协调。根据洪水的流域性特点，制定区域性的防洪规划也必须以流域的防洪规划为基础。

防洪规划是防洪工程建设的前期工作，它是指在江河流域或某一特定区域内，着重就防治洪水灾害所专门制订的总体防洪方案，一般结合流域规划或地区水利规划进行，它本身可分为流域的、区域的与单项工程的防洪规划。防洪规划属于一种战略性计划，对河道治理及防洪设施的建设起长期的指导作用。

四、防洪减灾主要措施

在我国，主要河流均位于中部及东部，西部属于干旱少雨地区，更兼地广人稀，因此洪涝灾害主要发生在中部及东部。我国洪水有凌汛、桃汛（北方河流）、春汛、伏汛、秋汛等，但防洪的主要对象是每年雨季的雨洪以及台风暴雨洪水。因为雨洪往往峰高量大，汛期长达数月，而台风暴雨洪水则来势迅猛，历时短而雨量集中，更有狂风助浪，二者均易酿成大灾。但是，洪水是否成灾，还要根据河床及堤防的状况而定。如果河床泄洪能力强，堤防坚固，即使洪水较大，也不一定会形成泛滥。反之，若河床浅窄、曲折、泥沙淤塞、堤防残破等，则安全泄量（即在河水不发生漫溢或堤防不发生溃决的前提下，河床所能通过的最大流量）较小，即使遇到一般洪水也有可能漫溢或决堤。所以，洪水成灾是由于洪峰流量超过了河床的安全泄量，水位被迫壅高而超过了安全洪水位，或冲决堤防，从而泛滥成灾。由此可见，防洪的主要任务是：按照规定的防洪标准，因地制宜地采取恰当的工程措施，以削减洪峰流量，或者加大河床的过水能力，并加固堤防，以在遇到不超过设计洪水的洪峰时，下泄洪水流量不超过河床的安全泄量，确保堤防安全度汛。

各种防洪措施要因地制宜地兼施并用，互相配合。往往是全流域上、中、下游统一规划，蓄泄兼筹，综合治理，还要尽量兼顾水利部门的需要。在选择防洪措施方案以及决定工程主要参数时，都应进行必要的计算，并在此基础上进行一定的方案分析比较，切忌草率从事。防洪措施可分为工程措施与非工程措施两大类。防洪工程措施主要包括建设控制性工程，建设堤防工程与整治江河湖泊，划定蓄滞洪区与洪泛区，治理水土流失，防治山洪灾害，治涝工程；防洪非工程措施主要包括流域防洪减灾体系联合调度以及其他建设工程防洪减灾措施等。

1. 防洪工程措施

（1）建设控制性工程。水库是水资源开发利用的一项重要的综合性工程措施，是一种非常有效的蓄洪工程。水库具有调蓄洪水的能力，同时可以利用水库的防洪库容与兴利库容结合，有效库容调节河川径流，发挥水库的综合效益。在防洪规划中，大江大河通常被利用有利地形、合理布置干支流水库，共同对一定范围内的洪水起有效的控制作用。特别是一些控制性水库，可能更多地承担着调控洪水的任务，其防洪任务主要是针对上中游型和全流域型洪水，将削减下游防洪控制断面洪水，往往对整个流域的防洪起着决定性的作用。例如，湘江上游的耒河有一座水库叫东江水库，是个大型水库，有 81 亿 m^3 的库容。在 2006 年第 4 号强热带风暴登陆的时候，湖南普降强降雨，耒河发生了超纪录的洪水。因水库提前预泄，预留了一定的防洪库容，当洪水发生的时候，立即进入到预定的调度程序，拦蓄部分洪水。正是因为水库的调度，使下游的耒阳市免于灭顶之灾。如果没有东江水库的拦蓄，耒阳市洪水位将比实际发生的水位要高出 8 m。

（2）建设堤防工程与整治江河湖泊

1）修筑堤防。筑堤是平原地区为了扩大洪水河床、加大泄洪能力，并防护两岸免受洪灾而广泛采取的一种行之有效的工程措施。沿河筑堤，束水行洪，可加大河道泄洪能力。这一措施对防御常遇洪水较为经济，容易实行。但是，筑堤也会带来一些负面影响，如可能使原来散落洪泛区的泥沙淤积在河道，抬高河床，恶化防洪情势。筑堤还会缩窄河槽，造成同流量相应水位的抬高，使沿河地区排涝不畅。筑堤后当发生超标洪水时，如果漫堤和溃决，造成的损害会远大于洪水自然泛滥的情形，即对于超过堤防标准的洪水而言，堤防对洪水可能带来负效应。

需要特别指出的是，由于我国的堤防工程基本上是经过几十年的不断修建逐步形成的，加上我国汛期长，防洪战线长，防洪标准低，非工程措施不够完善等原因，这就使得在考虑筑堤防洪时必须与防汛抢险紧密结合起来，才能真正发挥已建堤防的作用。具体来说，就是在每年汛前维修加固堤防，发现并消除隐患；洪峰来临时监视水情，及时堵漏、护岸或突击加高培厚堤防；汛后修复险工，堵塞决口等。堤防险情一般包括漏洞、管涌（泡泉、翻沙、鼓水）、渗水、穿堤建筑物接触冲刷、漫溢、风浪、滑坡、崩岸、裂缝、跌窝与堤防决口等。当险情发生时，应根据出险情况进行具体分析，然后决定实施抢险方案。如果发生重大险情，应迅速成立抢险专门组织，分析判断险情和出险原因，研究抢险方案，筹集人力、物料，立即全力以赴投入抢险，如果重大险情得不到及时处理，往往会在很短的时间内造成严重的后果。

对于新建堤防，要严格按照设计标准进行建设，并保证施工质量。一般来说，筑堤要尽可能选在地势较高、土质较好的地段。对于透水性较强的地基，应考虑防渗及增强堤围稳定性的专门措施。对位于强地震区和险工险段的堤防，应采取必要的防震和护险措施。

城市防洪和沿海防风暴潮重点地区，也多采用修筑堤防的工程措施。

2）疏浚与整治河道。疏浚与整治河道是河流综合开发中的一项综合性工程措施。可根据防洪、航运、供水等方面的要求及天然河道的演变规律，合理进行河道的局部整治。就防洪而言，其目的是为了使河床平顺通畅，提高河道宣泄洪水的能力，并稳定河势，护滩保堤。通常的做法包括：拓宽和浚深河槽，裁弯取直（见图5—4），消除阻碍水流的障碍物等。疏浚是用人力、机械和炸药来进行作业，整治则是通过修造建筑物来影响或改变水流流态，二者常互相配合使用。内河航道工程也要疏浚与整治河道，但其目的是为了改善枯水通航条件，而防洪却是为了提高洪水河床的过水能力。因此，它们的具体工程布置与要求不同，但在一定程度上可以互相结合

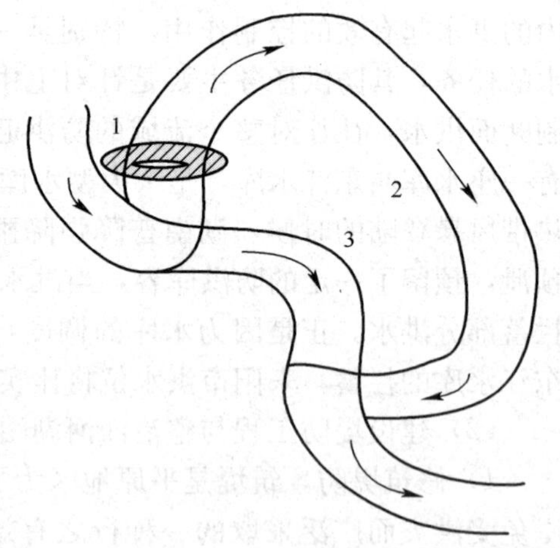

图5—4　裁弯取直示意图

1—堵口锁坝　2—原河道　3—新河道

兼顾。河道整治还可以通过修建挖导工程、丁坝挑流、险工险段的坝垛或护岸工程等来控制河道流势、保护堤岸安全。堤防只有通过与河道整治措施有机结合，才能稳定和充分发挥作用。

（3）蓄滞洪区与洪泛区划定与管理。防洪区是指洪水泛滥可能淹及的地区，可划分为洪泛区、蓄滞洪区和防洪保护区。洪泛区是指尚无工程设施保护的洪水泛滥所及的地区。蓄滞洪区是指包括分洪口在内的河堤背水面以外临时储存洪水的低洼地区及湖泊等。防洪保护区是指在防洪标准内受防洪工程设施保护的地区。结合区域防洪工程规划的实际情况，划定某些低洼地区为蓄滞洪区或洪泛区。尤其在平原地区依靠加高堤防、整治河道来提高江河的防洪能力是有一定限度的，一般只能解决常遇洪水。对于较大的罕遇洪水，还必须修建水库或分蓄洪工程进行控制调节，才能保障行洪安全。

分洪、滞洪与蓄洪是中国长期使用的三项防洪措施，这三者的目的都是为了减少某一河段的洪水流量，使其控制在河床安全泄量以下。分洪是在过水能力不足的河段上游适当地点，修建分洪闸，开挖分洪水道（又称减河），将超过本河段安全泄量的部分洪水引走，以减轻本河段的泄洪负担。分洪水道可兼作为航运或灌溉的渠道。滞洪是利用水库、湖泊、洼地等暂时滞留一部分洪水，以削减洪峰流量（见图 5—5a），洪峰一过，即将滞留的洪水放归原河下泄，以腾空蓄水容积迎接下次洪峰。蓄洪则是蓄留一部分或全部洪水，待枯水期供水利部门使用，也同样起到削减洪峰流量的作用（见图 5—5b）。

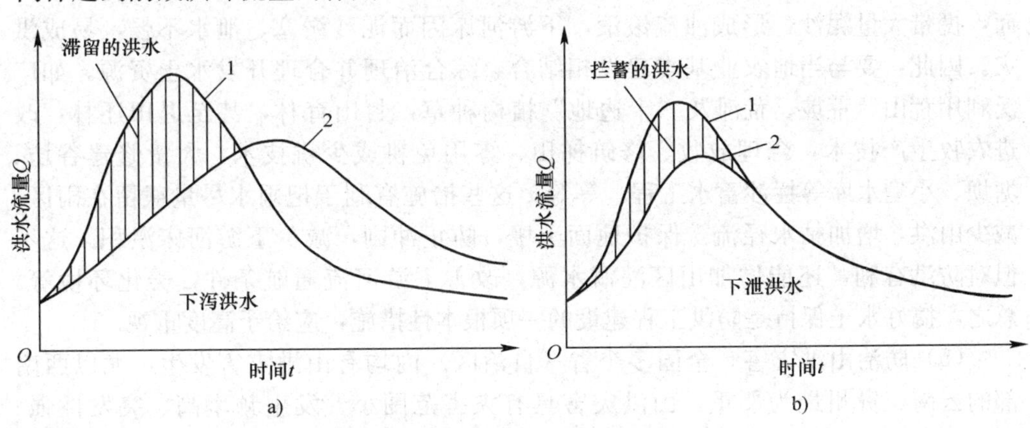

图 5—5　滞洪与蓄洪

a）入库洪水过程线　b）泄流过程线

1—入库洪水过程线　2—泄流过程线

分蓄洪区只在出现大洪水时才应急使用。对于分洪口下游的重点保护河段，启用分蓄洪区可承纳河道的超额洪量，等于提高了该重点防护河段的防洪标准。新中国成立以来，经过几十年的防洪建设，河道行洪能力有了很大的提高，分蓄洪区的使用机会大大减少，分蓄洪区内经济发展很快，人口急剧增加，有些甚至修建了工厂，扩大了城镇，因此，使用分蓄洪区的损失和困难越来越大。如何保证分蓄洪区居民的安全，并妥善解决分洪的种种矛盾，是保证江河防洪安全的重大问题。

在本小节建设控制性工程知识点中，所介绍的水库调洪包括了蓄洪与滞洪两方面。蓄洪或滞洪的水库可以结合水利部门的需要，综合利用水库。有些天然湖泊，常起着重要的滞洪作用，例如洞庭湖就对长江的洪水有调蓄作用。有些地区盲目围垦湖滩地，常会削弱湖泊的滞洪作用，必须慎重对待，必要时应废田还湖。

（4）治理水土流失。水土保持是针对高原及山丘地区水土流失现象而采取的根本性治山治水措施，对减少洪水灾害很有帮助。水土保持既是改变山区、丘陵区的自然和经济面貌，建立良好生态环境，发展农业生产的一项根本性措施，也是防止水土流失，保护和合理利用水土资源的重要内容，还是治理江河、保持水利设施有效利用的关键因素。水土流失是因大规模破坏植被而引起的自然环境严重破坏现象，不仅会导致水库、湖泊、河道中下游严重淤积，降低防洪工程的作用，而且还会改变自然生态，加剧洪旱灾害发生的频次。水土流失地区旱季山泉枯竭、溪涧断流，易成旱灾；雨季又地面径流量大、汇集快，冲刷侵蚀裸露的地面，携带大量泥沙，形成浊流滚滚，下游河床因而泥沙淤塞、泄水不畅，易成洪灾。因此，要与当地农业基本建设相结合，综合治理并合理开发水土资源。如广泛利用荒山、荒坡、荒滩及“十边地”植树种草，封山育林，甚至退田还林，改进农牧生产技术，合理放牧、修筑梯田、零用免耕或少耕技术，大量修建谷坊、塘坝、小型水库等拦沙蓄水工程，等等。这些措施有利于把雨水尽量截留在雨区，减少山洪，增加枯水径流，保护地面土壤，防止冲刷，减少下游河床淤积。这不但对防洪有利，还能增加山区灌溉水源，改善下游河流通航条件，美化环境等。总之，搞好水土保持是防洪工程建设的一项根本性措施，应给予高度重视。

（5）防治山洪灾害。全国多个省（自治区）内均有山洪灾害发生，尤以西南部的云南、贵州最为严重。山洪灾害具有灾害范围小、发生频率高、突发性强、伤亡严重、破坏作用大的特点，往往造成毁灭性破坏。因此，规划要对威胁乡镇、农村和淹没一般农田的山洪按一定标准设防，对威胁县城、国（省）道、铁路等交通生命线和大型工矿企业的山洪按较高标准设防。

山洪可能诱发山体滑坡、崩塌和泥石流的地区以及其他山洪多发地区的县级以上地方人民政府，应当组织负责地质矿产管理工作的部门、水务主管部门和其他有关部门对山体滑坡、崩塌和泥石流隐患进行全面调查，划定重点防治区，采取防治措施。山洪灾害防治遵循“防治结合、以防为主”的原则，以非工程措施为主，非工程措施与工程措施相结合。工程措施有山洪沟治理、泥石流沟治理、滑坡治理等措施。山洪沟的主要工程措施有新建水库和堤围、整治河道、修筑（整治）保护区排洪渠和水土保持等；泥石流沟治理的主要工程包括稳坡工程、拦挡工程、排导工程和生物工程等；滑坡治理的主要工程措施有排水、削坡、减重反压、抗滑挡墙、抗滑桩、锚固（预应力锚固）和抗滑键等。

（6）治涝工程。形成涝灾的因素有二：①因降水集中，地面径流集聚在盆地、平原或沿江沿湖洼地，积水过多或地下水位过高；②积水区排水系统不健全，或因外河外湖洪水顶托倒灌，使积水不能及时排出，或者地下水位不能及时降低。这两方面合并起来，就会妨碍农作物正常生长，以致减产或失收，或者使工矿区、城市淹水而妨碍人民的正常生产和生活，成为涝灾。必须注意，农作物对短时间淹水有一定的耐受能力，在未明显妨碍作物生长之前，淹水也可能不成灾。治涝的任务是：尽量阻止易涝地区以外的山洪、坡水等向本区汇集，并防御外河、外湖洪水倒灌；健全排水系统，使之能及时排除设计暴雨范围以内的雨水，并及时降低地下水位。其工程措施主要有：

1）修筑围堤和堵支联圩。修筑围堤用以防护洼地，以免外水入侵，所圈围的低洼田地称为圩或垸。有些地区，圩、垸划分过小，港汊交错，围堤重叠，不利于防汛，排涝能力也分散薄弱。在这种情况下，最好将分散的小圩合并成大圩，堵塞小沟支汊，整修和加固外围大堤，并整理排水渠系，以加强防汛排涝能力，称为堵支联圩。必须指出，有些河、湖滩地，在枯水季节或干旱少雨年份，可以耕种一季农作物，但不宜筑围堤防护。因为在洪水来临时，需要利用河滩、湖滩泄洪或滞蓄洪水。若修筑围堤，必将妨碍防洪，有可能导致大范围的洪灾损失，因小失大。若已筑有围堤，应在统一规划之下，照顾大局需要，拆堤还滩、废田还湖。

2）开渠撇洪。开渠撇洪即沿山麓开渠，拦截地面径流，引入外河、外湖或水库，不使之向圩区汇集。若与修筑围堤相配合，常可收到良好的效果。另外，撇洪入水库，可以扩大水库水源，有利于提高水利部门的效益。当条件合适时，还可以和灌溉措施中的“长藤结瓜水利系统”以及水力发电的“集水网道式开发方式”结合进行。

3）整修排水系统。包括排水沟渠和排水闸，必要时还包括机电排涝泵站。排水沟渠可以利用航运水道，排涝泵站有时也可兼作灌溉提水泵站用。

2. 防洪非工程措施

由于任何防洪工程措施都是在一定的经济技术条件下修建的，其采用的防洪标准必须考虑经济上合理、技术上可行，因此，防洪工程防御洪水的能力总是有限的，一般只能防御防洪标准以下的洪水，而不可能防御超标准的稀遇洪水。洪水是一种自然现象，其发生和发展带有一定的随机性，当出现超过工程防洪标准的稀遇洪水时，在采用工程措施的同时，采取各种可能的非工程防洪措施来减轻洪灾的影响是十分必要的，也是切实可行的。

防洪非工程措施，就是通过法令、政策、行政管理、经济手段和直接利用蓄泄防洪工程以外的其他技术手段，来减少洪灾损失的措施。

防洪非工程措施并不能减少洪水的来量或增加洪水的出路，而是更多地利用自然和社会条件去适应洪水特性，减少洪水的破坏，降低洪灾造成的损失。其基本内容主要有：第一，防洪设施的管理。除工程管理外，还要管好河道和天然湖泊，对河湖洲滩的利用要严格控制，保持正常的蓄泄能力。第二，对分蓄洪区或一般洪泛区进行特殊的管理。第三，对洪水经常泛滥地区的生产、生活设施建设进行指导。第四，建立洪水预报预警系统，以便更有效地进行洪水调度和及时采取应变计划，拟定居民的应急撤离计划和对策。第五，制订超标准洪水的紧急措施方案，设立各类洪水标志，建立应变组织，准备必要设备和物资，确定撤退方式、路线、次序和安置计划。第六，实行防洪保险。这属于减轻洪水泛滥影响的措施，洪水保险具有社会互相救助的性质，即社会以投保者按年（或季）一定的支出来补偿少数受灾者的集中损失，以改变洪灾损失的分担方式，减少洪灾影响。第七，建立救灾基金和救灾组织，以及临时维持社会秩序的群众组织等。多年的实践表明：只有把工程防洪措施与非工程防洪措施紧密结合，才能缩小洪水泛滥的范围，大幅度地减少洪灾损失和人口伤亡。

作为非工程措施中的一项关键技术——洪水预报预警系统越来越受到人们的重视，它对防御洪水和减少洪灾损失具有特别重要的作用。有了洪水预报，才能据此制订防洪方案，并抢在洪峰到来之前，采取必要的防洪措施，如水库开闸预泄腾空库容、迅速加高加固堤防，转移可能受淹的群众和物资，动用必要的防洪设施等，把洪水灾害减小到最低限度。前面曾经提到的 1998 年 8 月长江中下游特大洪水，由于及时准确的洪水预报，对葛洲坝水库、清江隔河岩水库和漳河水库科学调度，使三峡以上来的洪水和清江、沮江河洪水的洪峰互相错开，大大降低了荆江河段的洪峰水位，避免了荆江分洪损失，为战胜这场特大洪水作出了巨大贡献。

根据国内外的防洪经验，一个流域发生洪水，所造成的损失大小与发布洪水预报、预警的预见期的长短成正比，预见期长，抗洪抢险准备时间充裕，洪灾损失就小。我国目前基本上在大中河流都设置了水文报汛网，大致有两种：一种是较先进的水文自动测报系统；另一种是由雨量站通过有线或无线通信，把雨情报给防汛部门，防汛部门再根据降雨和径流模型，经计算分析，预报流域各站洪水。传统的测报方法一般速度都比较慢。近年来，一些利用水文气象基本资料和数学模型，并广泛应用现代电子技术如遥感、遥控、卫星定位和通信的新型洪水预报预测系统正在兴起，其预报速度快、精度高、有效期长，是今后洪水预报预测的发展方向。

3. 体系联合调度

防洪减灾体系是根据流域的自然地理条件、洪水特点及主要防洪保护区的分布情况，经科学论证后，提出各防洪区及流域的防洪总体布局。它由多种防洪工程措施或非工程措施组成。例如，珠江流域按照“堤库结合，以泄为主，泄蓄兼施”的防洪方针提出的西江和北江中下游、东江中下游、郁江中下游和柳江中下游、南盘江中上游等防洪工程总体布局，工程措施与非工程措施组成的流域防洪减灾体系。防洪工程体系由各防洪保护区的堤防工程，防洪枢纽工程（水库），蓄滞洪区及若干分洪水道、河口整治工程共同组成。

建立健全的流域防洪减灾体系，通过科学的调配，可以最大限度地发挥各项防洪工程措施或非工程措施的作用，提高防洪能力。例如，广东省北江的防洪体系由飞来峡水库、北江大堤及潖江天然滞洪区组成。根据广州市防洪规划，广州市 2010 年防洪标准最终目标为防御 300 年一遇洪水。由于本地区大部分为平原，地势较低，单靠堤防或单靠水库都达不到防御 300 年一遇洪水的防洪目标，必须依靠完整的防洪体系。根据北江流域防洪规划，北江下游防洪体系由飞来峡水库、以北江大堤为主的堤防、淹江天然滞洪区以及芦苞、西南分洪道所构成的堤库结合，泄、蓄、滞、分兼施的防洪工程体系组成。在整个防洪工程体系中，以北江大堤防御 100 年一遇洪水为基础，芦苞、西南两涌担负分洪任务，减轻北江大堤的防洪压力；飞来峡水库起削峰作用，并与澄江天然滞洪区联合运用；以北江石角站为控制平台，将 300 年一遇洪水洪峰削减为 100 年一遇。

健全符合流域实际情况、满足国民经济发展和人民群众生命财产安全要求的防洪体系，保障社会经济的可持续发展。在发生常遇洪水和较大洪水时，能保障经济发展和社会安全；在遭遇大洪水或特大洪水时，经济活动和社会生活不致发生大的动荡，生态环境不会遭到严重破坏，可持续发展进程不会受到重大干扰。

4. 抢险与堤防加固

长期以来，堤防是我国最主要的防洪工程措施，而这些堤防工程，除小部分为近几年新建外，其余大部分工程，都是经过多年的历史逐渐形成的，有的往往从地方性的小堤围经多年逐步扩展到区域性的大联围，从低矮的低标准断面逐渐增厚加高。由于受经费及技术水平的限制，设计标准较低，先天不足造成大量因堤基、堤身、穿堤建筑物地基问题（如强透水层地基管涌、软土地基沉陷、堤岸冲刷塌岸、堤身漏水等）而产生的险工险段和工程隐患，造成洪水期险情不断。遭遇1998年的特大洪水后，各级各部门加大了水利建设投入，除新建堤防外，还对原有堤防进行除险加固，大大提高了堤防工程防洪抗灾的能力。下面介绍几种常见的堤防险情及加固措施：

（1）裂缝。裂缝一般由滑坡、不均匀沉陷等引起。汛期，在裂缝产生原因不完全清楚的情况下，可采用各种临时代用料进行封堵。汛后，应对裂缝的产状、分布、规模以及产生的原因作进一步的分析研究。经过论证确认裂缝已经稳定和愈合，不需重新处理的，必须经上级主管部门批准。汛期采用临时代用料没有彻底处理的，或处理不当的，应根据裂缝的产状、规模及其成因采取合理的处理措施。

其他原因引起的裂缝，如为纵向（沿轴线方向）表面裂缝，可暂不处理，但应注意观察其变化和发展，并应堵塞缝口，以免雨水进入。较宽较深的纵缝，则应及时处理。横向裂缝不论是否贯穿堤身，均须处理。龟纹裂缝一般不宽不深，可不进行处理，较宽较深时可用较干的细土予以填缝，或用水洇实。对纵向横向裂缝，可用灌注法、开挖回填法、横墙隔断法处理。

（2）渗水。渗水抢险常用背水坡开挖导渗沟、做透水后戗和临水坡做黏土防渗层的方法，汛后应对这些措施进行复核。凡是处理不当或属临时性措施的均应按新的设计方案组织实施，在施工中要彻底清除各种临时物料。若背水坡采用了导渗沟，对符合反滤要求的可以保留，但要做好表层保护。不符合设计要求的，汛后要清除沟内的杂物及填料，按设计要求重新铺设。

渗水往往会导致背水坡的脱坡、冲刷、流土甚至形成漏洞和陷坑，应根据其产生的原因和危害程度，采取相应的工程措施进行除险加固。

对威胁背水坡抗滑稳定的严重有害渗水，可采用填筑压实法、机械吹填法或放淤固堤法加宽培厚堤身或做透水后戗，也可以在临水坡外帮或增建防渗斜墙，或采用劈裂灌浆、锥探灌浆、垂直铺塑等做垂直防渗。

对不至于威胁堤坡抗滑稳定，但可能产生堤坡冲刷、流土破坏的渗水，可采用贴坡反滤、透水后戗的方法进行除险。

(3) 管涌。堤基的渗透破坏常表现为泡泉、沙沸、土层隆起、浮动、膨胀、断裂等，通常统称为管涌。一般来讲，堤防堤基的表土层极少是沙砾层，因此，堤基的渗透破坏一般均为土力学中的流土破坏。其产生的原因是：随着汛期水位的升高，背水侧堤基的渗透出逸比降增大，一旦超过堤基的抗渗临界比降就会产生渗透破坏。渗透破坏首先在堤基的薄弱环节出现，如坑塘或表土层较薄的位置。对近似均质的透水堤基，渗透破坏首先发生在堤脚处。堤基管涌，尤其是近堤脚的管涌，发展速度快，容易形成管涌洞，一旦抢险不及时或措施不得当，就有溃堤灾难发生的危险。另外，如果堤身直接坐落在沙砾石强透水层上，或坐落在强风化的岩基上，则在堤身与堤基的结合面也可能发生接触冲刷或接触流土破坏。因此，对管涌堤段必须进行除险加固。

管涌抢险，多数是采用回填反滤料的方法进行处理，有时也采用稻草、麦秆等做临时反滤排水材料。对后者，汛后必须按反滤要求重新处理。对前者则应根据情况分别对待：若汛期无细沙带出，也没有发生沉陷，表明抢险工程基本满足长期运用要求，可不再进行处理；若经汛期证明不能满足反滤要求者，汛后则应按设计要求进行处理。

对堤身与穿堤建筑物基础接触面的集中渗流，可采用高喷或静压注浆在临水侧做垂直防渗，也可以在接触面采用静压注浆的办法进行处理，必要时在背水侧做反滤保护。对堤身与穿堤建筑物侧墙间的集中渗流，可以采用接触面静压注浆的方法进行处理。对新老堤身结合的水平层面产生的集中渗流，可采用临水侧开挖回填封堵或接触面充填灌浆的方法进行处理。对堤防分段建设的结合部产生的集中渗流，可采用临水坡截渗或结合部挤密灌浆的方法进行处理，必要时在背水坡采取反滤保护措施。

(4) 漏洞与陷坑（跌窝）。堤身漏洞和跌窝往往由生物洞穴产生。堤防背水坡及堤脚附近出现横贯堤身的流水孔洞称为漏水洞。由于漏水洞中的集中水流对土体的冲刷力很强，因此对堤防的危害性极大。产生漏洞的主要原因有：堤身质量差，土料含沙量高，有机质多；有生物洞穴或其他易腐烂的物料；其他隐患，如旧涵洞、坑窖、棺木等。

即使漏洞没有贯穿堤身，也将大大缩短渗径，从而加大出口渗透比降，增加渗透破坏的可能性，同时漏洞中的集中水流还将造成对土体的水流冲刷，使漏洞长度加长，直径变大，最终贯穿堤身，导致堤防溃决。因此，对堤身漏洞隐患必须进行除险加固。堤身漏洞和跌窝汛前较难发现，但这种险情在汛期往往发展很快，加之堤身断面有限，对堤身的危害很大，汛期堵塞漏洞时采用棉被、稻草、麦秆等其他临时物料，汛后应予清除并按设计要求重新封堵漏洞。为防患于未然，汛前应首先对漏洞和跌窝隐患进行巡视、探查。对洞穴应采取开挖回填的方法进行除险，对埋藏较深的洞穴和其他隐患（接触界面、堤身疏松等）可以采用充填和劈裂等灌浆方法进行除险加固。

(5) 滑坡与崩岸。滑动发生的位置可分成以下三种：临水面滑坡，多发生在高水位的退水期或在出现了崩岸、坍塌险情的堤段；背水面滑坡，多发生在汛期高水位堤坡稳定或出现渗流破坏险情堤段；崩岸，多发生在汛中涨水期，枯水期也时有发生，位于临水坡前滩地坡度较陡的堤段。

对汛期出现的滑坡与崩岸，在固岸抢险时使用木料、竹笼、芦苇枕、梢枕等临时代用料加固。汛后应查明崩岸性质、范围和该堤段的工程地质条件，对已采取的抢险措施进行复核。如果使用临时代用料进行固岸抢险，则应进行清除并重新按设计固岸，对不满足设计要求的其他情况也应按新的处理方案组织施工。

滑坡一般均发生在堤身，地基基本上未遭破坏。这类滑坡加固时优先考虑将滑动体全部挖除，重新回填。深层滑动的滑动面已切入堤基相当的深度，此类滑坡若全部挖除滑动体，则工作量较大，且施工具有一定的风险，优先考虑采用部分挖除的办法进行处理。主滑体的确定原则是：在最危险圆弧圆心上侧（产生滑动力的一侧）的土体为主滑体，应全部挖除重新填筑，同时，增加阻滑措施（压载平台、加固地基等）。

重视堤坡坡面的防护以防发生较大的风浪、暴雨时，坡面将会被破坏，进一步发展下去，直接威胁堤身的安全。

(6) 漫溢。堤防将要发生漫顶时，需要加高堤防。加高堤防多采用土料子堤、土袋子堤、桩柳（木板）子堤、柳石（土）子堤、防浪墙加后戗等手段，这些子堤在汛末退水时即应拆除，在汛后应按设计标准进行堤防加高培厚。若子堤用料是防渗性能好的土料，则可用于堤防的加高培厚；若是透水料则可放在背水坡用做压浸台或留做防汛材料堆放，其他杂物如树木、杂草、编织袋等，均应清除在堤外。

(7) 风浪。如土堤迎水坡没有护坡，堤防防风浪淘刷主要采用草袋防浪、浮排防浪、挂树防浪、柴排防浪等手段。汛后应按设计要求加设堤坡坡面的防护，以防发生较大的风浪、暴雨时坡面被破坏，否则，进一步发展下去，将直接威胁堤身的安全。

(8) 溃口抢险。汛期堤防溃口抢险，封堵决口时，用料一般非常复杂，如沉船、汽车、钢筋笼、钢管、编织袋装土石、大块石、木料、粮食、大豆等。若汛后要在原址复堤，则应将这些物料彻底清除，并按设计重新复堤。

5. 其他工程防洪减灾对策

在其他工程建设中，除前述各项工程措施外，还应注意以下问题：

(1) 重要工程设施，尽量避免建在水库的下游。

(2) 建筑物、构筑物的设计和施工符合防御洪水及风暴潮的需要。

(3) 城市、村镇和其他居民点以及工厂、矿山、铁路和公路干线的布局，应当避开山洪威胁；已经建在受山洪威胁的地方的，应当采取防御措施。

(4) 平原、洼地、水网圩区、山谷、盆地等易涝地区应当采取相应的除涝治涝措施，完善排水系统，发展耐涝农作物种类和品种，开展洪涝、干旱、盐碱综合治理。城市应当加强对城区排涝管网、泵站的建设和管理。

(5) 建筑物、构筑物禁止建在河道、湖泊管理范围内，以免妨碍行洪。禁止从事倾倒垃圾、渣土等影响河势稳定、危害河岸堤防安全和其他妨碍河道行洪的活动。

(6) 建设跨河、穿河、穿堤、临河的桥梁、码头、道路、渡口、管道、缆线、取水、排水等工程设施，应当符合防洪标准、岸线规划、航运要求和其他技术要求，不得危害堤防安全，影响河势稳定，妨碍行洪畅通；其可行性研究报告按照国家规定的基本建设程序报请批准前，其中的工程建设方案应当经有关水务主管部门根据防洪要求审查同意。

(7) 工程设施需要占用河道、湖泊管理范围内土地，跨越河道、湖泊空间或者穿越河床的，建设单位应当经有关水务主管部门对该工程设施建设的位置和界限审查批准后，方可依法办理开工手续；安排施工时，应当按照水务主管部门审查批准的位置和界限进行。

(8) 在洪泛区、蓄滞洪区内建设非防洪建设项目，应当就洪水对建设项目可能产生的影响和建设项目对防洪可能产生的影响做出评价，编制洪水影响评价报告，提出防御措施。建设项目可行性研究报告按照国家规定的基本建设程序报请批准时，应当附具有关水行政主管部门审查批准的洪水影响评价报告。

(9) 在蓄滞洪区内建设的油田、铁路、公路、矿山、电厂、电信设施和管道，其洪水影响评价报告应当包括建设单位自行安排的防洪避洪方案。建设项目投入生产或者使用时，其防洪工程设施应当经水行政主管部门验收。

（10）列为防洪重点的大中城市，重要的铁路、公路干线，大型骨干企业，应当确保安全。受洪水威胁的城市、经济开发区、工矿区和国家重要的农业生产基地等，应当重点保护，建设必要的防洪工程设施。

（11）城市建设不得擅自填堵原有河道沟汊、储水湖塘洼淀和废除原有防洪围堤；确需填堵或者废除的，应当经水行政主管部门审查同意，并报城市人民政府批准。

五、国内主要堤防工程及全国重点防洪城市

1. 国内主要堤防工程

国内主要堤防工程见表 5—6。

表 5—6　国内主要堤防工程

堤防名称	所在位置	所属流域	长度（km）	保护范围	保护农田（万亩）
永定河大堤	北京市石景山区至天津武清县	黄河	170	北京市	
黄河大堤	黄河下游	黄河	1 583.22	河南、山东	
淮北大堤	淮河中游正阳关以下干流河道北侧	淮河	238.4	淮北大平原	1 000
洪泽湖大堤（高家堰）	淮河洪泽湖水库	淮河	67.25		
荆江大堤	湖北枝城至湖南城陵矶长江中游段	长江	182.35	湖北江汉平原	800
汉江大堤	湖北省长江中下游左岸	长江	942.67	湖北江汉平原	1 800
同马大堤	安徽省长江中下游左岸	长江	175.5	安徽、湖北	282
无为大堤	安徽省长江中下游左岸	长江	124	安徽省的无为、和县、庐江、含山、舒城、肥东、肥西等县及巢湖市、合肥市	427.3
北江大堤	广东省北江中下游左岸	珠江	60	广东省的广州市、清远、三水、莅县、南海、佛山市	100

2. 全国重点防洪城市

全国重点防洪城市见表5—7。

表5—7　　全国重点防洪城市

城市名称	所属省（区、市）	城市名称	所属省（区、市）
哈尔滨	黑龙江	芜湖	安徽
齐齐哈尔	黑龙江	安庆	安徽
佳木斯	黑龙江	上海	上海
长春	吉林	南京	江苏
吉林	吉林	南昌	江西
沈阳	辽宁	九江	江西
盘锦	辽宁	黄石	湖北
北京	北京	荆州	湖北
天津	天津	长沙	湖南
郑州	河南	岳阳	湖南
开封	河南	成都	四川
济南	山东	广州	广东
蚌埠	安徽	南宁	广西
淮南	安徽	柳州	广西

第三节　防洪减灾工程

流域的防洪工程体系由各防洪保护区的堤防工程、防洪枢纽工程（水库）、蓄滞洪区及若干分洪水道、河口整治工程共同组成。堤防工程是江河洪水的主要屏障，是防洪工程体系的重要组成部分，也是古今中外最广泛采用的一种防洪工程措施。本节重点介绍堤防工程规划与设计的基本知识。

一、设计标准和设计依据

1. 设计标准

防洪标准是指通过综合采取各种措施后使防护对象达到的防洪能力，堤防工程防洪标准是指堤防工程措施使防护对象达到的防洪能力。

根据堤防工程的防洪标准，可确定堤防工程的级别，见表 5—8。

表 5—8　　堤防工程的级别

防洪标准（重现期/年）	≥100	<100，且≥50	<50，且≥30	<30，且≥20	<20，且≥10
堤防工程级别	1	2	3	4	5

对遭受洪灾或失事后损失巨大，影响十分严重的堤防工程，其级别可适当提高；遭受洪灾或失事后损失及影响较小或使用期限较短的临时堤防工程，其级别可适当降低。

堤防的安全加高值应根据堤防工程的级别和防浪要求，按表 5—9 规定确定。1 级堤防重要堤段的安全加高值，经过论证可适当加大，但不得大于 1.5 m。

表 5—9　　堤防工程的安全加高值

堤防工程的级别		1	2	3	4	5
安全加高值（m）	不允评越浪的堤防工程	1.0	0.8	0.7	0.6	0.5
	允许越浪的堤防工程	0.5	0.4	0.4	0.3	0.3

2. 设计基本资料

（1）气象与水文资料。进行堤防设计之前，必须清楚地了解当地的气象与水文资料，包括气温、风况、蒸发、降水、水位、流量、流速、泥沙、波浪、冰情、地下水等资料，以及与工程有关的水系、水域分布、河势演变和冲淤变化等。

（2）社会经济资料。堤防工程设计必须具备防护区及堤防工程区的社会经济资料，具体包括：面积、人口、耕地、城镇分布等社会概况；农业、工矿企业、交通、能源、通信等行业的规模、资产、产量、产值等国民经济概况；生态环境概况；历史洪、潮灾害情况。

（3）工程地形及工程地质资料。堤防工程设计的地形测量资料应包括地形图、纵断面图及横断面图。3 级及以上的堤防工程设计的工程地质及筑堤材料资料，应符合国家现行标准《堤防工程地质勘察规程》的规定。4 级、5 级的堤防工程设计的工程地质及筑堤资料，可适当简化。

3. 设计原则

（1）堤防工程的设计应以所在河流、湖泊、海岸带的综合规划或防洪、防潮专业规划为依据。城市堤防工程的设计，还应以城市总体规划为依据。

（2）堤防工程的设计应具备可靠的气象水文、地形地貌、水系水域、地质及社会经济等基本资料。堤防加固、扩建设计，还应具备堤防工程现状及运用情况等资料。

（3）堤防工程设计应满足稳定、渗流、变形等方面要求。

（4）堤防工程设计应贯彻因地制宜、就地取材的原则，积极慎重采用新技术、新工艺、新材料。

（5）位于地震烈度7度及其以上地区的1级堤防工程，经主管部门批准，应进行抗震设计。

（6）堤防工程设计应符合国家现行有关标准和规范的规定。

二、设计水位和排涝流量的确定

1. 设计水（潮）位的统计和计算

设计重现期的水位（海岸地区为潮位）应采用频率分析的方法确定，一般要求有不少于20年的年最高水（潮）位资料，并应调查历史上出现的特高水（潮）位值。设计重现期水（潮）位频率分析的线型，在海岸地区宜采用极值Ⅰ型分布曲线，在内陆江河和受径流影响的潮汐河口地区宜采用皮尔逊Ⅲ型分布曲线。经过分析论证，也可采用其他线型进行水（潮）位频率分析计算。在进行设计重现期潮位频率分析时，应采用包含风瘗增水影响在内的年最高潮位资料作为统计资料。

（1）按极值Ⅰ型分布率进行频率分析，应符合下列规定：

1）对 n 年连续的年最高潮位序列 h_i，其年频率为 p 的潮位值及统计参数可按下列公式计算：

$$\overline{h}=\frac{1}{n}\sum_{i=1}^{n}h_i \tag{5—3}$$

$$S=\sqrt{\frac{1}{n}\sum_{i=1}^{n}h_i^2-\overline{h}^2} \tag{5—4}$$

$$h_p=\overline{h}+\lambda_{pn}S \tag{5—5}$$

式中　$\overline{h}$——年最高潮位序列的均值；

h_i——第 i 年的年最高潮位值；

S——潮位系列的均方差；

h_p——与年频率 p 对应的潮位值；

λ_{pn}——与频率 p 及资料年数 n 有关的系数。

2）除 n 年连续的年最高潮位序列 h_i 外，根据调查在考证期 N 年中有 a 个特高潮位值 h_j，其年最高潮位均值 $\overline{h}$ 及均方差 S 可按下列公式计算：

$$\bar{h}=\frac{1}{N}\left(\sum_{j=1}^{a}h_j+\frac{N-a}{n}\sum_{i=1}^{n}h_i\right) \tag{5—6}$$

$$S=\sqrt{\frac{1}{N}\left(\sum_{j=1}^{a}h_j^2+\frac{N-a}{n}\sum_{i=1}^{n}h_i^2\right)-\bar{h}^2} \tag{5—7}$$

式中 h_j——特高潮位值（$j=1$，…，a）；

h_i——连续年最高潮位序列（$i=1$，…，n）。

（2）按皮尔逊Ⅲ型分布律进行频率分析时，应符合下列规定：

1）对 n 年连续的年最高水（潮）位系列 h_i，其均值 $\bar{h}$ 可按式（5—3）计算，离差系数 C_v 可按下式计算确定：

$$C_v=\sqrt{\frac{1}{n-1}\sum_{i=1}^{n}\left(\frac{h_i}{\bar{h}}-1\right)^2} \tag{5—8}$$

2）除 n 年连续的年最高水（潮）位序列外，根据调查在考证期 N 年中有 a 个特高潮位值 h_j，其年最高水（潮）位均值 $\bar{h}$ 按式（5—6）计算确定，离差系数 C_s 按下式计算确定：

$$C_s=\sqrt{\frac{1}{N-1}\left(\sum_{j=1}^{a}\frac{h_j}{\bar{h}}-1\right)^2+\frac{1}{n}\sum_{i=1}^{n}\left(\frac{h_i}{\bar{h}}-1\right)^2} \tag{5—9}$$

（3）经验频率计算应符合下列规定：

1）按递减次序排列的年最高水（潮）位序列中，第 m 年的经验频率按下式计算确定：

$$P=\frac{m}{n+1}\times\% \tag{5—10}$$

2）除 n 年连续的年最高水（潮）位序列外，根据调查在考证期 N 年中有 a 个特高潮位值，其连续水（潮）位序列的经验频率可按式（5—3）计算确定，第 M 项特高水（潮）位的经验频率可按下式计算确定：

$$P=\frac{M}{N+1}\times\% \tag{5—11}$$

（4）重现期 T_R（年）与频率 P（%）的关系为：

$$T_R=\frac{100}{P} \tag{5—12}$$

（5）在缺乏长期连续水（潮）位资料，但有不少于连续 5 年的年最高水（潮）位情况下，设计水（潮）位可用“极值同步差比法”与附近有不少于连续 20 年资料的长期水（潮）位站资料进行同步相关分析，以确定所需的设计潮位，其计算公式如下：

$$h_{PY}=A_{NY}+\frac{R_y}{R_x}(h_{PX}-A_{NX}) \tag{5—13}$$

式中　h_{PY}，h_{PX}——分别为待求站与长期站的设计高水（潮）位（m）；

A_{NY}，A_{NX}——分别为待求站与长期站的同期平均水（潮）位值（m）；

R_y，R_x——分别为待求站与长期站的同期各年年最高水（潮）位的平均值与平均水（潮）位的差值（m）。

在采用极值同步差比法计算时，待求站与长期站之间应满足下列条件：

1）潮汐性质相似。

2）地理位置邻近。

3）受河流径流（包括汛期）的影响近似。

4）受增减水的影响近似。

（6）对于具有短期水（潮）位观测资料，但不宜采用极值同步差比法计算时，如果待求站与邻近长期站的水（潮）位性质相似，可采用相关分析方法确定两站短期同步水（潮）位的相关程度，当相关关系较好时，可根据回归方程推算待求站的设计水（潮）位。

2. 排涝流量计算

（1）设计排涝流量，根据涝区特点、资料条件和设计要求，选用以下方法计算：

1）采用产流、汇流方法推算。

2）按排涝模数经验公式估算。

3）按排涝期平均排除法估算。

（2）根据设计暴雨间接推算设计排涝流量，设计暴雨历时应根据涝区特点、暴雨特性和设计要求确定。设计暴雨量、设计雨型、设计净雨深、最大涝水流量和涝水过程线，按有关规范的规定分析计算。确定设计暴雨要合理拟定设计暴雨历时、设计暴雨量、设计雨型、设计净雨深等因素。

1）设计暴雨历时，应采用形成涝区最大排涝流量的降雨历时。它与涝区暴雨特性、面积、蓄涝区大小有关，一般为1～3 d。当涝区面积、蓄涝区较大时，应采用较长的设计暴雨历时；反之，采用较短的设计暴雨历时，根据我国华北平原地区的实际资料分析，100～500 km^2 的涝区，最大排涝流量主要由一日暴雨形成；500～5 000 km^2 的涝区，由三日暴雨形成。

2）设计暴雨量，可采用典型年法或频率法确定。当涝区面积较大时，应采用面设计暴雨量；面积较小时，可采用点设计暴雨量。按典型年法确定设计暴雨量，可以取涝灾较严重年份的实际雨量作为设计雨量；或选择降雨时空分布符合涝区基本降雨规律的典型年雨量。频率法以涝区雨量频率曲线为依据，取相当于治涝标准的雨量为设计暴雨量。

3）设计雨型，首先考虑治涝工程的安全性，适当照顾代表性。一般应考虑出现机会多、雨峰稍偏后，雨量集中并尽可能接近设计暴雨量的雨型。

4）设计净雨深，旱作物一般采用降雨径流相关法，水稻可采用扣损法。

（3）对坡水地区，排涝流量一般采用地区排涝模数经验公式估算。引用公式时，要分析自然地理条件的相似性，有条件的，对式中参数应进行检验，必要时作适当调整。设计排涝流量与涝区暴雨、涝区面积、河网密度、排水河（沟）道坡降、植被情况、土壤质地等多种因素有关。对于较大面积的涝区，考虑上述因素采用产流、汇流方法精确计算。对坡水地区的骨干排水河道，一般采用由实测暴雨径流资料分析率定的排涝模数经验公式估算。

（4）对排涝田的泵站，排涝流量采用排涝期间涝水量平均排除法估算。排涝天数可根据作物耐涝历时确定，也可根据调查试验资料，以作物不致减产的原则确定。

（5）采用各种方法计算的设计排涝流量，都应与本流域实测调查资料，以及相似地区计算成果进行比较，检查其合理性。

（6）人类活动使流域产流、汇流条件有明显变化的，要考虑其影响。

（7）对有排渍要求的涝区，应根据地区气象、土壤、水文地质等因素，计算排水河道的设计排渍流量。可采用常用的公式计算，也可根据调查或试验资料估算，缺乏资料的地区，可参照类似地区资料或经验数据确定。

三、堤防工程规划与总体布置

1. 堤防工程总体布置

根据地形地质条件选定堤防工程的起点、终点，按照排涝要求及地形条件选定排涝涵闸、排涝泵站位置，确定堤防工程范围内穿堤建筑物、交叉建筑物的联结方式。城市堤防工程建设，要考虑城市建设的特点。在进行工程布置时，必须服从城市总体建设规划和城市防洪规划，全面考虑，统筹安排。在城市沿江的堤防，要注重城市景观和节省土地等要求。在有条件的地方可考虑堤防与城市交通道路结合建设，并与城区交通道路相连接，发挥防洪抢险道路在非汛期的作用。需要时可与其他市政工程建设相结合。设计中对工程布置要进行多方案比较、论证，在保证达到工程建设目的的前提下，尽可能做到经济合理，节省工程投资。

2. 堤线布置及堤型选择

（1）堤线布置。堤线布置应根据防洪规划、地形、地质条件，河流或海岸线变迁，结合现有及拟建建筑物的位置、施工条件、已有工程状况以及征地拆迁、文物保护、行政区划等因素，经过技术经济比较后综合分析确定。一般说来，堤线布置应遵循下列原则：

1）河堤堤线应与河流流向相适应，并与大洪水的主流线大致平行。一个河段两岸堤防的间距或一岸高地一岸堤防之间的距离应大致相等，不宜突然放大或缩小。

2）堤线应力求平顺，各堤段平缓连接，不得采用折线或急弯。

3）堤防工程应尽可能利用现有堤防和有利地形，修筑在土质较好、比较稳定的滩岸上，留有适当宽度的滩地，尽可能避开软弱地基、深水地带、古河道、强透水地基。

4）堤线应布置在占压耕地、拆迁房屋等建筑物少的地带，避开文物遗址，以利于防汛抢险和工程管理。

5）湖堤、海堤应尽可能避开强风或风暴潮的正面袭击。

（2）堤型选择。根据筑堤材料不同，堤型可分为土堤、石堤、混凝土或钢筋混凝土防洪墙、分区填筑的混合材料堤等。根据堤身的断面形式，堤型可分为斜坡式堤、直墙式堤和直斜复合式堤（见图 5—6）。根据防渗体设计，堤型可分为均质土堤、斜墙式土堤和心墙式土堤等。

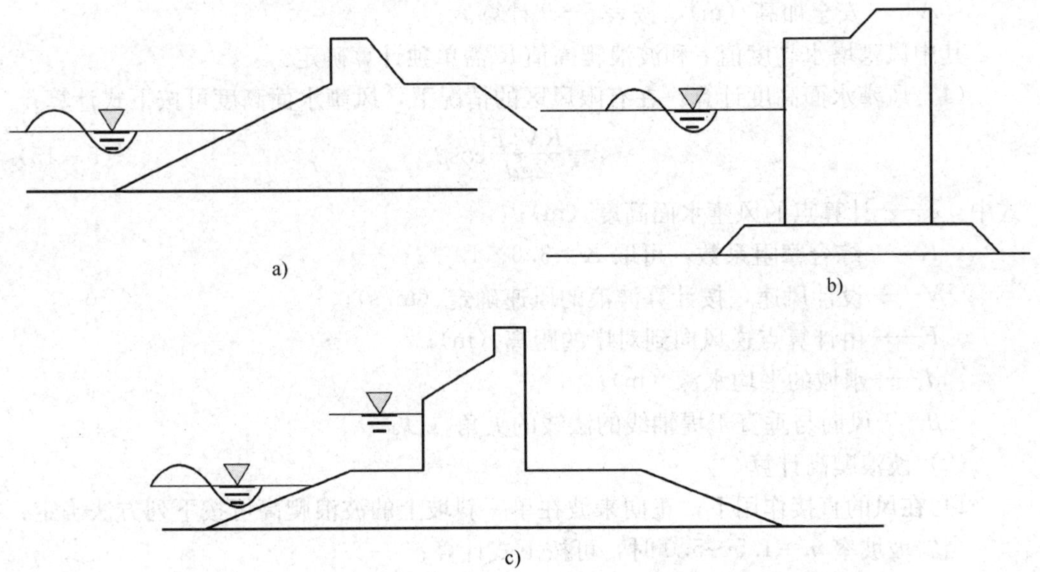

图 5—6　斜坡式堤、直墙式堤和直斜复合式堤
a）斜坡式堤　b）直墙式堤　c）直斜复合式堤

进行堤防设计时，堤型的选择应按照因地制宜、就地取材的原则，根据堤段所在的地理位置、重要程度、堤线地质条件、筑堤材料、水流及风浪特性、施工条件、运用和管理要求、环境景观、工程造价等因素，经过技术经济比较论证，综合确定堤防的形式。

在同一堤线的不同堤段可根据具体条件采用不同的堤型。在堤型变换处应做好连接处理，必要时应设过渡段。

3. 堤顶高程的确定

在我国现阶段，堤顶高程应按所在位置的设计洪水位或设计高潮位加堤顶超高确定。

设计洪水位与设计高潮位应根据国家现行有关标准规定计算。在设计中，堤顶超高值的大小直接关系到整个工程的投资多少，因此，堤顶超高值的计算非常关键，可按下式计算。通常1级、2级堤防的堤顶超高值不应小于2.0 m。

$$Y=R+e+A \tag{5—14}$$

式中 Y——堤顶超高（m）；

R——设计波浪爬高（m）；

e——设计风壅增水高度（m）；

A——安全加高（m），按表5—9计算。

其中风壅增水高度值e和波浪爬高值R需单独计算确定。

（1）风壅水面高度计算。在有限风区的情况下，风壅水面高度可按下式计算：

$$e=\frac{KV^2F}{2gd}\cos\beta \tag{5—15}$$

式中 e——计算点的风壅水面高度（m）；

K——综合摩阻系数，可取$K=3.6\times10^{-6}$；

V——设计风速，按计算波浪的风速确定（m/s）；

F——由计算点逆风向到对岸的距离（m）；

d——水域的平均水深（m）；

β——风向与垂直于堤轴线的法线的夹角（°）。

（2）波浪爬高计算

1）在风的直接作用下，正向来波在单一斜坡上的波浪爬高可按下列方法确定：当斜坡坡率$m=1.5\sim5.0$时，可按下式计算：

$$R_p=\frac{K_\Delta K_V K_p}{\sqrt{1+m^2}}\sqrt{HL} \tag{5—16}$$

式中 R_p——累积频率为 p 的波浪爬高（m）；

K_Δ——斜坡的糙率及渗透性系数，根据护面类型按表 5—10 确定；

K_v——经验系数，可根据风速 V（m/s）、堤前水深 d（m）、重力加速度 g（m/s^2）组成的无维量 $V/\sqrt{gd}$，可按表 5—11 确定；

K_p——爬高累积频率换算系数，可按表 5—12 确定，对不允许越浪的堤防，爬高累积频率宜取 2%，对允许越浪的堤防，爬高累积频率宜取 13%；

m——斜坡坡率，$m=\cot\alpha$，α 为斜坡坡角（°）；

$\overline{H}$——堤前波浪的平均波高（m）；

L——堤前波浪的波长（m）。

表 5—10　　斜坡的糙率及渗透性系数 K_Δ

护面类型	K_Δ	护面类型	K_Δ
光滑不透水护面（沥青混凝土）	1.0	抛填两层块石（透水基础）	0.50～0.55
混凝土及混凝土板护面	0.9	四脚空心方块（安放一层）	0.55
草皮护面	0.85～0.90	四脚锥体（安放二层）	0.40
草皮护面	0.75～0.80	扭工字块体（安放二层）	0.38
抛填两层块石（不透水基础）	0.60～0.65		

表 5—11　　经验系数 K_v

$V/\sqrt{gd}$	≤1	1.5	2	2.5	3	3.5	4	≥5
K_v	1	1.02	1.08	1.16	1.22	1.25	1.28	1.30

表 5—12　　爬高累积频率换算系数 K_p

$\overline{H}/d$	P(%)	0.1	1	2	3	4	5	10	13	20	50
<0.1	$\frac{R_p}{R}$	2.66	2.23	2.07	1.97	1.90	1.64	1.64	1.54	1.39	0.96
0.1～0.3		2.44	2.08	1.94	1.86	1.80	1.75	1.57	1.48	1.36	0.97
>0.3		2.13	1.86	1.75	1.70	1.65	1.61	1.48	1.40	1.31	0.99

注：R 为平均爬高。

当 $m\leqslant 1.25$ 时，可用下式计算：

$$R_p=K_\Delta K_v K_p R_0 \overline{H} \tag{5—17}$$

式中 R_0——无风情况下，光滑不透水护面（$K_\Delta=1$）、$\overline{H}=1$ m 时的爬高值（m），

可按表 5—13 确定。

当 $1.25<m<1.5$ 时，可由 $m=1.5$ 和 $m=1.25$ 的计算值按内插法确定。

表 5—13 **R_0 值**

$m=\cot\alpha$	0	0.5	1.0	1.25
R_0	1.24	1.45	2.20	2.50

2）带有平台的复合斜坡堤（见图 5—7）的波浪爬高，可先确定该断面的折算坡度系数 m_e，再按坡度系数为 m_e 的单坡断面确定其爬高。折算坡度系数 m_e 可按下列公式计算：

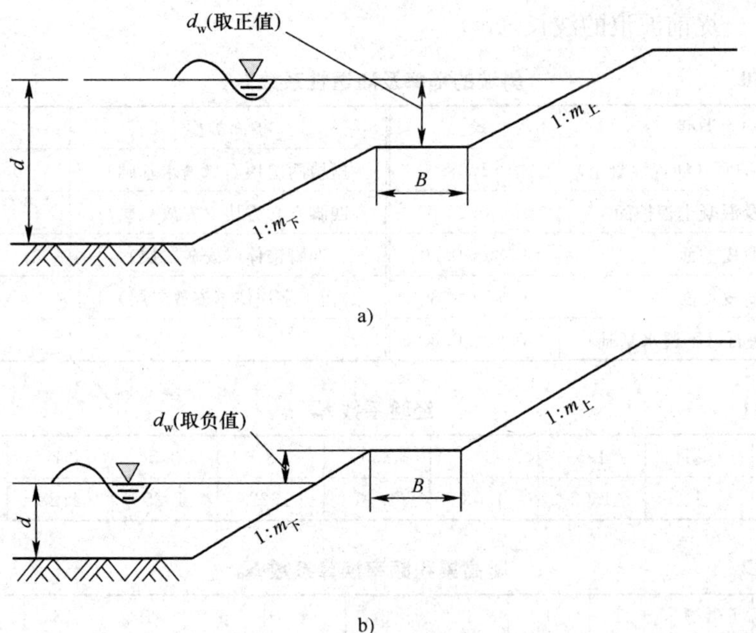

图 5—7　带平台的复式斜坡堤

当 $\Delta m=(m_下-m_上)=0$，即上下坡度一致时：

$$m_e=m_上\left(1-4.0\frac{|d_w|}{L}\right)K_b \tag{5—18}$$

$$K_b=1+3\frac{B}{L} \tag{5—19}$$

当 $\Delta m>0$，即下坡缓于上坡时：

$$m_e=(m_{上}+0.3\Delta m-0.1\Delta m^2)\left(1-4.5\frac{d_w}{L}\right)K_b \quad (5—20)$$

$\Delta m<0$，即下坡陡于上坡时：

$$m_e=(m_{上}+0.5\Delta m+0.08\Delta m^2)\left(1+3.0\frac{d_w}{L}\right)K_b \quad (5—21)$$

式中　$m_{上}$、$m_{下}$——分别为平台以上和平台以下的斜坡坡率；

d_w——平台上的水深（m），当平台在静水位以下时取正值，平台在静水位以上时取负值（见图 5—7），$|d_w|$表示取绝对值；

B——平台宽度（m）；

L——波长（m）。

注：折算坡度法适用于 $m_{上}=1.0\sim4.0$，$m_{下}=1.5\sim3.0$，$d_w/L=-0.067\sim0.067$，$B/L\leqslant0.25$ 的条件。

3）当来波波向线与堤轴线的法线成 β 角（°）时，波浪爬高应乘以系数 K_β，当堤坡坡率 $m\geqslant1$ 时，K_β 可按表 5—14 确定。

表 5—14　　系数 K_β

β（°）	≤15	20	30	40	50	60
K_β	1	0.96	0.92	0.87	0.82	0.76

4）对 1 级、2 级堤防或断面形状复杂的复式堤防的波浪爬高，宜通过模型试验验证。

四、堤防结构设计

1. 堤身断面设计

新建的堤防及旧堤的加固、扩建、改建，堤身设计，是根据地形、地质、潮汐、风浪、筑堤材料及运行要求分段进行的。堤身各部位的结构与尺寸是经稳定及强度计算和技术经济比较后确定的。

保护城市（镇）的堤防需尽可能与市政工程结合，码头、排污管、滨海大道、公园等应统筹安排，在保证工程安全的前提下，可采用多功能的结构形式，对城乡结合部应注意不同防潮（洪）标准堤段之间的衔接。

堤身设计应包括确定断面布置、堤顶高程、堤顶宽度、边坡、护坡、防浪墙、防渗与排水设施、堤基等。

斜坡式断面，可用于任何地基上，且施工方便，易于设置各种消浪措施。但当堤身较高时，堤身填土材料用量大，会导致投资加大。斜坡式断面相对于堤轴线可以是对称的和非对称的，一般临水侧坡比缓于背水侧坡比，堤身填料为黏性较大的土时，宜选用较缓的坡；为沙性较大的土时，用较陡的坡。

直立式断面，一般用于基础条件较好、水深中等的堤段。底部基础多采用抛石基床。但波浪遇直立墙时几乎全部反射，引起堤防附近波高加大，当堤前水深小于波浪的破碎水深时，波浪将破碎，对堤防产生很大的动水压力。直立式断面临水侧可采用重力式、悬臂式、扶壁式或空箱式挡墙支挡，背水侧回填土料，填筑而成。挡墙材料可采用混凝土、浆砌块石。

混合式断面，一般用于临水侧滩脚低、淘刷严重的堤段，也是分阶段多次加固形成的堤身断面最普遍的一种形式。它既有较好的消浪性能，又能较好地适应各种地基变形的需要，堤身堤基整体稳定性好。混合式堤一般堤身高度大于 5 m，根据断面的现状及加固要求，混合式断面有关斜坡堤和直立式堤的不同组合形式，堤顶高程、边坡坡度和护面结构经计算确定；堤顶宽度根据堤防等级和防洪抢险要求确定，城市堤防堤顶宽度还应结合城市总体规划要求确定；防渗与排水设施根据堤身、堤基条件和渗流及渗透稳定计算结果选定。

2. 渗流及渗透稳定计算

(1) 双层堤基渗流计算

1) 无限长等厚双层堤基的渗流计算。当堤基表土层的渗透系数为下卧强透水层的渗透系数的 1% 及以下时即为双层堤基，这种堤基在我国的堤防工程中广泛存在。如图 5—8 所示，堤基表层弱透水层底板下的承压水头可用下式进行计算：

CD 段：

$$h=He^{-Ax}(1+Ab+\mathrm{th}AL) \tag{5—22}$$

BC 段：

$$h=\frac{H(1+Ax)'}{1+Ab+\mathrm{th}AL} \tag{5—23}$$

式中 h——弱透水层底板下的承压水头（m）；

A——越流系数；

th——双曲正切函数。

2) 有限长等厚双层堤基的渗流计算。如图 5—9 所示的有限长等厚双层堤基，堤基水头可以根据式（5—22）计算。

用式（5—24）计算 ξ，以确定出逸段与非出逸段的分解点 B。

$$\frac{H-H_1}{\frac{1}{A}\mathrm{th}A(L_1+d')+b+\frac{1}{A}\mathrm{th}A(L_2-\xi)}\times\frac{1}{\mathrm{ch}A(L_2-\xi)}=\frac{H_1-H_0}{\xi+0.441T_0} \tag{5—24}$$

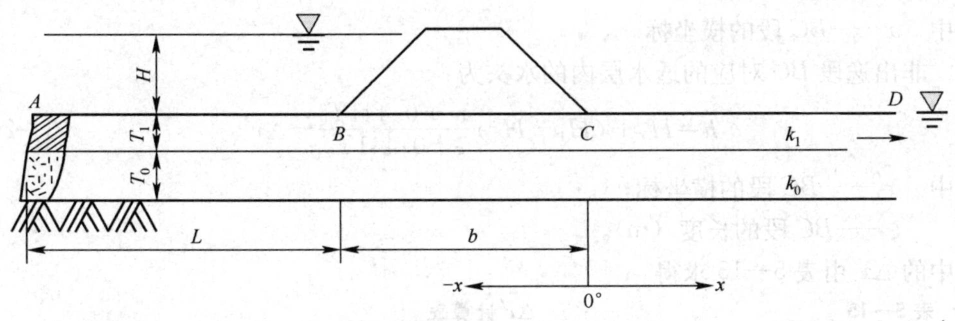

图 5—8　无限长等厚双层地基计算图

k_0、T_0——强透水层的渗透系数和厚度；k_1、T_1——弱透水层的渗透系数和厚度。

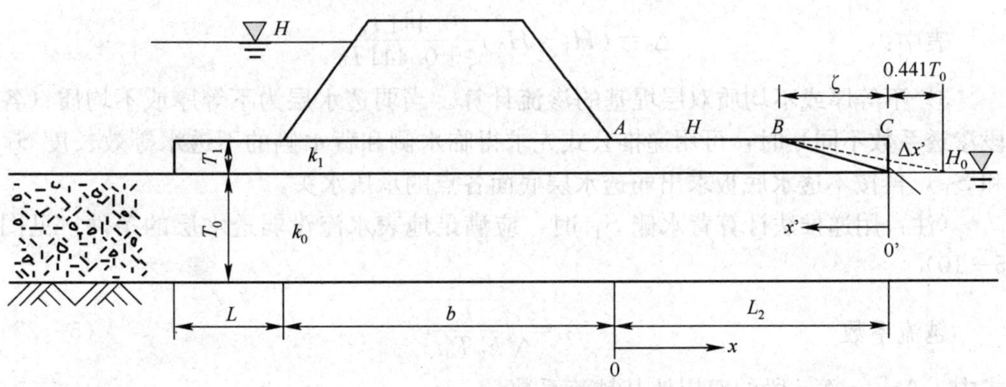

图 5—9　有限长等厚双层堤基计算图

上式中 $A=\sqrt{\dfrac{k_1}{k_0T_1T_0}}$

式中　T_0、k_0——强透水层的厚度（m）和渗透系数（m/s）；

T_1、k_1——弱透水层的厚度（m）和渗透系数（m/s）。

$$d'=\frac{1}{A}\mathrm{arcth}(0.441T_0)\ [\text{适用于} A(0.441T_0)<1]$$

出逸段 AB 对应的透水层内的水头为：

$$h=H_1+\frac{(H-H_1)\dfrac{1}{A}\mathrm{th}A(L_2-\xi)}{\dfrac{1}{A}\mathrm{th}A(L_1+d')+b+\dfrac{1}{A}\mathrm{th}A(L_2-\xi)}\times\frac{\mathrm{sh}A(L_2-\xi-x)}{\mathrm{sh}A(L_2-\xi)} \quad (5—25)$$

式中　x——BC 段的横坐标。

非出逸段 BC 对应的透水层内的水头为：

$$h=H_0+(H_1-H_0)\frac{x'+0.441T_0}{\xi+0.441T_0}-\Delta x' \tag{5—26}$$

式中　x'——BC 段的横坐标；

ξ——BC 段的长度（m）。

式中的 $\Delta x'$ 由表 5—15 求得

表 5—15　　**$\Delta x'$ 计算表**

x'/T_0	0	0.1	0.2	0.3	0.4	0.5	0.6	0.7	0.8	0.9	1.0	1.1	1.2	1.3
$\Delta x'/\Delta_0$	1.00	0.76	0.56	0.39	0.26	0.19	0.14	0.10	0.07	0.05	0.03	0.02	0.01	0

表中：

$$\Delta_0=(H_1-H_0)\frac{0.441T_0}{\xi+0.441T_0}$$

3）不等厚或不均质双层堤基的渗流计算。当弱透水层为不等厚或不均质（各段渗透系数不同）时，可用递推公式先求得临水侧和背水侧的不透水等效长度 $S_上$ 和 $S_下$，再按不透水底板求出弱透水层底面各点的承压水头。

（注：用递推法计算背水侧 $S_下$ 时，应满足地表水淹没弱透水层的条件，见图 5—10）

越流系数

$$A_i=\sqrt{\frac{k_i}{k_0T_0t_i}} \tag{5—27}$$

式中　A_i——第 i 段的双层地基越流系数；

K_0——强透水层的渗透系数（m/s）；

T_0——强透水层的厚度（m）；

k_i——第 i 段弱透水层的渗透系数（m/s）；

t_i——第 i 段弱透水层的厚度（m）。

递推公式：

$$D_{i-1}=\frac{\dfrac{1}{A_i}+S_{i-1}}{\dfrac{1}{A_i}-S_{i-1}} \tag{5—28}$$

$$S_i=\frac{D_{i-1}e^{\beta_i}-1}{A_i\ (D_{i-1}e^{\beta_i}+1)} \tag{5—29}$$

式中 $\beta_i=2A_iL_i$。

采用 D_{i-1} 和 S_i 两公式，递推临水侧等效长度时，从临水侧向背水侧递推，一直推到堤脚，所得 S 值即为临水侧的等效长度 $S_{上}$；从背水侧向临水侧递推，如图 5—10 所示，方法同前，算出背水侧的等效长度 $S_{下}$，递推过程如图 5—11 所示。

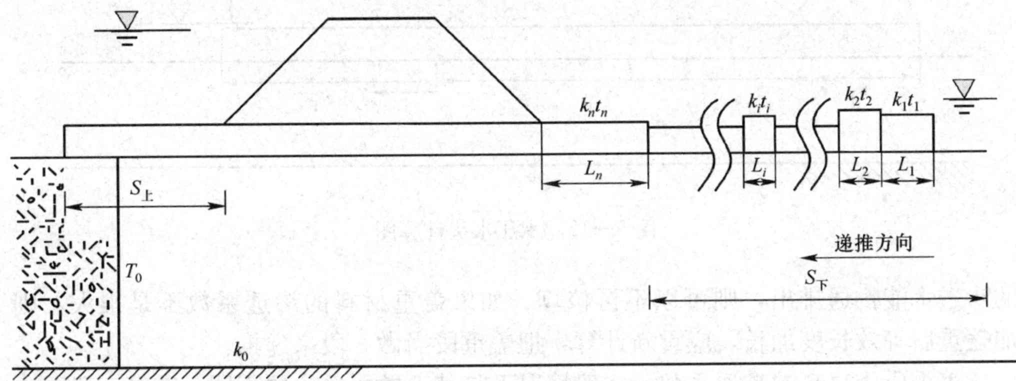

图 5—10　递推计算图

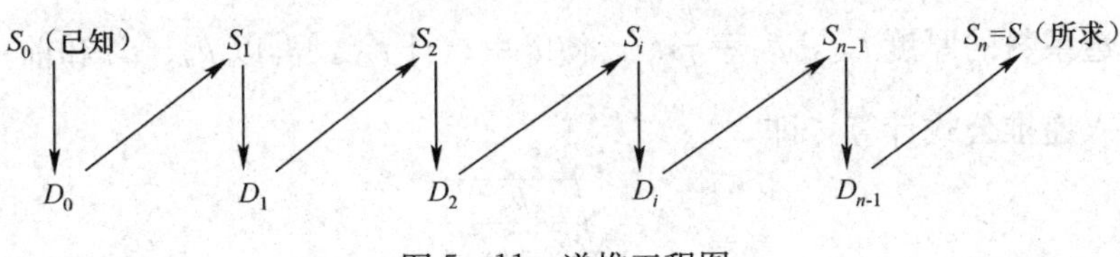

图 5—11　递推工程图

关于 S_0 值的计算：①若弱透水层为无限长，$S_0=0$；②若弱透水层为有限长，在弱透水层端部 $S_0=0.441T_0$。

若弱透水层的渗透系数没有变化且为等厚的，只要递推一次就可以推到堤前。如渗透系数或厚度有变化，则按不同渗透系数或不同厚度分段递推。

求得 $S_{上}$、$S_{下}$ 以后，即可用式（5—30）求出背水侧弱透水层下各点的承压水头（见图 5—12）：

$$h=\frac{S_{下}-x}{S_{上}+b+S_{下}}H \tag{5—30}$$

式中　$S_{上}$——临水侧弱透水层等效长度；

$S_{下}$——背水侧弱透水层等效长度；

b——堤底宽度；

x——背水侧计算点到背水堤脚的距离。

4）盖重的计算。加盖重以后，如果盖重材料的渗透系数很大，通过弱透水层

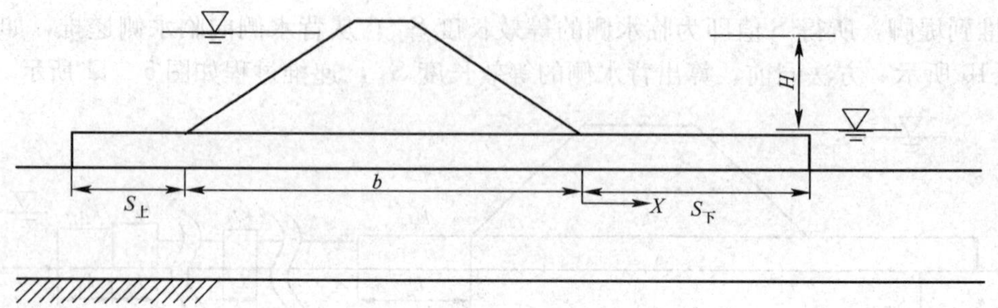

图 5—12 承压水头计算图

的渗透水能畅通排出，则可以不再核算。如果盖重材料的渗透系数不是很大，则加盖重后等效长度加长，应重新计算，把盖重段当做一段来递推。

盖重所用材料的渗透系数，一般情况下与其下的弱透水层不同。若第 n 段弱透水层的渗透系数和厚度为 k_n、t_n，首先把盖重材料的 k'、t' 换算成与其下的弱透水层相同渗透系数的厚度 t'_1，$t'_1=\frac{k_n}{k'}t'$，使 $t'=t'_n+t'_1$。再以 k_n、t'_n 和前一段 S_{n-1} 为参数代入递推公式计算，即：

$$A=\sqrt{\frac{k_n}{k_0T_0t'_n}}$$

$$S_n=\frac{1}{A}\frac{D_{n-1}e^{\beta_n}-1}{D_{n-1}e^{\beta_n}+1}$$

$$D_{n-1}=\frac{\frac{1}{A_n}+S_{n-1}}{\frac{1}{A_n}-S_{n-1}}$$

式中 $\beta_n=2A_nL_n$。

盖重如做成梯形，可划分成若干个阶梯形等厚的段落，逐段递推，分段越多越精确。

求得加盖重的等效长度以后，采用式（5—30）求得各点承压水头，核算盖重段及盖重后各段的渗透稳定（见图 5—13）。

（2）渗透稳定计算。渗透比降为沿渗流途径的水头变化率，当渗透途径为 L，渗透水头差为 h_2-h_1 时，其渗透坡降 J 为：

$$J=(h_2-h_1)/L \qquad (5—31)$$

通过渗流计算可以获得堤身和堤基的渗透比降 J，若小于土体的抗渗允许坡

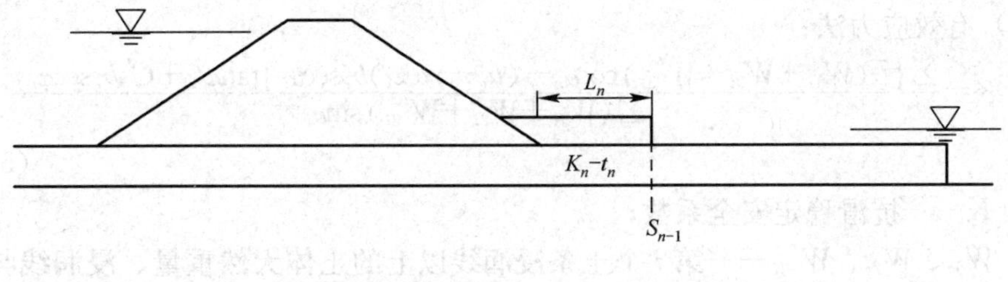

图 5—13　盖重计算图

降，则土体是渗透稳定的，否则，表明土体不能满足抗渗稳定要求，需要进行加固处理。

3. 抗滑与抗倾稳定计算

(1) 土堤边坡抗滑稳定计算。土堤边坡抗滑稳定一般采用圆弧滑动法计算(见图 5—14)。其方法可分为总应力法和有效应力法。

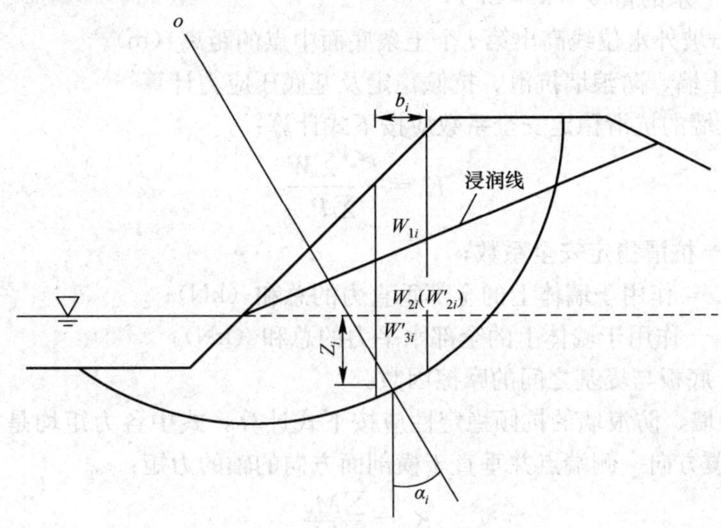

图 5—14　圆弧滑动法示意图

1) 总应力法：

$$K=\frac{\sum[(W_{1i}+W'_{2i}+W'_{3i})\cos\alpha_i\tan\varphi_i+C_ib_i\sec\varphi_i]}{\sum(W_{1i}+W'_{2i}+W'_{3i})\sin\alpha_i} \quad (5—32)$$

式中　W'_{2i}——浸润线与外坡水拉线之间的土体浮重量（kN）。

2）有效应力法：

$$K=\frac{\sum\{[(W_{1i}+W_{2i}+W'_{3i})\cos\alpha_i-(u_i-\gamma w z_i)b_i\sec\alpha_i]\tan\varphi'_i+C'_i b_i\sec\varphi_i\}}{\sum(W_{1i}+W_{2i}+W'_{3i})\sin\alpha_i} \tag{5—33}$$

式中　K——抗滑稳定安全系数；

W_{1i}、W_{2i}、W'_{3i}——第 i 个土条浸润线以上的土体天然重量、浸润线与外坡水位线之间的土体饱和重量、外坡水位线以下的土体浮重量（kN）；

α_i——过第 i 个土条底面中点的半径与竖直方向（重力方向）的夹角（°）；

φ_i、C_i——第 i 个土条底部土体的总抗剪强度指标（°、kPa）；

φ'_i、C'_i——第 i 个土条底部土体的有效抗剪强度指标（°、kPa）；

b_i——第 i 个土条的宽度（m）；

u_i——第 i 个土条底部的孔隙水压力（kPa）；

γw——水的重度（kN/m^3）；

z_i——坡外水位线高出第 i 个土条底面中点的距离（m）。

（2）挡土墙、防浪墙抗滑、抗倾稳定及基底压应力计算

1）挡土墙的抗滑稳定安全系数应按下式计算：

$$K_c=\frac{f\cdot\sum W}{\sum P} \tag{5—34}$$

式中　K_c——抗滑稳定安全系数；

$\sum W$——作用于墙体上的全部垂直力的总和（kN）；

$\sum P$——作用于墙体上的全部水平力的总和（kN）；

f——底板与堤基之间的摩擦因数。

2）挡土墙、防浪墙的抗倾稳定性应按下式计算，式中各力矩均是指荷载对通过墙底面倾覆方向一侧端点并垂直于横剖面方向的轴的力矩：

$$K_0=\frac{\sum M_V}{\sum M_H} \tag{5—35}$$

式中　K_0——抗倾稳定安全系数；

M_V——抗倾覆力矩（kN·m）；

M_H——倾覆力矩（kN·m）。

3）挡土墙基底的压应力：挡土墙为土基的基底的最大压应力应小于地基的允许承载力，压应力最大值与最小值之比的允许值，黏土宜取 1.2～2.5；沙土宜取

2.0～3.0。基底压力的不均匀系数不应过大。其压应力应按下式计算：

$$\sigma_{\max,\min}=\frac{\sum G}{A}\pm\frac{\sum M}{\sum W} \tag{5—36}$$

式中　$\sigma_{\max,\min}$——基底的最大和最小压应力（kPa）；

$\sum G$——竖向荷载（kN）；

A——挡土墙底面面积（m^2）；

$\sum M$——荷载对挡土墙底面垂直于横剖面方向的轴的力矩（kN·m）；

$\sum W$——挡土墙底面对垂直于横剖面方向形心轴的截面系数（m^3）。

4. 沉降计算

软土地区堤的沉降量较大，历时较长，1～3 级堤防需进行沉降量计算。对新建堤防计算整个堤身荷载引起的沉降，对旧堤加固的沉降计算一般只考虑新增荷载引起的沉降。沉降计算应包括海中心线处堤身和堤基的最终沉降量，并对计算结果按地区经验加以修正，对沉降敏感区尚应计算断面的沉降及沉降差。

根据堤基的地质条件、土层的压缩性、堤身的断面尺寸、地基处理方法及荷载情况等，可分为若干堤段，每段选取代表性断面进行沉降量计算。

（1）一般情况下，堤身和堤基的最终沉降量可按式（5—37）计算，但若填筑速度较快，堤身荷载接近极限承载力时，地基产生较大的侧向变形和非线性沉降，此时沉降计算应考虑变形参数的非线性进行专题研究。

$$S=m\sum_{i=1}^{n}\frac{e_{1i}-e_{2i}}{1+e_{1i}}h_i \tag{5—37}$$

式中　S——最终沉降量（mm）；

n——压缩层范围的土层数；

e_{1i}——新建堤防时为第 i 土层在平均自重应力作用下的孔隙比，旧堤加固时为第 i 土层在平均自重应力和旧堤平均附加应力共同作用下的孔隙比；

e_{2i}——第 i 土层在平均自重应力和平均附加应力共同作用下的孔隙比；

h_i——第 i 土层的厚度（mm）；

m——修正系数，一般堤基的 $m=1.0$，对软土地基可采用 $m=1.3$～1.6，堤身较高、地基土较软弱时取较大值，否则取较小值。

（2）堤基压缩层的计算深度，可按下列条件确定：

$$\frac{\sigma_z}{\sigma_B}=0.2 \tag{5—38}$$

式中　σ_B——堤基计算层面处的自重应力（kPa）；

σ_z——堤基计算层面处的附加应力（kPa）。

实际压缩层的厚度小于上式计算值时，应按实际压缩层的厚度计算其沉降量。

(3) 当有实测沉降量—时间曲线时，可采用双曲线法拟合，竣工后某一时间 t 的沉降量 S_t 可按下式计算：

$$S_t = S\frac{t}{a+t} \tag{5—39}$$

式中 S_t——竣工后某一时间 t 时的沉降量（mm）；

S——待求的最终沉降量（mm）；

a——待求的参数；

t——竣工后某一时间，从加荷起止时间的中点算起（d）。

直接按双曲线拟合较复杂，为了便于用现有的软件进行拟合，需进行变量变换。令

$$y=\frac{1}{S_t} \tag{5—40}$$

$$x=\frac{1}{t} \tag{5—41}$$

则式（5—39）可变换为

$$y=Ax+B \tag{5—42}$$

其中 $A=\frac{a}{s}$、$B=\frac{1}{s}$

经线性拟合可得 A、B，则

$$S=\frac{1}{B} \tag{5—43}$$

$$a=\frac{A}{B} \tag{5—44}$$

将 S、a 代回式（5—39），即可求得 S_t。

沉降拟合应选取中后期沉降观测结果进行计算。

五、堤防基础处理

1. 堤基加固处理

软弱地基加固技术较多，在堤防工程中，主要采用深层搅拌法加固技术、振冲法加固技术等。在实际工程中如何选择，主要从以下几方面考虑：

(1) 首先应分析采用天然地基的可行性，如有可能应尽量采用天然地基。

(2) 根据建筑物对地基的要求和地基条件，确定需要进行处理的范围和处理要求。

（3）地基处理方法必须满足堤防对地基的设计要求，主要指天然地基经处理后应能达到的物理力学指标。

（4）对天然地基的条件、处理要求、工程费用及材料来源等各方面进行综合考虑，以确定合适的地基处理方法。

（5）地基处理方法原则上一定要技术上可靠、经济上合理，又能满足施工进度要求。通过分析比较可以采用一种处理方法，也可以采用由两种或两种以上的处理方法组成综合的处理方案。

（6）注意节约能源，保护环境，避免因地基处理而对地面水和地下水产生污染，或制造振动、噪声等对周围环境产生不良影响。

2. 透水堤基防渗处理

堤基防渗有水平防渗和垂直防渗两种方法。水平防渗是在堤防迎水侧堤脚铺设一定厚度的黏土或土工膜（称为铺盖），铺设长度通过计算确定。比较常用的垂直防渗技术有灌浆技术、防渗墙技术、高压喷射注浆技术等。垂直防渗方法的选择，主要从以下几方面考虑：

（1）垂直防渗方案的选择主要考虑适应工程性质、条件，可满足工程防渗目的和要求，有一定的防渗标准，工程费用较低等因素。防渗标准直接关系到堤防的安全性以及工程量、工程进度和造价等。

（2）堤防垂直防渗是渗流控制处理的一部分，尽可能符合前堵后排的原则、堤身和堤基渗流控制措施统一考虑的原则。和渗流控制方案一起应在技术经济比较后确定。

（3）堤身的垂直防渗处理。可采用截渗墙（薄防渗墙、定摆喷、板桩墙）劈裂灌浆等防渗体。在防渗体不能和地基防渗措施统筹实施时，可考虑截渗墙方案。

（4）堤基的垂直防渗处理。透水堤基垂直防渗处理可采用截水槽、截渗墙等作为防渗体。采用截水槽、截渗墙等防渗体时，材料可采用黏性土、土工膜、固化灰浆、水泥、水泥砂浆、混凝土、塑性混凝土、沥青混凝土、化学材料；施工可采用人工开挖、机械开挖、铺设、冲击钻、回转钻、抓斗、轮铣、射水、锯槽、斗式、多头钻、定摆喷、灌浆、板桩、搅拌桩等技术；其厚度和设置方式应满足材料允许渗透坡降要求；其防渗性能、效果应符合防渗要求和适应防渗体的布置。

对于截渗墙，关键是要采用薄墙和廉价的材料才能有效降低工程造价。如采用射水、锯槽、链斗、多头搅拌桩、插板等薄墙成槽方式，并使用土工膜、塑性混凝土、自凝灰浆、固化灰浆等作为墙体材料。定摆喷、板桩墙、搅拌桩造价也较低。

对于砂卵砾石含量较高、粒径较大的地层，则应考虑冲击钻、回转钻、抓斗、轮铣等成槽方式的截渗墙。根据堤防工程的特点，对该类地层险工段的防渗处理也可考虑单排灌浆帷幕防渗或劈裂灌浆，配合其他渗流控制措施可以达到一定的渗流控制标准。

（5）堤基防渗体应布置在临水堤脚或堤顶偏临水侧，并与堤身防渗体有效连接，且符合变形协调的要求。

3. 几种垂直防渗与地基加固方法的比较

垂直防渗与地基加固的方法较多，但在堤防除险加固工程中，比较适用的有灌浆法、防渗墙法、高压喷射灌浆法、深层搅拌法和振冲法等几种，其中灌浆法、防渗墙法、高压喷射灌浆法和深层搅拌法既可以做成防渗墙，处理地基渗漏问题，也可以用于地基加固。而振冲法、强夯法、排水固结法等可应用于新建或改建堤防工程中。几种主要垂直防渗与地基加固方法的特点及适用范围见表 5—16。

表 5—16　几种主要垂直防渗与地基加固方法的比较

加固方法	特点和功能	适用范围	备注
灌浆法	适应性广，不受地基加固深度的限制。既可用于地基加固，又可用于沙砾石基础的防渗帷幕灌浆	沙砾石和湿陷性黄土地基	
防渗墙法	用于堤防的垂直防渗	各类沙性土、黏土及湿陷性黄土等	
高压喷射注浆法	用于加固地基，采用定喷和摆喷法可组成防渗帷幕	各种黏性土、冲填土、粉细沙、沙砾石等基础处理	地下水流速过大，无填充物的岩溶地段以及永冻土层不宜采用
深层搅拌法（水泥土加固法）	用于加固地基，成桩深度 30 m，也可用于组成水泥土挡墙，形成隔水帷幕，成墙深度可达 18 m，造价低	各种黏性土、冲填土、沙性土地基	
振冲法	提高基础的抗滑稳定及抗振防液化能力	沙性土及黏性土地基加固	对饱和超软黏土（抗剪强度<20 kPa）地基要慎用
挤密沙桩法	可防止松散沙土振动液化，对软弱黏性土可提高承载力	新建或改建堤防工程沙性土和软弱黏土地基的加固	已建堤防工程要慎用
强夯法	可防止松散沙土振动液化，对软弱黏性土可提高承载力	新建或改建堤防工程沙性土和软弱黏土地基的加固	
排水固结法	解决地基沉降和稳定问题	新建或改建工程软黏土地基处理	

虽然常用的几种地基加固方法都可以用来加固堤防，但往往不是最经济合理的选择。在有条件的情况下，堤身问题也可以按照堤防工程施工规范的有关要求，采用人工翻建的方法重新填筑，施工质量是可以得到保证的。

六、堤防建设与生态保护

随着科学发展和环境意识的加强，人们逐渐认识到水利工程对于河流生态系统可能造成不同程度的负面影响。其主要表现在以下两个方面：一是自然河流的人工渠道化，包括平面布置上的河流形态直线化、河道横断面几何规则化、河床材料的硬质化。二是自然河流的非连续化，包括筑坝导致顺水流方向的河流非连续化，筑堤引起侧向的水流连通性的破坏。从保护生态环境的高度，充分认识这种负面作用，积极采取工程措施和生物措施对于受损河流生态系统予以必要的补偿，维护水域生态系统的功能，是流域生态建设的重要任务之一。

近年来，各地在进行防洪工程建设和河流整治工程中，已经采用了一些新技术和新材料加强河流的生态建设。比如生态型护坡技术、堤防绿化措施等。

1. 堤线布置及堤型选择河流形态的多样化

河流形态的规则化、均一化，会在不同程度上对生物多样性造成影响。堤线布置及堤型选择河流形态的多样化，是生物物种多样化的前提之一，因此在堤线布置时，应尽可能保留江河湖泊的自然形态，保留或恢复其蜿蜒性或分汊散乱状态，即保留或恢复湿地、河湾、急流和浅滩。在确定堤防间距时，遵循宜宽则宽的原则，要处理好行洪和生态保护要求与土地开发利用之间的矛盾，河槽和河漫滩不仅要能满足设计洪水行洪要求，还要保持一定的浅滩宽度和植被空间，为生物的生长发育提供栖息地，发挥河流的自我净化功能。堤型的选择原则除满足工程渗透稳定和滑动稳定等安全条件外，还应结合生态保护或恢复技术要求，尽量采用当地材料和缓坡，为植被生长创造条件，保持河流的侧向连通性。

2. 河流断面设计

自然河流的纵、横断面也显示出多样性的变化，浅滩与深潭相间。因此设计中应提出河道尽量要做到河床的非平坦化，采用非规则断面。避免因规则断面而导致流场的均一化，增加与生物的亲和力，并有助于与自然风景相协调。

3. 岸坡防护

在河流整治工程中，对生态系统冲击最大的因素是水陆交错带的岸坡防护结构。水陆交错带是水域中植物繁茂发育地，为动物的觅食、栖息、产卵、避难所，也是陆生、水生动植物的生活迁移区，至关重要。因此，岸坡防护工程的设计应从强调人与自然和谐的生态建设要求出发，采用与周围自然景观协调的结构形式，在满足工程安全的前提下，确保生态和景观的护岸形式多种多样。在典型的岸坡防护结构中，可尽量使用具有良好反滤和垫层结构的堆石，多孔混凝土构件和自然材质制成的柔性结构，尽可能避免使用硬质木透水材料，如混凝土、浆砌块石等，为植物生长，以及鱼类、两栖类动物和昆虫的栖息与繁殖创造条件。

4. 景观建设

城市水域整治的景观建设中，可以强调注意保留江河湖泊天然的美学价值，避免将水流置于过多的亭台楼阁等混凝土与砌石形成的人工环境之中。水利工程设施要造成一种人与自然亲近的环境，现代的城市景观设计应更多注重生物栖息地建设。水利工程还应为公众广泛参与和对儿童进行水环境保护教育创造良好条件。如水生态公园、河流小型博物馆等。

5. 工程施工

在工程施工中，强调施工期对生物栖息地进行保护和恢复，避开动植物发育期进行施工。对特殊区域的物种，在施工期要采取其他辅助保护措施，如他处养育等。取料场开挖后应进行适当处理，以满足美观和环境方面的要求，要求合理设置排水、平整地形和改善有利于植被生长的条件。料场区应进行植被恢复，与周围景观相一致。

第六章　火灾害与防灾减灾工程

第一节　火灾害概论

在人类社会生活中，火灾是威胁公共安全、危害人们生命财产的灾害之一。当今，火灾是世界各国人民所面临的一个共同的灾难性问题。它给人类社会造成了极大的生命和财产损失。随着生产力的发展，社会财富日益增加，火灾带来的损失程度以及火灾的危害范围都呈现出扩大趋势。

火灾是指在时间和空间上失去控制的燃烧所造成的灾害。在各种灾害中，火灾是最经常、最普遍地威胁公众安全和社会发展的主要灾害之一。人类能够对火进行利用和控制，是文明进步的一个重要标志，人类使用火的历史与同火灾做斗争的历史是相伴相生的。人们在用火的同时，不断总结火灾发生的规律，尽可能地减少火灾对人类造成的危害。

据联合国世界火灾统计中心提供的资料显示，火灾导致的损失，在美国不到7年翻一番，在日本平均16年翻一番，在中国平均12年翻一番。全世界每天发生火灾1万多起，造成数百人死亡。近几年来，我国每年发生火灾约4万起，死亡2 000多人，伤3 000～4 000人，造成直接财产损失10多亿元，尤其是造成几十人、几百人死亡的特大恶性火灾时有发生，给国家和人民群众的生命财产造成了巨大的损失。严峻的现实表明，火灾是当今世界各种灾害中发生频率较高的一种灾害，也是时空跨度最大的一种灾害。

一、火灾的危害性

1. 火灾会造成惨重的直接财产损失

例如，1993年8月5日，深圳市安贸危险品储运公司清水河仓库因化学危险物品混存而发生反应，引起火灾爆炸事故。大火燃烧了16 h，有15人死亡，8人失踪，873 人受伤，烧毁建筑面积 39 000 m^2，造成直接财产损失 15.2 亿元。

2. 火灾造成的间接财产损失更为严重

现代社会各行各业密切联系，牵一发而动全身。一旦发生重、特大火灾，造成的间接财产损失之大，往往是直接财产损失的数十倍。例如，1990 年 7 月 3 日，四川省梨子园铁路隧道因油罐车外溢的油气遇到电火花导致爆炸起火。这起火灾造成直接财产损失 500 万元；但其致使铁路运输中断 23 d，成千上万旅客滞留，许多单位停工待料，带来的间接财产损失难以估算。

3. 火灾会造成大量的人员伤亡

据统计，2000 年全国发生的火灾共烧死 3 021 人，烧伤 4 404 人，平均每天有 8.3 人被烧死。2000 年四川共发生火灾 5 718 起，死亡 102 人，受伤 243 人。2000 年 12 月 25 日，河南洛阳东都商厦因电焊工违章操作引起火灾，造成 309 人死亡，7 人受伤。国际消防技术委员会对全球火灾调查统计表明，近几年全球每年发生 600 万～700 万起火灾，大约有 6 万～7 万人在火灾中丧生。

4. 火灾会造成生态平衡的破坏

1987 年 5 月 6 日到 6 月 2 日，我国大兴安岭发生了一起几乎长达一个月的森林特大火灾。起火的直接原因是林场工人在野外吸烟引起，间接原因是气候条件有利燃烧，可燃物多。人民解放军、森林警察、公安消防人员以及广大企、事业单位职工近 10 万军民经过近一个月的殊死搏斗，才将大火扑灭。这场大火致使 193 人丧生，226 人受伤，破坏了 1 000 多万亩林业资源，殃及 1 个县城 3 个镇，造成的生态破坏需 80 年才能恢复，经济损失高达 69.13 亿元。据资料统计，我国年均森林火灾毁林面积达 1 万 km^2，而森林大面积减少，也是造成洪水泛滥的重要原因之一。

5. 火灾会造成文物被毁

1994 年 11 月 15 日，吉林市银都夜总会因纵火发生火灾，殃及在同一建筑物内的市博物馆，烧毁建筑面积 6 800 m^2，不仅造成直接财产损失 671 万多元，而且将无法用金钱衡量的博物馆馆藏文物 7 000 余件和黑龙江省在该馆巡展的 1 具 7 000 多万年以前的恐龙化石（长 11 m，高 6.5 m）全部烧毁，堪称世界级瑰宝、被列入《吉尼斯世界大全》的吉林陨石雨中最大的 1 号陨石（重 1 775 kg）也在大火中分为两半，还有 2 人被烧死。

由此可见，火灾带来的危害是相当惨重的。我们必须认真贯彻执行“预防为主，防消结合”的消防工作方针，在做好防火工作的同时，在思想上、组织上和物质上积极做好各项灭火准备，以便一旦发生火灾，能够迅速有效地扑灭，最大限度地减少火灾造成的损失和人员伤亡。

二、火灾产生的原因

发生火灾事故的主要原因包括以下几个方面：

1. 用火管理不当造成火灾。

2. 对易燃物品管理不善，库房堆放材料没有根据物质的性质分类储存。

3. 电器设备绝缘不良，安装不符合规程要求，发生短路、超负荷、接触电阻过大等，都可能引起火灾。

4. 工艺布置不合理，易燃易爆场所未采取相应的防火防爆措施，设备缺乏维护检修，都可能引起火灾。

5. 违反安全操作规程，使设备超温、超压，或在易燃易爆场所违章动火、吸烟等都可能引起火灾。

6. 通风不良，生产场所的可燃气体或粉尘在空气中达到爆炸浓度，遇火源引起火灾。

7. 避雷设备安置不当，缺乏检修或没有避雷装置，发生雷击引起火灾。

8. 易燃易爆生产场所的设备、管线没有采取消除静电措施，发生放电引起火灾。

9. 棉纱、油布、沾油铁屑等放置不当，在一定条件下会发生自燃起火。

三、火灾发生的条件

1. 要有可燃物

凡是能在空气、氧气或其他氧化剂中发生燃烧反应的物质都称为可燃物，如木材、纸张、汽油、酒精、氢气、乙炔、钠、镁等。可燃物从化学组成上分为有机可燃物和无机可燃物；从物质形态上分为气体可燃物、液体可燃物和固体可燃物。不同可燃物的燃烧难易程度不同，同一可燃物的燃烧难易程度也会因条件改变而改变，甚至在一定条件下成为非可燃物，而在另一种条件下成为可燃物。例如，铁、铝等在空气中是非可燃物，而在纯氧中则能发生剧烈的燃烧。

2. 要有助燃物

凡能帮助和支持可燃物燃烧的物质都叫助燃物，如空气、氧气、氯酸钾、过氧化钠、浓硝酸、浓硫酸等。发生火灾时，空气是主要的助燃物。必须指出，有时可燃物和助燃物是合二为一的，这类物质在燃烧过程中会发生分解反应，如硝化甘油的爆炸就是一个典型的例子。

3. 要有着火源

凡能引起可燃物燃烧的热能源均称为着火源，也称点火源。着火源可以是明火，也可以是高温物体。它们可以由热能、化学能、电能、机械能转换而来。电器开关、电器短路、静电等产生的电火花，炉火、烟头、火柴、蜡烛等，是常见的引起火灾的着火源。金属与金属、金属与岩石之间的撞击、摩擦所产生的火星，其温度可达1 000℃以上，可引燃可燃气体、可燃液体蒸气以及棉花、干草、绒毛等物质。雷电是很强烈的放电现象，其电火花往往是古建筑、森林的着火源。

上述三个条件在燃烧过程中缺一不可，统称燃烧三要素，是发生火灾的三个必要条件。此外，燃烧一旦发生，火焰中必定含有自由基，自由基一旦消失，燃烧就无法继续维持。从这个意义上讲，维持燃烧持续进行需有四个条件，即可燃物、助燃物、点火源和自由基。

四、火灾事故的特点

火灾事故与一般的事故相比较，具有酝酿期、发展期、全盘期、衰灭期几个连续发展过程，并且具有以下几个特点：

1. 突发性

火灾事故通常在人们意想不到的时候发生。因此，人们往往认为火灾是难以预防的，甚至会从而产生一种麻痹大意的心理。

2. 复杂性

火灾发生的原因往往比较复杂，例如发生火灾的可燃物就有很多种，有气体的、液体的、固体的；点火源也是多种多样；再加上火灾事故发生后，往往会造成房屋倒塌、设备损坏和人员伤亡等，这些都给调查事故原因带来了许多困难。

3. 严重性

火灾往往会造成巨大的经济损失、人员伤亡以及环境污染，给国家、企业或者个人带来灾难性的后果。

五、火灾事故的分类

根据《生产安全事故报告和调查处理条例》，火灾分为特别重大火灾、重大火灾、较大火灾和一般火灾四个等级。

特别重大火灾是指造成30人以上死亡，或者100人以上重伤，或者1亿元以上直接财产损失的火灾。

重大火灾是指造成10人以上30人以下死亡，或者50人以上100人以下重伤，或者 5 000 万元以上 1 亿元以下直接财产损失的火灾。

较大火灾是指造成 3 人以上 10 人以下死亡，或者 10 人以上 50 人以下重伤，或者 1 000 万元以上 5 000 万元以下直接财产损失的火灾。

一般火灾是指造成 3 人以下死亡，或者 10 人以下重伤，或者 1 000 万元以下直接财产损失的火灾。

第二节　火山灾害与防灾减灾工程

一、火山灾害

火山是地壳内部岩浆沿薄弱的深大断裂等通道喷出地表，喷出的岩浆和碎屑物在喷火口及其周围堆积的山体。火山喷出的物质有火山气体、碎屑物、碎流、岩流、泥浆流和熔岩流等。伴随着火山喷发的现象有山崩、海啸、地震、空气振动、地形改变、地壳运动以及地势变化等。火山活动喷发出的物质和伴生的地球物理、地质现象，对地球环境和人类社会构成严重威胁，是威胁人类安全的一大灾害。

1. 火山的成因

火山的形成涉及一系列物理化学过程。地壳上地幔岩石在一定温度压力条件下产生部分熔融并与母岩分离，熔融体通过孔隙或裂隙向上运动，并在一定部位逐渐富集而形成岩浆囊。随着岩浆的不断补给，岩浆囊内岩浆过剩，压力逐渐增大。当地表覆盖层的强度不足以阻止岩浆继续向上运动时，岩浆就会通过薄弱带向地表上升。在上升过程中熔解在岩浆中的挥发分逐渐溶出，形成气泡，当气泡占有的体积分数超过 75%时，禁锢在液体中的气泡会迅速释放出来，导致爆炸性喷发。气体释放后岩浆黏度降到很低，流动转变成湍流性质。如果岩浆黏滞性数较低或挥发分较少，便仅有宁静式溢流。这种从部分熔融到喷发的一系列物理化学变化的差别，便形成了形形色色的火山活动。

2. 火山的种类

（1）按照活动情况来分，火山可以分为活火山、死火山、休眠火山三类。

1）活火山（active volcano）。活火山是指现在尚在活动或周期性发生喷发活动的火山。这类火山正处于活动的旺盛时期。例如，爪吐岛上的梅拉皮火山，20 世纪以来，平均间隔两三年就要持续喷发一个时期。我国近期的火山活动以台湾地区大屯火山群的主峰七星山最为有名；新疆昆仑山西段于田的卡尔达西火山群有过火山喷发记录，火山喷发后形成了一个平顶火山锥。

2）死火山（extinct volcano）。死火山是指史前曾发生过喷发，但有史以来一直未活动过的火山。此类火山已丧失了活动能力。有的死火山仍保持着完整的火山形态，有的则已遭受风化侵蚀，只剩下残缺不全的火山遗迹。我国著名的死火山——山西大同火山群在方圆约123 km^2 的范围内，分布着99个孤立的火山锥，其中狼窝山火山锥的海拔高度将近1 900 m。

3）休眠火山（dormant volcano）。休眠火山是指有史以来曾经喷发过，但长期以来处于相对静止状态的火山。此类火山都保存有完好的火山锥形态，仍具有火山活动能力，或尚不能断定其已丧失火山活动能力。例如我国长白山天池，曾于1327年和1658年两度喷发，在此之前还有多次活动。目前虽然没有喷发活动，但从山坡上一些深不可测的喷气孔中不断喷出高温气体，可见该火山目前正处于休眠状态。

应该说明的是，这三种类型的火山之间没有严格的界限，相互间并不是一成不变的。休眠火山可以复苏，死火山也可以“复活”。过去一直认为意大利的维苏威火山是一个死火山，人们在火山脚下建起许多城镇，在火山坡上开辟了葡萄园；但在公元79年，维苏威火山突然爆发，高温的火山喷发物袭占了毫无防备的庞贝和赫拉古农姆两座古城，两座城市全部毁灭，城中居民全部丧生。

（2）火山按照喷发类型来分，分为裂隙式喷发火山和中心式喷发火山两大类。

1）裂隙式喷发火山。裂隙式喷发火山又称冰岛型喷发火山，是指岩浆沿地壳中的断裂带溢出地表的火山。此类火山喷发温和宁静，喷出的岩浆为黏性较小的基性玄武岩浆，碎屑和气体少。基性熔岩溢出后，形成广而薄的熔岩被或玄武岩高原，沿断裂带熔岩锥呈线状排列。

2）中心式喷发火山。中心式喷发火山是指岩浆沿火山喉管喷出地面的火山。根据喷出物和活动强弱又可分为若干种，其名称用代表性的火山名、地名或人名命名。

（3）按火山锥分类，火山基本可以分为盾形火山、复合锥火山、寄生锥火山三大类。

1）盾形火山。全部或基本上是多层碱性熔岩构成的熔岩锥，它形状扁平、坡度缓（2°～10°），顶部有碗状火山口。

2）复合锥火山。山火堆全部由火山碎屑组成，其平面近似圆形，坡度约30°，顶部有一个漏斗状火山口，由熔岩和碎屑互层构成的叫复合锥，也叫层状火山锥。

3）寄生锥火山。其坡度大多超过30°，形状比较对称，上部多熔岩，下部和边缘主要是火山碎屑，火山口呈碗状或漏斗状。有些火山锥坡上还有小型火山锥，其通道与主火山锥的通道相连，无独立的岩浆源。

3. 火山喷发的过程

火山喷出地表前的过程可归纳为三个阶段，即岩浆形成与初始上升阶段、岩浆囊阶段和离开岩浆囊到地表阶段。

(1) 岩浆形成与初始上升阶段。岩浆的产生必须有两个过程，即部分熔融和熔融体与母岩分离。实际上这两个过程不大可能互相独立，熔融体与母岩的分离可能在熔融开始产生时就随之开始了。部分熔融是液体（即岩浆）和固体（结晶）的共存态。温度升高、压力降低和固相线降低均可产生部分熔融。当部分熔融物质随地幔流上升时，在流动中也会产生液体和固体的分离现象，从而产生液体的移动乃至聚集。这一过程即熔体与母岩分离的过程，称为熔离。

(2) 岩浆囊阶段。岩浆囊是火山底下充填着岩浆的区域，是地壳或上地幔岩石介质中岩浆相对富集的地方。岩浆一般视为与油藏类似的岩石孔隙（或裂隙）中的高温流体，通常认为在地幔柱内，只占总体积的5%～30%，从局部看可视为内部相对流通的液态集合，是由岩浆熔融体、挥发物以及结晶体组成的混合物。

(3) 离开岩浆囊到地表阶段。岩浆从岩浆源区一直到近地表的通路的上升，与岩浆囊的过剩压力、通道的形成与贯通，以及岩浆上升中的结晶、脱气过程有关。当地壳中引张或引张—剪切应力大于当地岩石破裂强度时，便可能形成张性或张—剪性破裂，如若这些裂隙互相连通，就可以成为岩浆喷发的通道。

4. 火山的危害

(1) 破坏环境。火山爆发喷出的大量火山灰和暴雨结合形成泥石流能冲毁道路、桥梁，淹没附近的乡村和城市。泥土、岩石碎屑形成的泥浆可以像洪水一样淹没整座城市。

(2) 碎屑污染。火山碎屑是火山喷出的岩浆冷凝碎屑以及火山通道内和四壁岩石碎屑。火山碎屑按大小分有大于鸡蛋的火山块，小于鸡蛋的火山砾，小于黄豆的火山砂和颗粒极细小的火山灰；按形状可分为纺锤形、条带形或扭动形状的火山弹，扁平的熔岩饼，丝状的火山毛；按内部结构可分为内部多孔、颜色较浅的浮石、泡沫，内部多孔、颜色黑、褐的火山碴。被喷射到空中的火山碎屑，粗重的落在火山口附近，轻而小的或被风吹到几百千米以外沉降，或上升到平流层随大气环流。火山喷发时灼热的火山灰流与水（火山区暴雨、附近的河流、湖泊等）混合则形成密度较大的火山泥流。火山灰流和泥流都具有灾害性。

火山碎屑熔岩是火山碎屑物质的含量占90%以上的岩石。火山碎屑物质主要包括岩屑、晶屑和玻屑。因为火山碎屑没有经过长距离搬运，基本上是就地堆积，所以其颗粒分选和磨圆度都很差。

(3) 火山喷发物降落造成的灾害。大规模的火山喷发会使大量的火山碎屑（火山集块、火山角砾、火山弹）及火山灰抛向空中。这些物质降落时会掩埋、破坏地面建筑、森林及动植物，甚至危害人的生命。

(4) 火山地震灾害。火山喷发往往伴随着地震。喷发之前常常出现局部地震，它们可能是由于岩浆房膨胀造成岩体开裂和滑动而引起的。另外一种伴随火山喷发的地震活动是火山震动或称谐震动，它是近乎连续、低频、有节奏的地面运动。谐震动可能伴随岩浆的实际运动，例如沸腾、对流和岩浆对岩浆房四壁的拖曳。

强烈的火山地震可导致房屋倒塌，危及人们的生命安全。例如，1991 年菲律宾皮纳图博火山喷发，曾引起四次较强烈的地震，导致火山周围地壳变形，建筑物遭到破坏。

(5) 有毒气体逸散。许多火山通过喷气孔或间歇喷泉在不同程度上连续喷发气体。虽然水蒸气是火山喷发的主要气体，但火山气体中也含有其他气体，其中大多数可能对人类、动物或植物有害：有些气体有毒，如一氧化碳；有些气体是酸性的，如盐酸、氢氟酸；有些情况下喷出的某些气体与水蒸气混合能够形成酸溶液，如硫酸。

(6) 火山喷发对气候产生影响。由火山喷发引发的长期灾害类型是大气圈效应（或称气候效应）。火山喷发对全球气候变化起着重要的作用。气候效应主要是由于火山喷发期间火山灰和非常细的颗粒悬浮物质进入平流层而产生的。有些喷发柱的高度很高，致使高空气流把火山碎屑物和富硫气体传送到全球各地。火山灰通过阻挡太阳光的入射能量，使太阳对地球的直接辐射显著减少，或使太阳光在空中的散射辐射增加，或者吸收太阳光以及热辐射，从总体上造成太阳对地球的辐射减少，使大气透明度显著降低，致使地表温度在火山喷发后的相当一段时间（一般 1～3 年）内明显降低。这就是人们通常所说的“阳伞效应”或“火山冬天效应”。

(7) 火山滑坡与火山泥流。火山喷发时熔岩流的溢出和火山碎屑物质在边坡上积聚使火山斜坡荷载加重、坡度变陡而造成不稳，最终可能导致火山斜坡物质发生块体运动而成为灾害性事件。

(8) 引发洪水。在山谷外的低洼地区，火山灰的堆积通常可导致河流洪水泛滥，尤其是在那些易遭受热带飓风和季雨的国家。火山碎屑物阻碍了降水的渗入，从而使地表水径流量剧增，同时火山碎屑物填充河谷又使河流降低了泄洪能力。

洪水伴随火山喷发或先于火山喷发进而引发泥流的现象很常见。山顶火山口湖的破裂也可能引起洪水。在冰岛，埋在永久冰盖下面的火山使融化的水在地下积聚，最终以被称做冰爆的形式喷出大量的水而形成洪水。另外，河流被熔岩流或火山泥流堵塞也可导致洪水发生，由此产生的侵蚀和沉积作用可能对下游水道造成长期破坏。在受火山影响的河流系统中清除大规模火山碎屑喷发所形成的火山灰堆积往往需要几年的时间。

二、火山灾害的防治对策

有效地减轻火山灾害必须建立在长期而深入的火山研究之上。减轻火山灾害的对策主要包括高危险性火山的识别与评价、火山地区土地利用规划、与工程有关的减灾对策、火山应急管理和灾后援助与重建等几个方面。

1. 高危险性火山的识别与评价

全球大部分活火山位于人口密集的发展中国家，科学家只对其中的一小部分进行了研究。由于受人力、物力、财力的限制，识别高危险性火山并优先加以研究十分必要。确定高危险性火山应考虑的因素包括火山喷发的特征、历史记录、已知的地形变化和地震事件、喷发物的特征、火山附近的人口密度、历史上火山灾难的死亡人数等。

火山灾害的评价包括利用识别高危险性火山的资料，同时考虑喷发物类型及其特征和分布规律方面的信息，以重建火山过去的喷发行为来评价未来喷发的潜在危害。

火山灾害评价的可靠性取决于地质资料的质量和丰富程度以及所使用资料的完整性。时间序列越长，所得评价结果越可靠。作为灾害评价组成部分的灾害分布图可以概括的方式描绘出供土地规划者、决策者和科学家容易利用的信息。目前，科学家们在某些高危险性火山地区开展了火山灾害评价和分区制图工作，为预报火山喷发、减轻火山灾害损失提供了翔实、可靠的资料。

2. 火山地区土地利用规划

土地利用规划在减灾中起着重要的作用。通过对火山活动情况的长期观测及区域地质条件和地形地貌的分析研究，划分出火山灾害危险区并提出限制性开发的措施是避免火山灾害的有效途径。以往火山喷发事件需要精确的地质测年方法，如 14C 法、树木年轮法、地衣测年法和热释光法等。火山灾害图能够使人们得知过去喷发事件所影响到的范围，是土地利用规划的基础性资料。

3. 与工程有关的减灾对策

火山喷发是不可控制的，但是采用工程措施可以减轻、缓和灾害的影响。目前，大部分的工程对策与减轻火山碎屑流动过程引起的灾害有关。改变岩浆流方向以减轻火山灾害的方法比其他工程措施更加有效。除此之外就是增强建筑物的抗灾能力。

(1) 阻隔熔岩流和火山泥流

1) 阻隔熔岩流。熔岩流流动速度相对较慢，人们通过实施某种工程措施能够改变其流动方向或阻止其向前流动。阻挡或转移熔岩流流动的方法主要有爆破法、筑堤法和喷水冷却法。

①爆破法。爆破法可在下列情形下使用：用爆破熔岩流的侧缘使其产生一个"决口"而形成支流，引导方向来减少主流前锋的物质，从而控制熔岩流向某一居民点的流动。部分熔岩流流向另一个圆爆破火山口的火山锥，使液态熔岩向四周扩散而不能汇聚成股状熔岩流，这种方法显然具有很大的冒险性。

②筑堤法。筑堤法就是人工设置障碍物，促使熔岩流转向来保护那些更具价值的财产。这种方法要求具有适宜的地形地貌条件；障碍物必须由具有较强的抗高温、抗冲击性能的材料建成。该方法适合于黏度低、冲撞力较小的熔岩流。

③喷水冷却法。喷水冷却法在1960年夏威夷的基拉韦厄（Kilauea）火山喷发时首次采用。1973年，冰岛黑迈（Heimaey）的埃尔德费尔（Eldfell）火山喷发时，当地居民为保护维斯曼城也采用了这种方法。据估计，1 m^3 的水在完全转化为水蒸气时能把0.7 m^3 的熔岩由1 100℃冷却到100℃。水泵把大量的海水抽送到熔岩流的前锋，有效地冷却了每天涌来的熔岩。喷水过后，前面的熔岩慢慢冷却成20 m高的固体墙。这种办法虽然代价昂贵，但收效显著。

2) 阻隔火山泥流。对于火山泥流，同样可以采用类似的方法来减轻损失，但这些方法只适用于能够事先确定火山泥流流动途径的地区，对于局限在河谷中、破坏性强的干流则不适用。例如，在印度尼西亚的某些村镇筑起了土石堆来暂时阻挡火山泥流，以便人们有足够的时间到达高处的安全地带躲避灾难。但是，这种措施仍需要有效的应急预警组织系统与之相配合。

减轻火山泥流灾害的另一措施就是切断火山泥流的水体来源，而火山湖是形成火山泥流最大、最常见的供水水源。

(2) 增强建筑物抗灾能力。从空中落下的火山碎屑物质可能导致强度不高的建筑物坍塌，从而造成人员伤亡和财产损失。特别是对平顶房屋而言，密度高达1 t/m^3的湿火山灰使爆炸式火山周围危险区内的建筑物绝大多数遭受破坏。1991年菲律宾皮纳图博火山喷发后，距火山25 km的安赫莱斯城降落的火山灰厚度达

8～10 cm。这座有 28 万人口的城市中，近 10%的房屋屋顶坍塌。增强建筑物抵抗能力的唯一方法就是制定房屋结构设计和屋顶建筑材料的规范，对现有建筑进行加固改造；新建建筑物优先选择强度高、坡度大的屋顶结构。

4. 火山应急管理

火山灾害应急管理在应付火山灾害危机中起着关键的作用。但目前这一减轻火山灾害的重要措施还未引起足够重视。这是由于相对于人类寿命而言，火山喷发的频度比其他地质灾害相对低得多。

某些火山从开始出现异常前兆现象到大爆发要持续几个月甚至更长的时间，另外一些火山则仅有几个小时。因此，为了保障危险区人员的生命安全，让他们事先熟悉撤离路线和可以避难的藏身之处是至关重要的。在某种程度上，撤离方向具有一定的灵活性，它决定于爆发规模、熔岩流动方式、喷发时的主导风向等因素。

用于撤离的道路必须保障畅通，特别是在人口密度大的地区更是如此。然而，一些道路会因地震引起的地面塌陷而被阻断；坡度较大的公路可能因细粒火山灰降落出现车轮打滑现象，在制订撤离路线时必须考虑到这些因素。

对于躲在避难场所的人们，则需要提供食物、饮水、帐篷、医疗和卫生保健等项服务。特别需要指出的是，由于火山灰会使空气质量极度恶化，患呼吸道疾病的人数剧增，因此必须保证足够的药品供应。

5. 灾后援助与重建

灾后援助对于遭受火山灾害的人们来说是非常重要的。火山活动的特征之一是持续时间长，喷发可能在几个月的时间内重复持续进行。这意味着火山灾民需要较长时间的持续援助，重建家园的工作也不可避免地要花费很长时间。

对于遭受火山灾难的人们来说，重建家园更是一项长期而艰苦的工作。降落到城市市区的火山碎屑物必须清除，市区内园林和绿地的植物要重新移植；降落到农田的火山碎屑物因范围广阔而无法清除，只能等若干年后火山物质风化成土壤后再重新耕种。

第三节 森林火灾与防灾减灾工程

森林火灾是指失去人为控制，在林地内自由蔓延和扩展，对森林、森林生态系统和人类带来一定危害和损失的灾害。森林火灾是一种突发性强，破坏性大，处置救助较为困难的自然灾害。

地球森林资源锐减的原因，一方面是由于人们的过量采伐，另一方面是受各种灾害的危害，而在危害森林的诸多灾害中又以火灾最为严重。据不完全统计，世界平均每年发生森林火灾约22万起，过火森林面积达6.4万多km^2，约占全球森林总面积的1.8‰。进入20世纪70年代，因全球气候变暖等原因，森林火灾的发生次数和造成损失都呈上升趋势。据有关资料介绍，20世纪70年代以来，全球发生受害森林面积在1万km^2以上的特大森林火灾数十起，烧毁森林达数十万km^2。1997年印尼森林大火破坏了4.5万km^2的森林，其浓烟笼罩苏门答腊岛并殃及邻国新加坡和马来西亚，使该地区7 000万人遭受烟尘污染的危害，同时造成飞机失事、轮船停航。据专家测算，印尼森林大火释放的二氧化碳数量可能超过西欧所有汽车和电站一年排放的二氧化碳总和。我国也是森林火灾严重的国家，据统计，新中国成立以来，全国共发生森林火灾69.4万起，受害森林面积38.64万km^2，烧死烧伤3.3万人，直接经济损失数千亿元。

总而言之，森林大火一旦发生，不仅无情毁灭森林中的各种生物，破坏陆地生态系统，而且其产生的巨大烟尘将严重污染大气环境，直接威胁人类的生存条件。此外，扑救森林火灾需耗费大量的人力、物力、财力，给国家和人民生命财产造成巨大损失，扰乱所在地区经济、社会发展和人民生产、生活秩序，直接影响社会稳定。进入21世纪后，随着经济、社会和气候条件的变化，今后的森林防火形势将更加严峻。

一、森林火灾的分类

按照对林木造成损失及过火面积的大小，可把森林火灾分为森林火警（受害森林面积不足0.01 km^2或其他林地起火）、一般森林火灾（受害森林面积在0.01 km^2以上1 km^2以下）、重大森林火灾（受害森林面积在1 km^2以上10 km^2以下）和特大森林火灾（受害森林面积10 km^2以上）。

二、森林火灾的危害和后果

1. 森林火灾不仅能烧死许多树木，降低林木密度，破坏森林结构；同时还引起树种向低价值的树种、灌丛、杂草演替，降低森林利用价值。

2. 由于森林烧毁，造成林地裸露，失去森林涵养水源和保持水土的作用，将引起水涝、干旱、山洪、泥石流、滑坡、风沙等其他自然灾害发生。

3. 被火烧伤的林木，生长衰退，为森林病虫害的大量衍生提供了有利环境，加速了林木的死亡。同时，森林火灾促使森林环境发生急剧变化，使天气、水域和土壤等森林生态受到干扰，失去平衡，往往需要几十年或上百年才能得到恢复。

4. 森林火灾能烧毁林区各种生产设施和建筑物，威胁森林附近的村镇，危及林区人民生命财产的安全，同时森林火灾能烧死并驱走珍贵的禽兽。森林火灾发生时还会产生大量烟雾，污染空气。此外，扑救森林火灾要消耗大量的人力、物力和财力，影响工农业生产。有时还造成人身伤亡，影响社会的安定。

三、森林火灾燃烧过程

森林火灾燃烧的过程一般分为预热、气体燃烧和木炭燃烧三个阶段。

1. 预热阶段

预热阶段即外界温度未到达燃点时的阶段。在外界火源作用下，可燃物温度逐渐上升，大量水蒸气蒸发，伴随产生大量的烟，有部分可燃性气体挥发，还不能燃烧，这时可燃物收缩而干燥，如叶子卷曲等。

2. 气体燃烧阶段

可燃物冒烟后，温度上升很快，继续受热分解，挥发出大量的一氧化碳、氢气和碳氢化合物等可燃性气体，与空气混合后变成可燃混合气体，氧化、放热过程加快、加剧，当达到燃点后，可燃气体立即被点燃，产生很多有毒物质和水蒸气，放出大量的光和热能，并使附近的可燃物温度上升，引起燃烧蔓延。

3. 木炭燃烧阶段

木炭燃烧即固体燃烧。当木材完全变为木炭后，有火焰的燃烧就停止，即转入木炭无火焰燃烧阶段，看不到火焰，只有炭火。木炭燃烧属于固体炽热燃烧，因燃烧发生在固体表面，也就是表面炭粒子燃烧，故又称为表面燃烧，最后产生灰分。木炭燃烧是一层层往内燃烧，它虽然没有火焰，但仍能产生少量的光和热。

四、森林火灾发生的原因

林火的发生是有一定原因和规律的，主要与森林可燃物、火源及天气条件有关。其中火源是发生火灾的主导因子。火源可分为天然火源和人为火源两大类。

1. 天然火源

天然火是一种难以控制的自然现象，包括火山爆发、陨石堕落引发起火，泥炭自燃，雷击起火等。其中最主要的是雷击起火。世界上，太平洋附近地区的雷击火最多，美国、加拿大、前苏联雷击火约占火源的7%～10%。中国的雷击火主要发生在大兴安岭、内蒙古的呼伦贝尔、新疆的阿尔泰山等地。我国的雷击火占总火源的比例虽然很小（只有1%），但一旦着火往往造成巨大的森林损失。要减少雷击火的危害，关键是及早发现。

2. 人为火源

人为火源是发生火灾最主要的原因，世界上人为火引发火灾占总火灾的90%以上，如前苏联93%，美国91.3%，中国99%。在生产、生活中，以及外出旅游时的疏忽大意，是人为火源的主要发生原因。另外，一些迷信用火造成的火源，近年来有发展趋势。

五、森林火灾的特点

1. 三种火灾（地表火、树冠火和地下火）的发展具有综合性

通常针叶林易发生树冠火，阔叶林易发生地表火。单纯性的森林火灾较少。如果草本层干燥，密集连续，地表火发展就极为迅速，尤其是采伐迹地，火势更强。由草本层燃烧的简单地表火火墙较窄，宽度通常为5～8 m。由草本和下层木共同燃烧的地表火较为猛烈，火墙宽度可在15 m以上，扑救困难，往往会造成大范围的过火面积。针叶林的枝叶富含油脂，自然整枝不良，下枝离地面近，在地表火的烘烤下，极易引起树冠火，通常在地表火过后15～30 min内发生。树冠火的推进速度虽然较慢，但火势猛烈，会使周围空气形成热浪，难以接近。

2. 森林火灾蔓延主要受山谷风所控制，具有间歇性

高山峡谷地带的风力作用主要来自于山风和谷风，谷风能加速火势向上蔓延。在晴朗的天气，一般都有山谷风这种现象。谷风发生在上午10时左右，逐渐增强，到下午3时以后最大。山谷风有阵风性质；受其控制，山火在一天中也有盛期、中期和衰期的变化。一般衰期主要在早上4—10时之间，地表火停止发展，树冠火变冲冠火，有些冲冠火在烧掉枝叶后，火焰自动熄灭，火场内多数地段基本上属于无焰燃烧状态，是扑火的最好时机。俗话说，山火不过夜，如果头天的林火到次日上午10时以前没有扑灭，就要做好打恶仗的准备。盛期出现两次，分别在15—17时之间和20—22时之间。地表火和树冠火发展迅速，火灾温度高，风向多变，人员已经疲劳，指挥难度较大。需要指出的是，主沟的山谷风能够控制支沟的山谷风。因此，主沟发生的山火易向支沟方向发展，而支沟发生的山火不易向主沟方向发展。此外，山谷风还受大气候的影响，对山火的作用具有日际变化特点。火灾蔓延发展的水平方向也受山谷风的影响：当谷风猛烈时，火势常在火场的上游一带扩展；当山风猛烈时，火势常在火场的下游一带扩展。

3. 火势蔓延受地形因素影响，具有复杂性

地形变化在很大程度上制约着火势的蔓延。在山势大转折（主要是坡向大转折）、窄谷和山脊上，多会出现自然终止燃烧的现象。大的山势转折处，由于反山气流的作用，上山火到山顶时，火势常常衰落，会停止发展。窄谷地段的风速加快，在“峡谷效应”作用下的分流之处，火势通常暂时中止。在山区由山脚向山顶蔓延的火要受一些缓坡、小平地、陡坡和峭壁等小地形的影响。因为谷风经过各

种小地形时会形成很小的涡流旋，对火蔓延能起到阻碍作用。缓坡和陡坡上的火蔓延快，不易扑救，而山坳、小平地上的火蔓延速度减缓，是高山地带扑火的好时机。

4. 山地森林火灾常呈跳跃式发展，具有立体性

由于山体高拔，沟谷狭窄，林火占有较大的垂直空间。除了水平推移外，还有跳跃式发展的特点，通常跳跃的距离在500米以内。跳跃式燃烧的原因是球果或小枝燃烧后，随风吹至高空向远处落下后引起的，此时，火场周围在热浪的作用下，空气和林地进一步干燥，温度升高，一有火种，立即起火。

5. 具有反复性

林火虽有一般的蔓延规律，但常有反复，在山地林区表现更为突出。其主要原因是余火相对隐蔽，地面无火无烟，使人难以警觉，到突然起火时，尽管有人在现场监护防守，也已措手不及，特别是在火场的边沿更为严重。此外，也可能是余火自燃问题。腐殖质在高温的作用下，出现易燃气体。易燃气体一旦与外部空气中的氧气结合，即发生自燃。因此，我们对隐蔽的余火要高度重视，不仅要从烟、温度方面去进行判断，还要反复翻挖，可用水浇灌的方法，使其彻底熄灭。

六、森林火灾防治

我国森林防火的方针是“预防为主，积极消灭”。预防是森林防火的前提和关键，消灭是被动手段，挽救措施。只有把预防工作搞好了，才有可能不发生火灾或少发生火灾。一旦发生火灾，必须采取积极措施将其消灭。因此，森林防火的预防和扑救，必须做到两手同时抓，两手都要硬。

森林火灾归属于自然灾害，同时又属于人为灾害。地球上的森林远在3.5亿年前就出现了，而人类的起源时间距今只有300万年。也就是说，远在人类出现以前就有了森林。有了森林就有了火灾。所以，森林火灾是一种自然灾害。近代森林火灾绝大多数又是人们不慎用火引起的，所以森林火灾又属于人为灾害。作为人为灾害，通过有效的管理是可以控制的。同时，发生森林火灾必须具备可燃物、火险天气和火源三个基本要素，缺一不可。可燃物和火源可以进行人为控制，而火险天气也可通过预测预报进行防范。所以说森林火灾是可以预防的。

林火预防首先应做好群众性的防火工作，加强森林防火宣传教育，加强法制教育，建立健全森林防火组织，严格控制火源。同时，还要采取技术措施，建立多种系统，逐步实现国家林业局提出的“四网两化”目标。

1. 监测瞭望网

监测瞭望网解决“眼睛”问题。监测瞭望网包括卫星监测，瞭望台，飞机、

摩托车巡逻等。要求凡连片松、杉、柏等树种组成的成片林区监测覆盖面不少于80%，加上护林点等不少于95%，其他林分（含针阔混交林）不低于70%。

（1）瞭望台网。瞭望台的设置应因地制宜，根据地形、地势和树林分布情况选择在制高点上设立。在用望远镜时瞭望半径一般为15～20 km。一般平坦地势密度可小，山区密度应大，尽量减少盲区。大约每40～55 km^2 设一个，大型国有林场、自然保护区、森林公园等应每2 000 m^2 建一处瞭望塔（台、哨），一般林地可扩大到3 000 m^2 以上，瞭望距离为15～25 km。确定火场位置时用交会法，瞭望台必须成网，才能确定火场位置。

瞭望台应配置电话或对讲机、望远镜、罗盘仪、地图、记录本等，顶部均应设避雷针。较先进的瞭望台应配有红外线探测仪、闭路电视探火等设备。防火期限应有专人瞭望，值班时间一般为8—18时，在高火险期应昼夜值班。

关于瞭望台高度，平原地区为20 m；山区一般应高出林冠2～4 m，修建瞭望台（塔、哨）等应用砖石结构。

（2）卫星探火。利用人造卫星搭载遥感器，能在数百至数千千米的高空中接收来自地面和大气中可见光至热红外波段的各种反射和辐射信息；再将这些信息送到地面站，经过一系列处理后，以图像胶片、数据和磁带等形式供给用户。用这些图片对火灾进行各种分析研究，如烟雾动态分析、火源变化分析，能够清楚地表明火灾发生、发展到结束的变化过程。遥感资料还能对地面植被的变化和火灾造成的损失作出估计。

（3）航空巡护。航空巡护主要在人烟稀少、交通不便的偏远林区采用。巡护时，飞行高度以1 500～1 800 m为宜，视程为40～50 km。在飞机上确定火场位置和火灾种类后，立即用无线电向防火部门报告。

（4）地面巡护。利用摩托车、马匹等来巡护，以弥补防火瞭望台监测力量的不足。

2. 预测预报网

在防火期间进行预测预报，可以积极准备，有组织性地安排人员，配备利用航测、遥感技术的办法进行预测，对可燃物、火险天气、火源进行预报。

（1）预测预报的种类

1）火险天气预报。只预测空气的干湿程度，考虑几个气象因子。气象信息来源有两条：一条是接收国家气象台每天发布的天气实况和天气预报，另一条是接收防火部门在林区自建的气象站（点）每天按规定时间发来的气象信息。一般在防火期每日上午8时和下午1时向所在地防火指挥部报告气温、风向、风速、降水量、相对湿度等气象资料。

2）火灾发生预报。通过综合考虑气象条件的变化、可燃物干湿程度变化、森林可燃物类型特点以及火源出现的危险等来预测火灾发生的可能性。林火行为预报主要包括两个方面，即蔓延指标和能量释放。前者由可燃物类型、坡度和风速等因素来确定；后者由可燃物的数量、结构、分布格局、理化性质等来确定。根据上述掌握的大量资料，就可研制林火蔓延模型和林火行为模型。

（2）林火预报的方法

1）估测法。根据经验预报火的等级、火烈度等。一般来说，阴云、2 级风以下不易发生火灾；阴云、3 级风难以发生火灾；天晴、4～5 级风容易发生火灾。

2）综合指标法。根据某一地区无雨期长短来预报。无雨期越长，空气越干燥，气温越高，可燃物含水率越小，森林燃烧的可能性越大。计算综合指标时，必须在每天 13 时，测定气温和饱和差的变化，同时根据降水量加以修改。如当日降水量超过 2 mm 时，则取消以前积累的综合指标；降水量大于 5 mm 时，则将降雨后 5 d 内的综合指标减 1/4 然后累计得出综合指标。

3. 林火阻隔网

防火阻隔系统多是由带状障碍物进行联网组成，一般可以分成三个类型：一是自然障碍阻隔类，主要包括河流、水库、湖泊、池塘、岩石裸露区、自然沟壑、沙滩等。自然障碍对阻隔火灾有着重要的作用，尤其是在山坡陡峭、地形复杂的山区，自然障碍有更明显的阻火作用。二是生物阻隔类，主要包括防火林带、农田、牧场，以及茶园、竹林、果园等经济林区域。生物阻隔是生物工程防火的有效措施之一，它不仅有阻火作用，还具有经济和生态效益。三是工程阻隔类，主要包括防火线、防火沟、道路工程、水渠等。工程阻隔是根据防火需要和林区条件，因地制宜、因害设防的工程防火设施，也称为限制性防火措施。这些预防措施能有效阻止森林火灾的蔓延，但它必须与自然障碍物、河流（湖泊）、铁路、公路封闭成网，才能减少森林损失。以下重点谈谈工程阻隔类中的防火林带、防火线（路）。

（1）防火林带。营造防火林带，是森林防火的长远战略措施。

树种选择：选经济价值高，抗火力强，在当地生长快、落叶齐的阔叶树（常绿树最好）；枝叶茂密，本身含水量大的树；含有硅的树种。

结构：紧密结构为宜，总体构成三层，即乔木层、乔木亚层、灌木层。

林带宽度：主干为 50 m，支干为 30 m。

林带位置：山脚（山谷）最好，山脊、一面坡也可。

林带方向：与防火期主风向垂直。

株行距：南方木荷为 1 m×1 m。

(2) 防火线（路）

国境防火线：宽 50～100 m（生土带）。

铁路防火线：设在国铁、森铁两侧，国铁每侧宽 50～100 m，森铁每侧宽 30～50 m。

林缘防火线：在农、林交错处，草地、森林交界处，宽 30～50 m。

林内防火线：宽为树高的 1.5 倍。

幼林防火线：宽 10 m 左右。

其他防火线：如村屯、仓库、林地建筑等，宽 50～100 m。

(3) 防火公路。既运送人员、物资，又阻止火势蔓延。一般要求每 1 万 m^2 达 4～6 m。

4. 森林火灾扑救

(1) 扑火方针。扑火方针即“打早、打小、打了”。要做到早发现，领导要亲临火场组织扑救，扑火时要做到“四快”，即探火快、报警快、领导快、扑火队伍赶到火场快。

(2) 扑火方式。扑救林火的方式主要有两种：一是直接灭火，对低、中强度的地表火采用这种方式，主要用于扑救火灾初期阶段和火势弱、植被少的地方的火灾。二是间接灭火，对高强度的地表火、林冠火、地下火采用这种方式。在火头前方开隔离带阻止火势蔓延。间接灭火的方法主要用于扑救大面积、高强度、大风条件下的火灾，此外在阻止大面积荒火烧入林内的情况下也须使用。其主要方法是利用河流、道路和山脊作为依托条件开设防火线，阻隔火势蔓延。两者要因地、因时适宜使用，有时可以单独使用，有时也可以结合使用。

1) 直接扑火。对植被少、火势较弱的火灾，可以利用灭火工具直接消灭火焰。扑火时，应从火的后方（火尾）入场，尾随火头前进，踏过火烧迹地进入扑火地段，开展扑火作业，直到火被扑灭为止。

扑火力量充足时，可将火区分割成段，同时开展扑火作业，逐段逐片消灭。在扑火头和两翼的同时，应派部分人员携带灭火工具，扑打火尾、残火，防止风向突变，使火尾变成火头。对于扑打过的地段，应派人看守，防止复燃。

为了阻止火灾蔓延，对树冠火要组织开设防火线；对地表火，根据情况，必要时也要开设防火线。在开设防火线前，应根据火势蔓延的方向、速度、地况、林况和开设防火线工具、人员及所需时间等，尽快决定防火线的位置、走向和方法。

火灾面积不断扩大时，扑火队（组）长发现危险等其他情况，可根据需要灵活变更扑火任务区，并在重要地段配备主要力量。同时，应把扑火作业的进展情况随时报告指挥员，并与邻近扑火队伍取得联系。

如果火灾面积大，扑救时间延长，指挥员应当及时安排食品、饮用水补给扑火人员并支援物资。

2）间接扑火

① 人工开设防火线。在火前方一定距离，选择与主风方向垂直，植被较少的地方，人工开设防火线，并清除防火线上的一切可燃物。防火线宽度一般不少于30 m，长度应视火头蔓延的宽度而定，伐倒的植被倒向火场一边。开设防火线时要强调质量，不符合质量要求的要立即返工。防火线形成后，要派足够人员在外侧守护，严防火头越过防火线。

② 火烧防火线。火烧防火线的技术性强，危险性大，如掌握不好极易跑火。因此，必须选择有经验的指挥员指挥，组织足够人力，选好风向，在3级以下风力时进行。风力太大不宜使用。

火烧防火线一般选择在火头的前方，利用河流、道路作依托条件，迎着火头，在火头前进方向的对侧开始点火，利用风力灭火机使火向火场方向蔓延，两火相遇产生火爆，降低空气中氧气的含量，从而将火熄灭，阻止火蔓延。采用火烧防火线方法灭火时，点火人员一般相间5 m，向同一方向移动同时点火。

如果火势进一步扩大，指挥员应根据火势、地形、地被物、气象、扑救力量等情况，考虑变更扑救方法和扑救队伍的任务及配备，掌握好支援队伍和物资，力争控制局势。

在指挥扑救时应注意判断扑救力量和火势的相互联系，根据火势蔓延速度，划分间接扑火区和直接扑火区，确定间接扑火的方式和作业地点，分配扑火任务，落实责任，实行分片包干。

采用火烧方法开设防火线时，要将扑火人员分成点烧组、扑火组、清理组和扑火预备队，边点边扑边清。指挥员要统一行动，严密组织，及时掌握火情变化，立即采取果断措施。

当扑救时间较长，一线扑火人员疲劳时，要及时使用预备队伍，撤换一线扑火人员，避免因过度疲劳，造成人员伤亡。

当火势激烈凶猛，间接和直接扑火方法难以奏效时，应当利用日出、落日前后一段时间大气湿度大，风小，火势较弱的有利时机，最大限度组织扑救力量，投入扑救战斗。

利用防火线阻止火势蔓延成功后，指挥员要重新调整扑火方案、扑火力量和扑火任务。一是留下部分人员清理余火，看守火场，警戒飞火，防止复燃；二是主要扑救力量转移，由外向内边打边清；三是配备适当预备力量，以应付情况突变。

(3) 扑火方法

1）扑打法。用扑火工具把火与空气隔离。扑火工具包括树枝、扑火拍（胶皮）、拖把、湿麻袋片等。扑打法适于对低强度火的扑打及火场清理。

2）土（沙）灭火法。用土把火与空气隔离。可用铁锹、镐或机械（如拖拉机、喷沙机）开沟喷土。喷土法只适于疏松土壤上，如沙土、沙壤土；不适于壤土、黏土等。

3）水灭火法。水可吸收大量的热，同时水蒸气可稀释空气中氧气的含量。水灭火法的工具包括：自压式喷雾器、消防车、水上飞机等。

4）火灭火法。发生强烈火灾时，在火头前方一定距离用火烧，加宽隔离带。具体有两种方式：一是火烧法，以公路、小溪、小道等为依托条件，点逆风火，加宽小道。二是迎面火法。当火头前方出现逆风时，在火头前方点迎面火，火沿火头蔓延。点火时应考虑地形、温度等条件，点火人员不应站在两火势之间。点迎面火时，应在火头纵深方向的 7 倍处点火。

5）风力灭火法。高速的气流能移走可燃性气体，同时也能吹走燃烧释放出来的热量。风力灭火法的工具有风力灭火机、机载风力灭火机等。

6）爆炸灭火法。利用瞬时爆炸产生冲击波冲散火，并且利用细土沙灭火。用炸药炸，每隔 2 m 一坑，进行引爆。这一方法适于枯枝落叶多、土壤坚实的原始林区。

7）化学灭火法。有的化学药剂受热后能形成薄膜，覆盖在可燃物上，把火熄灭；有的药剂受热后产生不可燃的气体或者是药剂受热后能吸热。

8）空中灭火法。利用各种类型飞机对林火进行跳伞灭火、机械灭火和喷洒水或化学灭火剂灭火等。

9）人工催化降水灭火法。在云层中加进类似冰晶作用的物质（如干冰、碘化银等），促进降雨。

第四节　城市建筑火灾与防灾减灾工程

一、建筑火灾的特性与结构的耐火特性

1. 建筑物耐火等级的划分基标和依据

为了保证建筑物的消防安全，必须采取必要的防火措施，使之具有一定的耐火性，即使发生了火灾也不至于造成太大的损失。通常用耐火等级来表示建筑物所具有的耐火性。

一座建筑物的耐火等级不是由一两个构件的耐火性决定的，而是由建筑物

的主要构件，即组成建筑物的墙、柱、梁、楼板等的燃烧性能和耐火极限决定的。

《建筑设计防火规范》（GB 50016—2006）规定了选择楼板作为确定耐火极限等级的基准，因为对建筑物来说，楼板是最具代表性的一种至关重要的构件，所以在制定分级标准时应首先确定各耐火等级建筑物中楼板的耐火极限，然后将其他建筑构件与楼板相比较，在建筑物结构中所占的地位比楼板重要者，可适当提高耐火极限要求，否则反之。参照其他国家的相关标准，并结合我国国情，《建筑设计防火规范》把建筑物的耐火极限等级分为四级，一级耐火性能最高，四级最低。

各级耐火极限的建筑物除规定了建筑构件最低耐火极限外，对其燃烧性能也有具体要求，因为即使是具有相同耐火极限的构件，若其燃烧性能不同，其在火灾中的情况是不同的。

2. 建筑物的耐火极限

（1）建筑物的耐火极限等级分为四级，其构件的燃烧性能和耐火极限不应低于表 6—1 中所列的规定。

表 6—1　　建筑物构件的燃烧性能和耐火极限表

构件名称		燃烧性能和耐火极限（h）			
		一级	二级	三级	四级
墙	防火墙	非燃烧体 4.00	非燃烧体 4.00	非燃烧体 4.00	非燃烧体 4.00
墙	承重墙、楼梯间、电梯井的墙	非燃烧体 3.00	非燃烧体 2.50	非燃烧体 2.50	难燃烧体 0.50
墙	非承重外墙、疏散走道两侧的隔墙	非燃烧体 1.00	非燃烧体 1.00	非燃烧体 0.50	难燃烧体 0.25
墙	房间隔墙	非燃烧体 0.75	非燃烧体 0.50	难燃烧体 0.50	难燃烧体 0.25
柱	支承多层的柱	非燃烧体 3.00	非燃烧体 2.50	非燃烧体 2.50	难燃烧体 0.50
柱	支承单层的柱	非燃烧体 2.50	非燃烧体 2.00	非燃烧体 2.00	燃烧体

续表

构件名称	燃烧性能和耐火极限（h）			
	一级	二级	三级	四级
梁	非燃烧体 2.00	非燃烧体 1.50	非燃烧体 1.00	难燃烧体 0.50
楼板	非燃烧体 1.50	非燃烧体 1.00	非燃烧体 0.50	难燃烧体 0.25
屋顶承重构件	非燃烧体 1.50	非燃烧体 0.50	燃烧体	燃烧体
疏散楼梯	非燃烧体 1.50	非燃烧体 1.00	非燃烧体 1.00	燃烧体
吊顶（包括顶搁栅）	非燃烧体 0.25	难燃烧体 0.25	难燃烧体 0.15	燃烧体

注：木柱承重且以非燃烧材料作为墙体的建筑物，其耐火等级应按四级确定；高层工业建筑的预制钢筋混凝土装配式结构，其节缝隙点或金属承重构件节点的外露部位，应做防火保护，其耐火极限不应低于本表相应构件的规定；二级耐火等级的建筑物吊顶，如采用非燃烧体时，其耐火极限不限；在二级耐火等级的建筑中，面积不超过 100 m^{2}的房间隔墙，如执行本表的规定有困难时，可采用耐火极限不低于 0.3 h 的非燃烧体；一、二级耐火等级民用建筑疏散走道两侧的隔墙，按本表规定执行有困难时，可采用 0.75 h 非燃烧体。

（2）二级耐火等级的多层和高层工业建筑内存放可燃物的平均重量超过 200 kg/m^{2}的房间，其梁、楼板的耐火极限应符合一级耐火等级的要求，但设有自动灭火设备时，其梁、楼板的耐火极限仍可按二级耐火等级的要求。

（3）承重构件为非燃烧体的工业建筑（甲、乙类库房和高层库房除外），其非承重外墙为非燃烧体时，其耐火极限可降低到 0.25 h，为难燃烧体时，可降低到 0.5 h。

（4）二级耐火等级建筑的楼板（高层工业建筑的楼板除外），如耐火极限达到 1 h 有困难时，可降低到 0.5 h。上人的二级耐火条块结合建筑的平屋顶，其屋面板的耐火极限不应低于 1 h。

（5）二级耐火等级建筑的屋顶，如采用耐火极限不低于 0.5 h 的承重构件有困难时，可采用无保护层的金属构件。但甲、乙、丙类液体火焰能烧到的部位，应采取防火保护措施。

（6）建筑物的屋面面层，应采用非燃烧体，但一、二级耐火等级的建筑物，其非燃烧体屋面基层上可采用可燃卷材防水层。

（7）下列建筑或部位的室内装修，宜采用非燃烧材料或难燃烧材料：高级宾馆的客房及公共活动用房；演播室、录音室及电化教室；大型、中型电子计算机机房。

3. 建筑物耐火等级的选定条件

确定建筑物耐火等级的目的，主要是使不同用途的建筑物具有与之相适应的耐火安全储备，从而实现安全与经济的统一。

确定建筑物的耐火等级要考虑多方面的因素，诸如建筑物的规模、重要程度、火灾危险性等。

二、建筑防火与抗火设计

1. 建筑防火

(1) 总平面防火。它要求在总平面设计中，应根据建筑物的使用性质、火灾危险性、地形、地势和风向等因素，进行合理布局，尽量避免建筑物相互之间构成火灾威胁和发生火灾爆炸后造成严重后果的可能，并且为消防车顺利扑救火灾提供条件。总平面设计防火主要是按照常年风向设计各个不同功用的建筑物之间不要发生火灾蔓延，另外，对于产生有害气体的建筑物不要安排在整个厂区的常年风向带上。各建筑之间在布置时需要考虑防火间距，防止火灾在相邻的建筑物中蔓延。厂区在总体布置上还要考虑消防车道的布置。

(2) 建筑物耐火等级。划分建筑物耐火等级是《建筑设计防火规范》中规定的防火技术措施中最基本的措施。它要求建筑物在火灾高温的持续作用下，墙、柱、梁、楼板、屋盖、吊顶等基本建筑构件，能在一定的时间内不破坏，不传播火灾，从而起到延缓和阻止火灾蔓延的作用，并为人员疏散、抢救物资和扑灭火灾以及为灾后结构修复创造条件。对于新设计的房屋，应该是依据其功能要求——包括建筑的高度和面积、对生命财产及政治影响程度等来确定其级别，并按该级别的要求（如楼梯、电梯的设计要求，构件的燃烧性能和耐火极限、结构抗震要求等）来进行设计。

(3) 防火分区和防火分隔。在建筑物中采用耐火性较好的分隔构件将建筑物空间分隔成若干区域。这样，一旦某一区域起火，则会把火灾控制在这一局部区域之中，防止火灾扩大蔓延。防火分区以及防火分隔主要采用防火墙、防火卷帘门、防火水幕带。厂房的防火分区之间应采用防火墙分隔；防火卷帘门的设计要符合《防火卷帘》(GB 14102—2005) 规范，进行合理的布置。

(4) 防烟分区。对于某些建筑物需用挡烟构件（挡烟梁、挡烟垂壁、隔墙等）划分防烟分区，将烟气控制在一定范围内，并用排烟设施将其排出，以保证人员安全疏散和便于消防扑救工作顺利进行。

(5) 室内装修防火。在防火设计中应根据建筑物性质、规模对建筑物的不同装修部位，采用相应抗燃烧性能的装修材料。室内装修材料尽量做到不燃或难燃化，减少火灾的发生和降低蔓延速度。

（6）安全疏散。建筑物发生火灾时，为避免建筑物内人员由于火烧、烟熏中毒和房屋倒塌而遭到伤害，必须尽快撤离；室内的物资也要尽可能抢救出来，以减少火灾损失。为此，要求建筑物应有完善的安全疏散设施，为安全疏散创造良好的条件。在防火设计中要设计必要的安全通道、安全门，要设置安全标志以及应急照明设备。在疏散设计中还必须考虑消防电梯的设计。

（7）工业建筑防爆。在一些工业建筑中，使用和产生的可燃气体、可燃蒸气、可燃粉尘等物质能够与空气形成具有爆炸危险性的混合物，遇到火源就能引起爆炸。这种爆炸能够在瞬间以机械功的形式释放出巨大的能量，使建筑物、生产设备遭到毁坏，造成人员伤亡。对于上述有爆炸危险的工业建筑，为了防止爆炸事故的发生，减少爆炸事故造成的损失，要从建筑平面与空间布置、建筑构造和建筑设施方面采取防火防爆措施，必要时可在建筑物上设置泄爆孔。

2. 消防给水、灭火系统

消防给水、灭火系统主要包括室外消防给水系统、室内消火栓给水系统、闭式自动喷水灭火系统、雨淋喷水灭火系统、水幕系统、水喷雾消防系统，以及二氧化碳灭火系统、卤代烷灭火系统和建筑灭火器配置等。要根据建筑物的性质、具体情况，合理设置上述各种系统，做好各个系统的设计计算，合理选用系统的设备、配件等。

3. 采暖、通风和空调系统防火、防排烟系统

采暖、通风和空调系统防火设计应按规范要求选好设备的类型，布置好各种设备和配件，做好防火构造处理等。在设置防排烟系统时要根据建筑物性质、使用功能、规模等确定好设置范围，合理采用防排烟方式，划分防烟分区，做好系统设计计算，合理选用设备类型等。在建筑防火设计中，这部分主要考虑防排烟系统在建筑物中采用机械排烟还是自然排烟或是两者结合。

4. 电气防火，火灾自动报警控制系统

要求根据建筑物的性质，合理确定消防供电级别，做好消防电源、配电线路、设备的防火设计，做好火灾事故照明和疏散指示标志设计，采用先进可靠的火灾报警控制系统。火灾自动控制系统是现代建筑中不可或缺的部分，这部分要根据相关的规范合理设置感烟传感器、感温传感器以及响应设施。

5. 建筑物还要设计安全可靠的防雷装置

建筑物防雷设施应包括接地体、引下线、避雷网格、避雷带、避雷针、均压

环、等电位、避雷器等。从设计到施工应分为两个阶段进行：第一阶段是随建筑物一体化施工的直（侧）击雷防护设施，其设计的目的是保护建筑物本身不受雷电损害以及尽最大可能去减弱雷击时对建筑物内的电磁效应，同时为建筑物内部设备的感应雷防护提供必要的基础条件，其特点是与建筑工程的土建部分同步进行。第二阶段设计的目的是保护建筑物内的弱电设备安全，如通信系统、计算机系统、家用电器等，即建筑物防雷设施的感应雷防护部分，其特点是与建筑工程设备安装同步进行。在第二阶段中应特别强调的是在安装计算机、通信设备等抗干扰（或过电压）能力比较低的电子设备前，首先必须弄清设备安装所在建筑物的直击雷防护设施的基本情况，包括接闪器、网格、防雷接地体的形式及工频电阻值、等电位连接、引下线分布、动力进线形式、高低压避雷器安装等情况；高层建筑还要了解均压环和玻璃幕墙接地的形式及过渡电阻值等基本设计参数，才能确定机房的位置、缆线的分布、接地系统的形式和限压分流等技术方案。

以上五个方面是建筑防火设计的主要内容，参阅相关的法律法规，充分考虑每个方面，才能将建筑防火设计做得更加完整，更加全面。

第七章　爆炸灾害与防灾减灾工程

随着经济建设和工业生产的迅速发展，人口的不断增加和人民生活水平的不断提高，民用燃气的普及率越来越高，工业生产所产生的可燃气体、液体和易爆粉尘的数量及种类日益增多，使得发生事故性爆炸的概率明显增大，如矿井瓦斯爆炸、粮食粉尘爆炸、火炸药爆炸、锅炉及压力容器爆炸等。这些危险源如果得不到合理的管理和有效的控制，不仅会影响到人们的生活环境，还会给国家和个人的财产以及人民的生命安全造成严重的危害。近几十年来，国内外可燃气体、液体蒸气和粉尘爆炸等事故时有发生，造成了巨大的经济损失。因此，研究可燃气体、液体蒸气和粉尘的爆炸机理、爆炸特性、爆炸对结构的作用及预防措施有着十分重要的意义。

第一节　爆炸灾害概论

一、爆炸基本概念

爆炸是自然界、工业界和日常生活中常见的一种灾难性现象，具有极强的破坏性，造成巨大财产损失和人员伤亡。广义的爆炸是指物质从一种状态迅速转变为另一种状态，伴随着巨大能量的快速释放，产生声、光、热或机械功等，或是气体或蒸气在瞬间发生剧烈膨胀的过程。

二、爆炸的分类

1. 按爆炸前后物质成分的变化分类

（1）物理爆炸。体系中物质因状态或压力发生突变而引起的物理能量快速释放，并转变为机械功、光、热等能量形式的爆炸现象称为物理爆炸。物理爆炸在其爆炸发生前后，体系中物质的性质及化学成分没有发生变化，如锅炉爆炸、强烈电火花放电、物体的高速撞击等。

（2）化学爆炸。体系中物质以极快的速度发生放热化学反应，并产生高温、高压气体而引起的爆炸现象称为化学爆炸。化学爆炸在其爆炸前后，体系中物质的性质和组分都发生了根本变化，如炸药爆炸（进行速度在每秒数千米到万米之间，温度3 000～5 000℃，压力高达几万至十几万兆帕，瞬时功率可达10^{10}～10^{14} W）、细粉尘（煤粉、面粉等）的爆炸、气体（甲烷、乙烷与空气的混合物等）的爆炸。化学爆炸具有放热、高速、产生大量气体等特点。

（3）核爆炸。核爆炸能量释放来自核裂变（如U^{235}裂变）或核聚变（如氘、氚、锂核聚变）反应，核爆炸过程所释放的能量较其他类爆炸要大得多和集中得多。核爆炸可形成数百万到数千万摄氏度的高温，在爆炸中心区可产生数十万兆帕的高压，能量释放相当于数万到数千万吨TNT炸药的爆炸能量，同时还伴随有大量热辐射和强光。此外，核爆炸还会产生各种对人类生存有害的放射性粒子，造成区域性长时间放射性污染，其破坏力要比物理爆炸和化学爆炸大得多。

2. 按爆炸过程分类

（1）着火破坏型爆炸。容器、管道、塔槽等（以下统称容器）内部的爆炸性危险物质，在点火源作用下引起的着火、燃烧或分解等化学反应，造成内部压力急剧上升，导致容器发生爆炸破坏。

（2）泄漏着火型爆炸。容器内部的爆炸性危险物质因阀门开启或容器出现裂缝，泄漏到外部空间形成爆炸性混合物，在遭遇点火源作用时引起着火，导致火灾和爆炸事故发生。

（3）自燃着火型爆炸。化学反应热蓄积而导致系统中温度升高和反应速率加快，当温度升高到这类物质的着火温度时，引起物质自燃而导致火灾和爆炸事故发生。

（4）反应失控型爆炸。化学反应热蓄积而导致系统中温度升高和反应速率加快，引起物质的蒸气压或分解气体压力急剧升高，导致容器发生爆炸破坏。

（5）传热型蒸气爆炸。过热液体与其他高温物质接触而发生快速热传导，致使液体因被加热而暂时处于过热状态，从而引起伴随急剧气化的蒸气爆炸事故发生。

（6）平衡破坏型蒸气爆炸。当密闭容器内的液体在高压下保持蒸气压平衡状态时，因容器遭到破坏而喷出蒸气，导致容器内压急剧下降而失去平衡，使暂时处于不稳定过热状态的液体发生急剧气化，并在残留液体对容器壁的冲击作用下使容器再次遭到破坏，从而导致蒸气爆炸事故的发生。

除上述分类外，爆炸事故还可按爆炸物质相态的不同，分为气相爆炸、液相爆炸、固相爆炸和多相爆炸等类型；按点火源的不同，可分为需要有点火源的爆炸和不需要点火源的爆炸等类型。

爆炸灾害按其性质可分为两类：一类是被动的，即事故性爆炸灾害；另一类是主动的，即人为性爆炸灾害。按发生位置的不同爆炸灾害又可分为内部爆炸和外部爆炸。一般来说，事故性爆炸灾害多发生于建筑物内部，如粉尘爆炸、锅炉爆炸、燃气爆炸、火工品爆炸等；而人为性爆炸灾害多发生于建筑物外部，如恐怖袭击和战争导致的炸弹爆炸等。

三、事故性爆炸灾害举例

现代工业的进程使企业不断地大型化和集中化；城市化进程加快使城市变得更加拥挤和复杂。因此，事故性爆炸灾害发生的次数也逐年增加，而且事故的危害明显增大。

1. 赛礼隆化工有限公司爆炸事故

2009 年 1 月 12 日 17 时 40 分，赛礼隆化工有限公司发生特大爆炸（见图 7—1），整个工厂几乎全部摧毁，伤亡惨重，救出 70 多人。3 名工厂员工在这次事故中死亡，一名消防队员在这次事故中牺牲。

2. 江苏某化工厂爆炸事故

2009 年 1 月 12 日 17 时 35 分左右，江苏省常熟市海虞镇福山化工园区一家化工厂发生特大爆炸（见图 7—2），整个化工厂几乎全部摧毁，伤亡惨重，周围建筑也遭辐射毁坏。

图 7—1　赛礼隆化工有限公司爆炸事故

图 7—2　江苏某化工厂爆炸事故

3. 北京市通州区蓝山国际公寓爆炸事故

2006年5月17日，北京市通州区蓝山国际公寓1号楼1单元403室发生爆炸（见图7—3），共有10人在爆炸中受伤，其中3人被烧伤。爆炸原因是由于天然气泄漏所致。

图7—3 北京市通州区蓝山国际公寓爆炸事故

4. 南京市塑料四厂管道泄漏爆燃事故

2010年7月28日上午10时15分，位于南京市栖霞区迈皋桥街道的南京塑料四厂地块拆除工地发生地下丙烯管道泄漏爆燃事故（见图7—4），共造成22人死亡，120人住院治疗，其中14人重伤，爆燃点周边部分建（构）筑物受损，直接经济损失4 784万元。事故原因是：施工人员在原南京塑料四厂厂区场地平整施工中，挖掘机械违规碰裂地下丙烯管线，造成丙烯泄漏，与空气形成爆炸性混合物，遇明火后发生爆燃。

图7—4 南京市塑料四厂管道泄漏爆燃事故

5. 河南洛染股份有限公司爆炸事故

2009 年 7 月 15 日凌晨 2 时左右，位于河南省偃师市顾县镇的河南洛染股份有限公司发生剧烈爆炸事故（见图 7—5），爆炸同时引起燃烧。约有 10 吨氯苯发生了爆炸，造成 7 人死亡，108 名周边群众被震碎的玻璃划伤。经初步调查，此次爆炸事件系一氯苯中转罐爆炸所致。

图 7—5　河南洛染股份有限公司爆炸事故

四、人为性爆炸灾害举例

爆炸恐怖活动可以造成大量人员伤亡和财产损失，具有异常严重的残酷性和社会危害性，不仅能直接影响社会稳定和造成心理恐慌，甚至会引起国家危机，对国家安全造成严重威胁。

1. 贝鲁特美国大使馆爆炸案

1983 年 4 月 18 日 13 时，一辆装满炸药的货车高速驶入美国驻贝鲁特大使馆大楼，发生剧烈爆炸。爆炸摧毁了 7 层使馆大楼主体部分，并给周围地区造成严重的破坏。在爆炸中有 63 人死亡，100 多人受伤。

2. 印度总理命丧“人体炸弹”事件

1991 年 5 月 21 日 22 时 10 分，拉吉夫·甘地来到泰米尔纳德邦首府以南 40 km的斯里佩鲁穆普社尔参加竞选集会。一位青年妇女向他献花环，引爆了身上的炸药。一声巨响，拉吉夫·甘地顿时倒在血泊中，同时遇害的还有 17 人。

3. 震惊世界的“9·11”空中自杀性攻击爆炸事件

2001 年 9 月 11 日上午 8 时 48 分，美国航空公司的一架波音 767 飞机遭恐怖分子劫持后，撞向美国纽约世界贸易中心南侧大楼，摩天大楼被撞去一角，在大约距地面 20 层的地方冒出滚滚浓烟。18 min 后，另一架被劫持的波音 757 飞机撞击了世贸中心的姊妹楼，飞机从北侧大楼中部冲入，由另一侧穿出，撞上另一幢大楼。20 min 之后，这两座纽约的标志性建筑相继倒塌（见图 7—6）。

图 7—6　“9·11”空中自杀性攻击爆炸事件

4. 英国伦敦金融城爆炸案

1993 年 4 月 24 日 10 时 27 分，在伦敦金融城主教门大街上停放的一辆垃圾车突然发生爆炸，这是一枚巨型炸弹，装着 2 200 磅炸药。在爆炸的巨大破坏力作用下，主教门大街出现了一个直径达 12 m 的大坑，犹如大火山口，附近的办公楼、教堂等建筑，均受到了不同程度的损坏。其中，伦敦第二高建筑、52 层的威斯敏斯特国民银行大厦和旁边 22 层高的汇丰银行大厦受损最为严重。办公楼的玻璃几乎都被震碎，楼内许多房间屋顶坍塌、屋门脱落，计算机和家具多被震坏和砸坏。爆炸造成了 1 名报社摄影记者死亡、45 人受伤。一些建筑将不得不完全推倒重建。

5. 石家庄系列爆炸案

2001 年 3 月 16 日 4 时 16 分，石家庄长安区育才街棉纺三厂宿舍 15 号楼西侧墙体被炸，但无人员伤亡；随后，与其相邻的棉三厂宿舍 16 号楼发生爆炸，楼房整体倒塌（见图 7—7），造成 93 人死亡，12 人受伤；4 时 30 分，长安区建设大街市建一公司宿舍 1 号楼发生爆炸，第 3 单元被炸毁，造成 5 人死亡、20 人受伤；4 时 45 分，新华区电大街 13 号市五金公司宿舍楼发生爆炸，第一单元被炸塌，造成 10 人死亡，6 人受伤；5 时许，桥东区裕华路民进街 12 号一居民二层小楼发生爆炸，未造成人员伤亡。

图 7—7　石家庄系列爆炸现场

五、近代战争造成的伤亡和破坏

近代战争造成的伤亡和破坏见表 7—1。

表 7—1　近代战争造成的伤亡和破坏

时间	战争名称	造成的伤亡和破坏
1914.8—1918.11	第一次世界大战	军人伤亡 888 万人，平民伤亡 649.3 万人
1939—1945.9	第二次世界大战	军人伤亡 2 300 万人，平民伤亡 2 730 万人，其中 30%的伤亡与建筑物有关
1948.5—1949.2	第一次中东战争	以色列—阿拉伯国家，双方军队 21 000 人伤亡
1950—1953	朝鲜战争	60 万栋民房被毁，死伤近 100 万人
1956.10—1957.3	第二次中东战争	英国、法国、以色列—埃及，伤亡 2 万余人
1962—1973	越南战争	死亡近 160 万人
1967.6.5—6.10	第三次中东战争	以色列—埃及、叙利亚、伊拉克；以色列伤亡 3 000 余人，埃及、叙利亚、伊位克伤亡 5 万余人
1973.10.6—10.23	第四次中东战争	埃及、叙利亚—以色列，阿拉伯国家死亡 2 万余人，以色列军人死亡 5 000 多人
1978.12—1989.2	苏联—阿富汗战争	苏联—阿富汗，死亡近 140 万人
1980.9—1988.8	两伊战争	伊拉克—伊朗，伊拉克死亡 30 万人、伤 60 万人，伊朗死亡 70 万人、伤 110 多万人
1982.6—1983.2	第五次中东战争	以色列—黎巴嫩，伤亡 4 000 余人
1990.8—1991.2	海湾战争	伊拉克—科威特—美国，死亡约 5 万人，并造成迄今最严重的一次环境污染
2001.10—2001.12	美国—阿富汗战争	美国—阿富汗，阿富汗伤亡巨大，无法统计
2003.3—2003.5	伊拉克战争	伊拉克—美国及其盟国，伊拉克死亡 10 万人以上

鉴于爆炸现象在自然界、工业界和日常生活中时有发生，而且作为未来战争和恐怖袭击的主要进攻手段，可以说，爆炸引起的建筑物崩塌与飞溅是造成人员伤亡的重要原因。爆炸对建筑物、构筑物的作用与地震的作用在力学上具有明显不同，爆炸作用具有峰值压力高，作用时间短，应变率高，传播速度快等特点，并伴有高温、毒气、辐射等附加危害。因此，有必要对重要建筑物、构筑物的防爆与抗爆性能进行研究、评估和设计。

第二节　爆炸的特性及其对结构的作用

一、爆炸与冲击波

爆炸的一个最重要的特征是在爆炸点周围介质中产生急剧的压力突跃，这种压力突跃是爆炸破坏作用的直接原因，压力突跃的传递方式是冲击波。裸炸药爆炸时，70％～90％的能量传递给冲击波；空中核爆炸将50％的能量传给冲击波。

1. 冲击波的基本特性

（1）冲击波是一种强压缩波，冲击波阵面前后的参数是突跃变化的。

（2）冲击波阵面很薄，只有几个分子自由程，一般可近似为没有厚度的间断面。

（3）冲击波传播过程是绝热的，熵是增加的。

（4）冲击波相对于波前未扰动介质是超音速的，即 $D>u_0+c_0$。

（5）冲击波相对于波后已扰动介质是亚音速的，即 $D<u_0+c_0$。

（6）冲击波过后，介质获得一个与冲击波传播方向相同的移动速度，即 $u_0-u_0>0$。

2. 冲击波的基本关系式

利用质量守恒、动量守恒和能量守恒定律可以建立冲击波阵面前后介质中各物理量相互联系的公式，称为冲击波的基本关系式。

对于平面正冲击波，或称为一维平面冲击波（见图7—8），设其以速度 D 稳定向右传播。冲击波前的介质参数压力、密度、内能、声速和质点速度，分别用 p_1、ρ_1、e_1、c_1 和 u_1 表示。

为了便于公式推导，我们变换坐标系，将坐标系取在冲击波阵面上，那么冲击波前的介质以（$D-u_0$）的速度向左流入冲击波阵面，而以（$D-u_1$）的速度从冲击波阵面流出（见图7—9）。

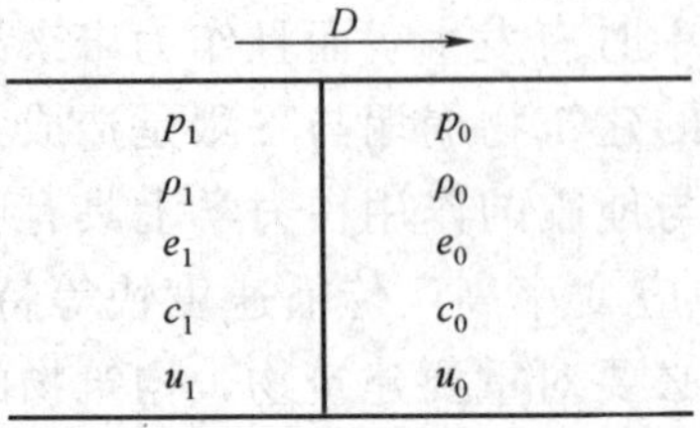

图 7—8　一维平面冲击波

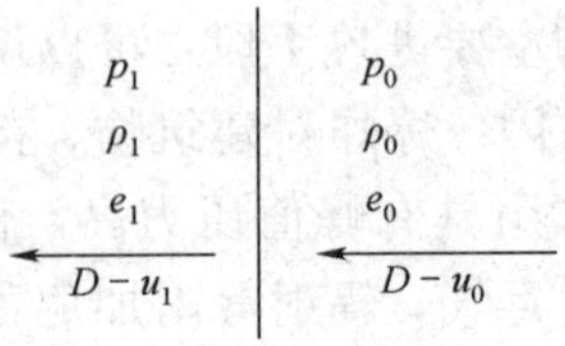

图 7—9　坐标系建立在冲击波阵面上

根据质量守恒定律，在冲击波稳定传播的条件下，单位时间内从冲击波右侧流入的质量应等于从左侧流出的质量，由此得到：

$$\rho_0 (D-u_0) = \rho_1 (D-u_1) \tag{7—1}$$

称为一维平面冲击波的质量守恒方程，或称为连续方程。

根据动量守恒定律，冲击波在传播的过程中，单位时间内作用于介质的冲量应等于其动量的改变量，由此得到：

$$p_1 - p_0 = \rho_0 (D-u_0)(u_1-u_0) \tag{7—2}$$

称为一维平面冲击波的动量守恒方程。

由于冲击波传播很快，其过程可以视为绝热过程。由于冲击波阵面很薄，其内部摩擦所引起的能量损耗可以忽略不计。介质具有的总能量包括介质所具有的内能、介质所具有的压力势能和介质流动所具有的动能。根据能量守恒定律，在冲击波传播过程中，单位时间流入和流出冲击波阵面的总能量应相等，由此得到：

$$\rho_0 (D-u_0) e_0 + p_0 (D-u_0) + \frac{1}{2}\rho_0 (D-u_0)(D-u_0)^2$$

$$= \rho_1 (D-u_1) e_1 + p_1 (D-u_1) + \frac{1}{2}\rho_1 (D-u_1)(D-u_1)^2 \tag{7—3}$$

整理得到：

$$(e_1-e_0) + \frac{1}{2}(u_1^2-u_0^2) = \frac{p_1 u_1 - p_0 u_0}{\rho_0 (D-u_0)} \tag{7—4}$$

以上三式就是由三个守恒定律导出的一维平面冲击波的基本关系式。经过简单变换可得：

冲击波后介质运动速度 u_1 与压力 p_1 和比体积 v_1 之间的关系式

$$u_1 - u_0 = \sqrt{(p_1-p_0)(v_0-v_1)} \tag{7—5}$$

其中，比体积 $v=1/\rho$。

冲击波速度的表达式：

$$D-u_0=v_0\sqrt{\frac{p_1-p_0}{v_0-v_1}} \tag{7—6}$$

式（7—6）在（v，p）平面上为一直线，称为瑞利（rayleigh）线。

冲击波后介质内能的变化（e_1-e_0）与压力 p_1 和比容 v_1 之间的关系式：

$$e_1-e_0=\frac{1}{2}(p_1+p_0)(v_0-v_1) \tag{7—7}$$

式（7—7）又称为雨贡纽（hugoniot）关系式，它对应于（v，p）平面上的曲线称为雨贡纽曲线。

值得强调的是，在推导冲击波基本关系式的过程中只用到了三个守恒定律，没有涉及具体介质的性质，因此三个冲击波关系式适用于任意介质中传播的冲击波。在研究冲击波对具体介质的作用时，还需结合该介质的本构方程（或状态方程）、动态力学性能和试验数据，才能得到定量的结果。

3. 冲击动力学试验方法

为了对材料和结构的冲击动力学特性进行实验研究，目前已成功地研制出一套比较完整的冲击波高压实验装置，它们覆盖了从几千兆大气压到几百兆大气压的压力范围。一般来说，1 000 兆大气压以内的冲击波压力可以用 Hopkinson 压杆获得，几千兆大气压到几十万兆大气压的冲击波压力可以用一级压缩气炮获得，几十万兆大气压到 1 000 万兆大气压以内的冲击波压力可以用炸药爆炸或二级轻气炮获得，1 000 万兆大气压以上的冲击波压力可用核爆炸方法获得。图 7—10 为 40 mm 直径的 Hopkinson 压杆（SHPB），图 7—11 为 100 mm 口径的一级空气炮。

图 7—10　40 mm 直径的 Hopkinson 压杆（SHPB）

图 7—11　100 mm 口径的一级空气炮

冲击动力学试验的测量方法主要包括光测方法和电测方法。值得强调的是，由于冲击波具有传播速度快（每秒几百米到上万米），压力高（几千到几百万大气压），而且上升时间极短（0.01～0.1 μs）的特点，所以与静态和低频力学测量有很大的不同，具有瞬态、高频、单次等特点。

二、爆炸破坏的特征

1. 爆炸作用区域

（1）近区危害：冲击波、高温、气体产物。

（2）中区危害：冲击波、抛射物。

（3）远区危害：冲击波。

（4）地震危害：地震波。

2. 爆炸冲击波的三个特征量

爆炸冲击波对建筑物、构筑物的破坏作用通常以以下三个特征数度量（见图7—12）：

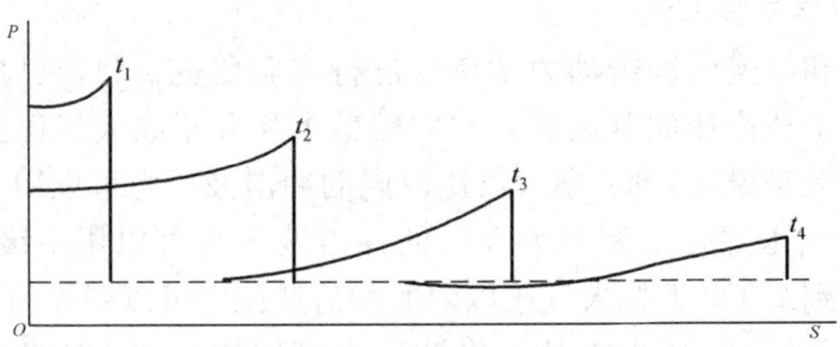

图 7—12　空气冲击波传播示意图

（1）峰值超压 ΔP_m。

（2）正压区作用时间 T+。

（3）比冲量 I+（压力与作用时间的乘积）。

当炸药在空气中爆炸时，其周围介质直接受到高温、高压的爆炸产物作用，以极高的速度向周围飞散，强烈压缩着邻层空气介质，使其压力、温度和密度突跃升高，形成压力很高的初始冲击波。随后，由于爆炸产物膨胀速度随距离的增大而很快衰减。压力下降很快，当爆炸产物的半径 r 膨胀到 1.5 r_0（r_0 为装药半径）时，爆炸压力仍很高，它将继续膨胀，一直到与周围未经扰动介质的压力 p_0 相等。爆炸产物由于惯性作用并没有立即停止运动，将继续膨胀（又称过度膨胀）。这种膨胀一直延续到惯性消失为止。由于爆炸产物的内部压力低于 p_0 时，就出现周围介质反过来对爆炸产物进行第一次压缩，使其压力不断回升，产生第二冲击波。同理，还将产生第三次冲击（见图 7—13）。试验表明，对建筑和结构有实际破坏作用的只是第一冲击波，而负压区中的第二、第三冲击波只对生物损伤起作用。

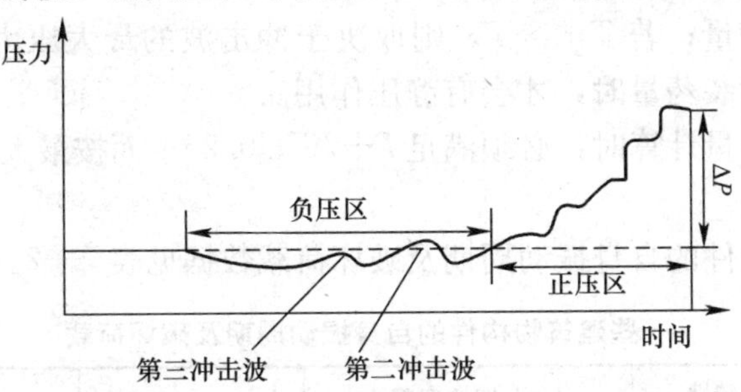

图 7—13　空气冲击波的压力随时间变化曲线

一般认为，爆炸产物停止膨胀往回运动时，空气冲击波就与爆炸产物脱离，并独自向前传播。两者脱离的距离很难精确确定。对球形物装药爆炸时，近似地认为发生在 10～15 倍装药半径 r_0处，平均可达 12 r_0。这时，空气冲击波波阵面压力为 1～2 MPa，波的传播速度 D＝1 000～1 400 m/s，波阵面后的质点运动速度 u_1＝800～1 200 m/s。

对目标的破坏作用与离爆炸中心的距离有关。当目标离爆炸中心的距离 $r\leqslant$ 15 r_0时，目标直接受爆炸产物和空气冲击波作用。当 $r>15\ r_0$ 时，空气冲击波已与爆炸产物分离开，目标只受到冲击波的作用。

在安全设计中，因爆炸产物直接作用区范围很小，对球形物装药仅为 10～15 r_0，故在爆炸中心处应考虑该项影响。当 $r>15\ r_0$时，可忽略爆炸产物的破坏作用。固体抛射物向周围飞散后，密集区内破坏影响较大，防护距离应适当考虑飞散物的影响，但由于飞散物的破坏作用有偶然性，对建筑物仅造成局部破坏，在确定厂区外防护距离时可忽略碎片的破坏作用。地震波在空气中传播时其压力较空气冲击波低，能量衰减比空气冲击波快得多，地震波的破坏作用远小于空气冲击波，一般在空气中爆炸时，可忽略地震波的影响，但在地下爆破时，必须考虑地震波的破坏作用。所以，在安全设计中，主要根据空气冲击波的破坏作用来确定建筑物间的设防安全距离。

3. 空气冲击波的破坏作用

当目标离爆炸中心的距离大于 15 r_0时，主要受空气冲击波的破坏作用。各种目标在爆炸作用下的破坏是一个极复杂的问题，它不仅与冲击波的作用情况有关，而且与目标的形状、本身的强度等因素密切相关。

当爆炸源的装药量与目标的距离确定以后，破坏作用的计算由结构自身振动

周期 T 与冲击波正压区作用时间 $T+$ 确定。如果 $T+\ll T$，那么对目标的破坏作用取决于冲击波的冲量；若 $T+\gg T$，则取决于冲击波的最大压力或称为静压作用。通常，只有在特大装药量时，才会有静压作用。

当冲击波按冲量计算时，必须满足 $T+/T\leqslant 0.25$；而按最大压力计算时，必须满足 $T+/T\geqslant 10$。

一些建筑物构件的自身振动周期及破坏荷载数据见表 7—2。

表 7—2　一些建筑物构件的自身振动周期及破坏荷载

构件	砖墙		钢筋混凝土墙（0.25 m 厚）	木梁上的楼板	轻隔板	装配玻璃
	2 层砖	1.5 层砖				
自振周期 T（s）	0.01	0.015	0.015	0.3	0.07	0.02～0.04
静载 ΔP（MPa）	0.045	0.025	0.3	0.01～0.016	0.005	0.005～0.010
比冲量 I（kPa·s）	22	19	—	—	—	—

根据大量实验研究及爆炸相似率，可得出空气冲击波阵面超压（ΔP_m）装药量（m）的关系式为：

$$\Delta P_m = f\left(\frac{\sqrt[3]{m}}{r}\right) \tag{7—8}$$

函数 $f\left(\frac{\sqrt[3]{m}}{r}\right)$ 可以展开成多项式，即

$$\Delta P_m = A_0 + A_1\left(\frac{\sqrt[3]{m}}{r}\right) + A_2\left(\frac{\sqrt[3]{m}}{r}\right)^2 + A_3\left(\frac{\sqrt[3]{m}}{r}\right)^3 \tag{7—9}$$

由边界条件可知，$r\rightarrow\infty$ 时，$\Delta P_m=0$，故 $A_0=0$，系数 A_1、A_2、A_3 可由试验确定。

当 TNT 球状炸药在无限空气介质中爆炸时，空气冲击波峰值超压计算公式为：

$$\Delta P_m = 0.84\left(\frac{\sqrt[3]{m}}{r}\right) + 2.7\left(\frac{\sqrt[3]{m}}{r}\right)^2 + 7\left(\frac{\sqrt[3]{m}}{r}\right)^3 \tag{7—10}$$

式中　ΔP_m——冲击波阵面峰值超压（MPa）；

m——TNT 装药量（kg）；

r——目标到爆炸中心的距离（m）。

当 TNT 在刚性地面爆炸时，由于地面的阻挡，空气冲击波不是向整个空间传播，而只向半无限空间传播，可看做是两倍的炸药在无限空间爆炸。将 $2m$ 代入式（7—10），可得冲击波峰值超压计算公式：

$$\Delta P_m = 1.06\left(\frac{\sqrt[3]{m}}{r}\right) + 4.3\left(\frac{\sqrt[3]{m}}{r}\right)^2 + 12\left(\frac{\sqrt[3]{m}}{r}\right)^3 \tag{7—11}$$

若 TNT 炸药在普通土壤地面爆炸时，对普通地面可取 $1.8m$ 代入式（7—10）得：

$$\Delta P_m = 1.02\left(\frac{\sqrt[3]{m}}{r}\right) + 3.99\left(\frac{\sqrt[3]{m}}{r}\right)^2 + 12.6\left(\frac{\sqrt[3]{m}}{r}\right)^3 \tag{7—12}$$

4. 冲击波的反射破坏作用

将柱形炸药放在一厚钢板上（见图 7—14），从炸药上端起爆。从回收的钢板可以看出（见图 7—15），炸药与钢板的接触面发生了严重的塑性变形，形成一个表面光滑的、呈圆锥形的坑，坑口直径比炸药柱的直径稍大一点。在钢板的自由面上（背面）则发生了更加严重的破坏。从钢板上剥落的一大片破片称为碟形破片。此破片的表面很光滑（即厚钢板的自由面），内表面很粗糙，是拉升断裂形成的。除了大的碟形破片之外，还有几块甚至几十块小碎片，形状不规则。破片的直径约为炸药柱的 1.0～1.8 倍，破片的飞散速度为 300～600 m/s。这种冲击波在自由面发生破坏的现象，称为层裂现象或者崩落现象。这种现象产生的原因为：炸药爆炸在钢板中产生了一个很强的冲击波（压缩波），当这个冲击波到达钢板的自由面时，要向钢板反射一个拉伸波；当拉伸波超过钢板的抗拉强度时，钢板发生层裂或崩落。由此产生新的自由面，从新的自由面又向内反射一个强度减弱的拉伸波，继续产生新的层裂或崩落，直至反射的拉伸波强度小于材料的抗拉强度。这种现象在所有固体材料与空气的界面，或者说在密度相差较大的两种材料的界面都可以发生。

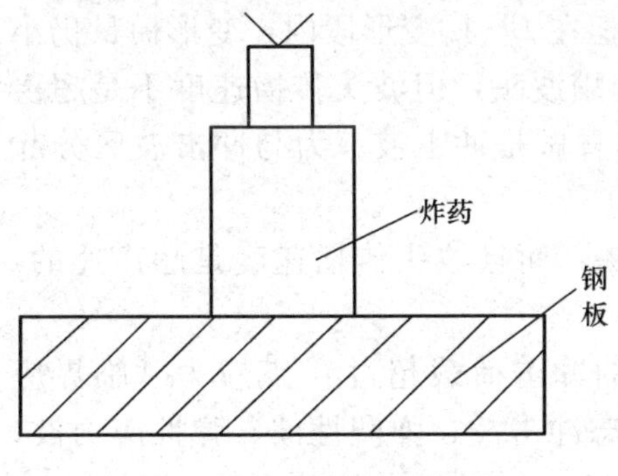

图 7—14　爆炸前示意图

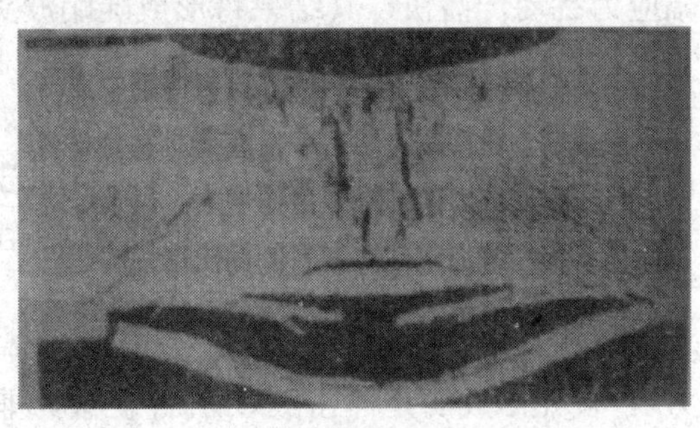

图 7—15　爆炸后钢板的纵剖面

空气冲击波在刚性地面避免反射，将产生更高压力的反射冲击波，弱冲击波的反射波压力为入射冲击波压力的2倍，强冲击波为6～8倍。

5. 冲击载荷在岩体内引起的应力—应变和应力波

图7—16为固体在冲击荷载作用下的典型变形曲线。图中0～A为弹性区，A为屈服点，A～B为弹塑性区，B点以后材料进入类似流体状态。

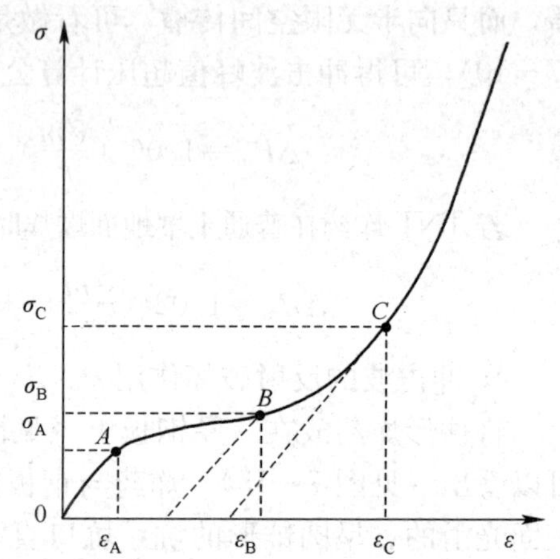

图7—16 固体在冲击荷载作用下的变形曲线

若应力值不超过弹性极限或屈服点，在固体中传播的是弹性应力波，应力和应变为线性关系，变形模量 $d\sigma/d\varepsilon$ 为常数，与扰动强度无关。弹性应力波的传播速度等于未扰动固体中的声速 c。

若荷载是突加的，弹性应力波可具有陡峭的波头，但由于波速为声速（未扰动声速），故不是冲击波。

当应力超过屈服点而处于弹塑性变形区内时，紧跟弹性应力波后面传播的是弹塑性波。该区内变形模量 $d\sigma/d\varepsilon$ 不是常数，而是随应力值增大而减小，因此，高应力处的微幅应力扰动要比低应力处的微幅应力扰动传播慢，波头在传播过程中逐渐变缓。通常弹塑性变形区可近似用直线表示，并以该直线的变形模量计算弹塑性的平均波速，其值小于未扰动固体中的声速。

应力值超过B点，固体的变形特性类似于流体，其变形模量随应力增大或压缩率减小而增加。与弹塑性波相反，高应力处的微幅应力扰动要比低应力处的微幅应力扰动传播快，其结果将形成陡峭波头。但在B～C变形段内，变形模量仍小于弹性区变形模量，故在该区内，虽能形成陡峭波头，但波头传播速度不是超声速的（与固体介质中的声速比较），不能把它看做是冲击波。为与冲击波区分起见，把此波称为不稳定冲击波（非稳态冲击波）。

应力值超过C点后，不仅能形成陡峭波头，而且波头传播速度是超声速的，这时将可以形成冲击波。

炸药在岩体中爆炸时，若作用在岩体上的冲击荷载超过C点应力（临界应力），首先形成的是冲击波，尔后衰减为非稳态冲击波、弹塑性波、弹性应力波、地震波，如图7—17所示。

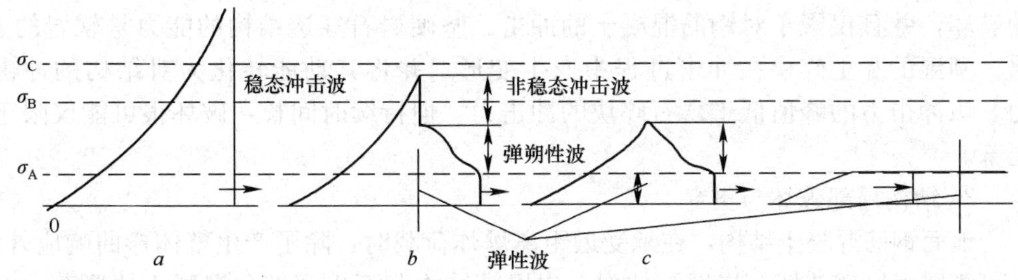

图 7—17　按不同应力值，在岩体中传播的各种爆炸应力波

实际上在弹性体内部只能有两种类型的波传播，即纵波（P 波）和横波（S 波），统称为体波。但当存在两种不同性质介质的分界面时，弹性波还可以沿界面进行传播，这种波称为表面波。根据表面波通过时介质质点运动轨迹的不同，可将表面波区分为瑞利波（Rayleigh，R 波）和勒夫波（Love，L 波）。

瑞利波是沿自由面传播的表面波。波通过时，自由面上质点在垂直的射线平面内做反向（与波的传播方向相反）椭圆运动，长轴垂直于自由面，短轴平行于自由面。勒夫波是层状岩石中沿层面传播的表面波，其中质点在垂直传播方向的水平横向方向上做剪切形式的振动，没有垂直运动分量。

三、爆炸对结构的破坏

近距离爆炸或与结构接触爆炸时，爆炸点附近的材料或结构在爆炸压力作用下可能被压碎、破裂，造成局部破坏，甚至整体破坏。破坏现象主要包括形成弹坑、混凝土结构震塌和局部破裂、结构被贯穿甚至建筑物倒塌。

1. 抛掷物

爆炸的当量较小时，产生的抛掷物所造成的破坏或伤害并不大，但对于大当量爆炸，必须考虑抛掷物的危害。

从爆炸中心算起，2～4 倍弹坑半径范围内沉积了大约 40%～90%的抛掷物（以质量计）。一般来说，土中爆炸产生的抛掷物，其飞散距离可限制在弹坑直径的 30 倍以内；在岩石中爆炸，抛掷物的飞散距离一般可达到弹坑直径的 75 倍，极少数抛掷物甚至飞散得更远。飞散的抛掷物所造成的破坏对象主要是水平或接近水平的结构构件，如建筑物的顶板或顶盖等。岩石碎块会侵入这些构件，而黏性土壤（如某些黏土）的碎块可能会对结构造成弯曲破坏。

当岩石碎块撞击结构时将产生强烈的冲击，通常会贯穿结构材料或反弹回来。软岩在侵彻前或侵彻过程中可能会粉碎。目前大部分数据是关于岩石所造成的破坏，并且仅限于对钢筋混凝土的冲击。坚硬岩石穿透结构的能力是软岩的8倍。潮湿的黏土碎块在冲击过程中产生变形，并将其动能转化为对结构的冲击力。该冲击力的峰值低于岩石碎块的冲击力，但持续时间长，破坏很可能仅限于局部。

2. 结构局部破坏与贯穿

地面钢筋混凝土结构，在承受近距离爆炸荷载时，除了产生整体弯曲响应外，还可能产生局部破坏：崩塌与破裂。崩塌是结构背面出现部分混凝土块脱落，并以一定速度飞出。破裂是局部混凝土碎裂甚至出现破口。结构局部破坏主要是爆炸点附近的材料质点获得了极高的速度，使介质内产生很大的应力而使结构破坏，且破坏大都发生在爆炸点及其附近区域内。局部破裂时，在爆炸装药附近区域内，混凝土严重碎裂，钢筋严重变形甚至被拉断。它是由空气冲击波或地面冲击的局部高压作用的结果，一般伴随着构件的大变形。

3. 结构崩塌

在介质中实际传播的冲击波是脉冲波，不论在某点处应力随时间的变化，还是在某瞬间应力随距离的分布，通常都是按指数规律衰减。指数衰减形式的平面压缩波在介质中传播至自由表面时，从自由表面将会反射回拉伸波，并且反射的拉伸波与尚未反射的压缩波叠加，在自由表面附近造成净拉伸应力。当净拉伸应力超过材料抗拉强度极限时，材料内将形成裂纹，严重时会造成完全断裂（层裂）。由于很多材料抗拉强度极限低于抗压强度极限，在压缩状态下不会破坏，而在拉伸状态下往往会破坏，因此，层裂是一种常见的破坏形式。

结构崩塌通常是指混凝土结构背面出现剥落（层裂），并有混凝土碎块飞出。崩塌是混凝土在垂直于自由面方向受拉破坏的结果，当冲击波阵面撞击构件时，在构件材料中产生压缩波，压缩波通过构件到达背部自由表面，被反射为拉伸波，其波形和大小与压缩波相同。在向回传播期间，如反射波的拉应力与压缩波的压应力相抵后还超过混凝土的抗拉强度，材料将被拉断裂，背部自由面与破坏面之间的那部分混凝土将与其余部分脱离，形成崩塌。崩塌通常产生小块混凝土碎块，在构件背面会形成崩塌漏斗坑。

4. 结构整体破坏（变形与失稳）

在爆炸荷载的作用下，梁、板将产生弯曲、剪切变形，柱被压缩以及基础沉陷等。整体破坏作用的特点是使结构整体产生变形和内力，结构破坏是由于出现过大的变形、裂缝，甚至造成整个结构的倒塌。从力学的观点看，结构局部破坏作用是应力波传播引起的波动效应，而整体破坏作用是动荷载引起的震动效应。

一般来说，跨度小、构件厚的结构，局部破坏起决定作用；反之，跨度大、厚度薄的结构，整体破坏常起控制作用。

恐怖分子可能攻击的大部分设施是钢筋混凝土构件、钢构件（主要是梁和柱），或者两者结合构筑的。常见的结构形式可分以下四类：

(1) 钢框架、混凝土楼板和墙。对于这种结构形式，钢梁固定在由钢柱支承的横梁上，通常混凝土墙的设计是提供对风和地震条件下的抗剪能力，结构倒塌的可能性主要取决于承受重力荷载的构件，而在很小的程度上取决于承受横向荷载的构件。楼板和墙板甚至几根梁的局部破坏是可以接受的，但是大梁或柱的破坏可能会影响本单元以及周围单元内的人员安全。如果炸药直接放在大梁下面，则情况是最危险的。

对于多层建筑物，地下室标高上混凝土墙中埋设的钢柱，承受装药爆炸产生的直接侧向荷载可能对建筑物造成最大的损害。

(2) 混凝土框架、混凝土楼板和墙。和钢框架建筑一样，大梁和柱构件的破坏对于建筑物的易损性分析是最重要的。假设楼板和墙与大梁和柱分别组合，使结构各构件的从属荷载最大，并假定墙和楼板受到破坏，且荷载不能传到柱和大梁，这样将极大地减小主要构件上的荷载，将建筑物的整体易损性降到最低。

(3) 混凝土承重墙、混凝土楼板。底板（或顶板）和墙可能是单向板或双向板，在上述两种情况下，近距离爆炸的载荷具有双向空间变化。非常靠近楼板或墙构件的爆炸很可能把构建炸穿一个洞，局部面积遭到破坏而相邻面积的整体性不受影响。

(4) 无梁楼盖结构。无梁楼盖结构是典型的办公楼和车库结构，这种结构具有较大的楼板面积而没有承重墙，在两个方向的几个均匀跨度上设有圆形或矩形的混凝土柱，楼板是等厚度的。柱中心的装药可破坏楼板的局部，相邻的柱应不受影响。柱附近的装药爆炸可破坏靠近的柱，而相邻的柱应该是安全的。

5. 构件整体响应

构件的整体响应包括两个重要方面，即对特定构件的影响和对设施整体结构完整性的影响。需要研究的构建是梁、柱、承重墙、剪力墙及节点和连接。

(1) 整体梁的特性。连接良好并能发挥其全部能力的梁有两种破坏形态：一种是薄膜破坏或剪切破坏；另一种是连接不能充分发挥其平面内的力或使用了简单的不连续支撑，造成弯曲破坏。钢结构或钢筋混凝土构件的薄膜破坏出现在支座有足够的强度，且刚度能抗构件边缘的平面内位移的条件下，薄膜破坏的判据通常是梁中钢筋的断裂应变。爆炸引起的剪切破坏是持续时间很短的动力荷载的直接剪切（或动力剪切）响应，这种响应的破坏形态主要局限在几何形状不连续区中，不涉及弯曲，是由剧烈的惯性剪切力所造成。如果发生这种破坏，就是最早的结构响应（在载荷到达的几毫秒以内），并发生在任何明显的弯曲变形之前。弯曲破坏是当平面内位移（即简支梁重量边缘向内移动）足以造成梁滑离其支座时，有可能发生的破坏。这种破坏发生时的载荷比薄膜或动力剪切破坏的值更低。因此，对受爆炸加载的梁来说，连接设计应能阻止这种破坏形式。

（2）板的特性。在大部分情况下，板的特性与梁的特性几乎相同，梁与板的区别主要是加载，板荷载的空间变化是二维的，而施加载梁上的载荷是一维的。连接良好并能完全发挥其作用的板一般以三种形式破坏：拉伸、受压和剪切。在连接不能承受足够的平面内力或使用了简支支座时，可能发生弯曲破坏，也可能发生几种破坏形态的结合。整体薄膜、弯曲、剪切破坏相关的破坏判据和特性与上述梁的特性和破坏判据相同，局部破坏是板的常见破坏。受压破坏对板与墙构件是相当独特的，由直接作用的爆炸或通过柱构件的间接加载引起的过量边缘荷载所造成。但对于连接设计良好的板来说，这种与特性相关的沿其支座的运动可能使板脱离其支座，造成灾难性的破坏后果。没有良好连接或不具备足够延性的楼板可能性能很差，而且是致命破片的来源，但是却可以起到组织爆炸传播的作用。

（3）柱的特性。柱一般由钢或钢筋混凝土制成。典型的柱与结构的其他部分有良好的连接，并能充分发挥其连接处的抗弯能力。柱的剪切响应与梁相同，但由于轴向荷载提供内在的缓和作用，能有效提高柱的抗剪能力。因为柱主要承受轴向压力，因此在承受爆炸荷载时，并不要求非常坚固的地板和顶板。柱还有一种独有的响应模式，除了承受较大的轴向荷载以外，可发生类似梁的弯曲破坏现象。为了提高柱在爆炸下的弯曲响应，对于钢筋混凝土来说，可使用足够的约束钢筋（箍筋或螺纹筋）以保证构件的延性特性，利用钢筋的充分锚固和箍筋，保证主钢筋能承受其荷载。对于钢柱，主要是保证暴露边缘（如翼缘）不受空气冲击波和破片的破坏，用混凝土填充翼缘之间的空隙。

（4）承重墙。采用承重墙结构的建筑物通常是现浇钢筋混凝土或加筋砖石结构，砖石结构的抗爆能力有严重的局限性。对于砖石结构，有侧限砖石结构与无侧限砖石结构相比，性能有所改进，可呈现极大的拱作用。承重墙对爆炸荷载的响应主要是弯曲破坏和薄膜破坏。针对大装药量的恐怖袭击，建议不采用普通的预制混凝土结构。承重墙建筑物中配筋的连续性非常重要，增强钢筋应延伸到顶板或底板构件中，以及上面的墙中，以保证内力的充分传递。如有可能，墙中的接头应避开底板或顶板的节点。

(5) 剪力墙。剪力墙一般由钢筋混凝土或砖石构成。因为剪力墙在爆炸荷载下对于设施的生存能力起次要作用，因此剪力墙在整个结构中不是主要考虑的问题。在剪力墙对设施的生存能力起主要作用的地方（如提高柱的抗弯强度），对爆炸效应的评价应包括剪力墙的响应。研究重点应该放在主要构件生存能力的问题上。

(6) 节点与连接。由于延性对减缓爆炸荷载产生重要影响，因而节点与连接对设施的生存能力起着重要作用。如果节点和连接不能满足要求，不仅会降低延性，而且会在多种情况下引起不必要的破坏（如板和梁的弯曲与受拉薄膜破坏）。

对于钢框架，连接的薄弱部位不应该是剪切中的螺钉和焊缝，如有可能，整个连接的屈服强度应大于连接以外的标准构件断面；对于混凝土框架，主要问题是充分约束混凝土，以便在连接的不连续区存在后屈服延性。在柱中使用密间距箍筋和在靠近节点的梁中使用密间距箍筋可以比较有效地解决这一问题。

四、爆炸冲击引起的结构震动

强空气冲击波和高速破片是爆炸事故和恐怖爆炸的主要危害，结构的设计主要应抵抗冲击波压力，但在有些情况下破片与冲击波压力同等重要。然而结构内部的物体，即使有结构的保护而不受冲击波压力和破片的直接作用，但仍然会受到结构运动的作用而产生强烈的冲击震动，可以造成人员伤亡、仪器设备损坏。如当加速度为512 m/s^2 时，发电站混凝土水库震裂，模面全部震碎，局部脱落，水管从连接螺纹处切断；测速发电机的脚螺栓拉断，机座翻倒。在实测加速度为 340 m/s^2 处，存放狗的铁笼被抛至对面一侧的墙边，室内物品移动 5～10 cm，所布 40 多只新疆绵羊和家兔大部分损伤较重，有的在短时间内死亡。因此，爆炸引起的结构震动是继强空气冲击波和高速破片之外的另一种主要的破坏因素。

1. 爆炸产生的冲击震动

无论是人体炸弹、汽车炸弹还是埋设于地下的炸弹，当它们爆炸时，在不形成压陷弹坑、抛掷物弹坑的情况下，只产生空气冲击波和破片，空气冲击波随爆心距的增加而衰减。空气冲击波拍击地面，形成介质中的应力波，由于自由表面和层面的影响，应力波产生反射、折射和波的相互作用，使自由场产生震动。若空气冲击波阵面大于介质中应力波传播速度，其初始运动方向向下。若空气冲击波传播速度小于介质中应力波传播速度，其初始运动方向向上。这种由空气冲击波拍击地面产生的震动称为感生地震动。若炸弹爆炸时产生压陷弹坑或抛掷弹坑（炸弹触地或埋设爆炸），弹体的一部分能量直接传入地下形成地冲击波。在弹坑以外，岩土介质在高压作用下处于破碎龟裂状态，形成破碎带；在破碎带以外，当地冲击压力大于介质弹性极限时，形成塑性区。随着地冲击波传播距离的增加，峰值降低，升压时间增长，最后以应力波的形式向外传播，由自由面和层面的反射、折射形成的地震动称为间接地震动，由弹坑引起的地震动称为直接地震动。直接地震动的运动方向向上。弹体的另一部分能量形成空气冲击波产生感生地震动，由于波的叠加，在离爆心一定距离后，介质的表面还会产生表面波。因此，爆炸产生的地震动不仅强度大，而且震相复杂。

当岩土介质中有结构埋设时，冲击直接引起介质与结构的相互作用。当冲击波作用在结构上时，产生反射。由于应力波在结构中传播速度比介质中快，在入射应力波到达结构侧面和背面介质中引起压缩波，该压缩波超前介质中传播的入射波。另外，结构侧壁与介质的相对运动，将产生垂直于侧壁的剪切波；应力波的反射不仅发生在结构与介质的接触面上，而且发生在结构的自由表面上，入射压缩波在自由表面上反射成拉伸波，这种拉伸波能使结构与介质界面压力迅速降低。随着爆心距的增加，结构的运动接近于自由场运动，作用在结构上的应力趋于自由场应力。岩体中埋设结构的震动形态比土中结构更为复杂，由于介质与结构的声阻抗接近，在地冲击作用下，结构将产生较大的变形，其变形形态又因支护形式、结构几何形状及回填层介质特性不同而差异较大。结构变形将导致结构各部位的运动不同，因此爆炸产生的地冲击引起结构两种破坏作用：一是介质与结构相互作用的荷载作用于结构的周边，当结构的抗力不足时，结构遭到破坏；二是地冲击引起的结构震动，当震动量值超过人员或仪器设备的容许值时，将引起人员的伤亡和仪器设备的损坏。

2. 爆炸产生的自由场地震动

炸弹在土中爆炸时，自由场地震动与弹体的形状、尺寸、弹壳材料、炸药的类型、装药量、弹体的埋设深度、地质条件、土体性能及研究点到爆炸中心的距离等因素有关。弹体形状对爆炸近区及远区的地运动有影响。由于地下爆炸时，炸药传给弹壳的能量很快耦合到地层中，因此，地下爆炸时弹壳材料的影响比空中爆炸小。但有的弹壳质量、刚度和强度可能起约束爆炸作用，高阻抗的弹壳还会改变界面的边界条件。装药量影响地运动作用的大小和范围。炸药的参数（如爆轰压力、爆速、炸药几何形状、密度等）决定了地运动的初始条件，不同类型的炸药，其参数各不相同。弹体在不同埋设深度中爆炸，传给土中自由场的能量也不相同，从而影响地运动作用的范围和大小。层状地质构造或刚度随深度的变化都会使应力波在界面发生更复杂的折射、反射现象，从而改变地运动的大小和运动状态。研究点到爆心的距离不同，地运动的差别很大，国内外大量试验表明，自由场地运动量值、主频随爆心距增大而降低。

土中埋设结构在炸弹作用下引起的震动除与自由场地震动中所讨论的弹体、介质等因素有关外，还与结构埋深、结构形式、结构跨度、结构高度、结构厚度等因素有关。结构形式按断面形状分，常见的有直墙拱形、箱形、圆形、双曲马蹄形等多种。虽然结构形式和材料多种多样，但大部分结构的底板是采用钢筋混凝土浇筑而成，因此可不考虑结构形式，而将各种类型结构底板的震动数据一并进行分析处理。

结构底板震动的影响因素包括以下七个方面：

(1) 弹体的装药量：折算成等效的 TNT 质量。

(2) 爆心距尺：爆心至结构底板中心的距离。

(3) 耦合系数：反映弹体的埋设深度。

(4) 介质的纵波传播速度。

(5) 结构复土厚度：结构顶表至地表面的距离。

(6) 结构跨度。

(7) 结构高度。

第三节　结构防爆与抗爆设计原则

一、设计原则

在有偶然性爆炸危险和反恐及战争防范需求的地方，不论是对新的结构进行设计，还是对现有结构的冲击波抗力进行评估，均应综合考虑爆炸和冲击波的作用。这一节，我们先为设计新结构提出一些一般性的设计原理。设计抵御外来爆炸或冲击荷载的结构，首先是保护这些结构中的人员，为此，人们首先希望能防止整个结构或大部分结构倒塌；其次是尽量减少由爆炸产生的破片对建筑物之外人员的伤害；最后是应将进入该建筑物的冲击波效应尽量减少。被保护的主要结构若是人员较多的办公楼和控制室，则对人员的保护是重要的；如果是建筑物内没有人或人很少的生产流水线上的工房，则结构设计的主要目的是尽量减少设备的损坏，而将人员伤亡放在较次要的地位。

福布斯（Forbes）提出的设计原则如下：

(1) 一个抗爆建筑物应当能够经受实际规模的外部爆炸，以便保护其里面的人员、仪器和设备不受伤害。

(2) 如果结构的损坏对于发生事故时和事故后的工厂安全操作并无不利影响，那么这种损坏是容许的。

(3) 即使爆炸超过了设计值（可能造成破坏），结构会因为过度变形被“破坏”，而其承载能力无任何明显损失，这就为防止突然的塌陷提供适当的安全度。

(4) 预计此建筑物在其使用期限内只能承受一次较大的爆炸。但是，对它稍做一些修理，它应该能安全地承受爆炸后的一般设计荷载。

值得强调的是，对由于过度变形而破坏的结构，其材料须按塑性状态破坏，关键的连接点必须充分利用被连接材料的强度。因为建筑物通常是为可能发生的意外事故而设计的，并非是为想象可能出现的最严重的事故而设计的，所以建筑物必然会出现超载情况下的逐渐破坏。在出现最严重的事故时，逐渐倒塌比突然塌陷更安全一些。

作为对福布斯提出的基本原则的补充，还有以下几条准则：

(1) 选择建筑物形状和方位，以便尽量减小冲击波荷载。建筑物的抗冲击波性能受其形状及其相对于可能的爆源方位的影响。如果可能，应使建筑物狭窄的一面面向爆源，这会把该结构上的总荷载减到最小。建筑物的迎爆面上还应避免出现往里拐的凹角，因为在这些凹角里由于多次反射能将超压放大。在该建筑物的迎爆面的反面墙壁上安设门洞和墙壁也是合乎需要的。在某些场合，为提高建筑物对冲击波的抗力，可能要改变它的建筑式样。面向爆源的平坦墙壁承受全反射压力。弯曲的墙壁面，诸如圆柱面，承受较低的反射压力，那么作用在建筑物上的总荷载较小。

(2) 保持建筑物外部整齐。应避免那些在偶然爆炸中可能会产生额外危害的建筑构造。如女儿墙、遮檐、招牌和工作架在受到强冲击波荷载作用时，均会变成危险的抛掷物。应尽量减少建筑物上的门窗，并在方位上使它们离开上述爆源。

(3) 注意建筑物内部设计。应避免建筑物摆动时可能掉落到人身上的物体，或将这些物体牢靠地固定在该建筑物结构上。对于假顶棚的构造、头顶上照明设备的安装、空调管道的走向与安装应特别予以注意，所有这些设施均可能松动并掉落，从而伤害建筑物内的人员。

(4) 采用好的设计与建造方法。抗爆建筑物中的结构应变可能远远超出其屈服极限。为了使关键性的结合部能发挥基础材料的全部强度，必须重视结合部的设计，同时还必须使该基础材料的延性维持在全部工作温度范围内，即该材料的NIL 延性温度必须低于结构的最低工作温度。这一点对在热影响区的材料性质可能变化的焊接点特别重要。混凝土的配筋设计必须保证出现延性破坏，而不是出现脆性破坏。

建筑物和厂房结构可按不同方式进行防爆和抗爆设计，其中建筑材料的选择也十分重要。

1. 建筑材料

抗爆建筑物的最重要特征是，结构构件具有按延性方式吸收大量能量的能力，而且整体结构不产生严重破坏。因此，抗爆结构的建造材料不仅必须具备一定强度，而且必须具备一定延性。钢筋混凝土和结构钢都是这类建筑物中最常用的材料。对门窗、墙壁的选择，也必须按其对冲击波和飞散破片的抗力来进行。

对于抗爆建筑物来说，钢筋混凝土是一种优良的建筑材料。它的质量惯性有利于抵抗瞬间冲击波荷载，并且钢筋混凝土建筑物具有连续性和一定的侧向强度。钢筋混凝土除了固有的结构强度外，在预防通常伴随着爆炸而出现的火灾和飞散的破片方面，它也是有效的。为确保结构的延性特征，对于钢筋混凝土建筑物中使用的钢筋质量、数量和位置必须进行适当选择。钢筋混凝土使用中出现的两个问题，超压很高时的抗剪切配筋问题和如何避免或控制混凝土剥落问题，也是应该考虑的。对于所有承受高冲量荷载或具有两度以上铰转动的结构，建议采用斜缀条式系筋。对于其他情况下的结构，建议采用钢筋箍。为控制钢筋混凝土板中的剥落，可采用细钢丝，不过这种方法费用很高。当需要控制剥落碎片时，建议采用剥落板。

结构钢具有延性，而且强度高，它特别适于做抗爆建筑物中的框架；具有可靠延性的中等强度钢，也是较好的材料。延性较差的高强度钢和没有很明确 NIL 延性温度的低强度钢均不应采用。

此外，还必须设计具有抗爆和抗破片能力的窗户。对于低超压，如果尺寸适当可以使用普通的窗玻璃，但是飞散物或高于预期的压力都可能产生很危险的玻璃碎片。抗爆结构上的窗户应当使用抗冲击波的塑料，如用聚碳酸酯，或用层压玻璃来安装，这种材料是为抗爆专门设计的。对于窗框还必须就其冲击波抗力进行校验，这需要专门设计。有些窗户用柔韧密封材料固定就位，这些材料不一定能承受爆炸冲击波荷载。

校验外门对爆炸冲击波的抗力，犹如对窗户一样，支撑框架必须能抵抗来自门的荷载。如果不使用专门的门，门就会摆动，以致爆炸荷载将它转到门框反面。

如果适当挑选能经受冲击波荷载的构件，普通的屋顶和侧壁材料就可供抗爆建筑物用。支撑着现浇混凝土板的金属瓦板是良好的屋顶。混凝土板增加了屋顶质量，以抵抗冲击荷载，并防止瓦楞板皱曲。选定这种金属盖板的型号大小时，通常不计混凝土（板）的强度。超载容易引起屋面拉伸和逐渐塌陷，一般用开洞腹板梁支撑此屋面板，但必须防止这些构件失稳和逐渐倒塌。适当地使用横向支撑是必不可少的，最好是用较密实的截面以减少失稳。

为抵抗爆炸冲击波荷载，如果尺寸估计得适当，在建筑物外墙使用瓦楞板侧壁也是可以的；但是在超载条件下，瓦楞板侧壁受到皱曲，会突然丧失弯曲强度。由于这个理由，我们提议应当为侧壁支撑结构提供辅助系杆，以便在大变形条件下能形成几个平面内的力。如果出现超载，这就会预防侧壁被冲击波抛出和产生破片危害。

2. 结构类型

可以接受的构造是指任一种方法或布置方式，这种构造在超载条件下能承受设计的冲击波荷载，然后按延展方式逐渐破坏。刚性框架、剪力墙、整体（外）壳、加劲（外）壳以及现浇和预制的混凝土构件均属可接受的构造。在所有抗爆结构中，节点设计是很重要的，但对预制混凝土构件需要特别注意。英国一家公司已成功地采用后张钢缆连接抗爆建筑物的预制钢筋混凝土构件。

现浇的钢筋混凝土和钢框架建筑物都是最普通的构造类型，特别适用于可能会承受外部冲击波荷载的一般用途的建筑物。对于内爆炸荷载，钢壳结构是非常有效的。当同时考虑到冲击波荷载和破片的危害时，就可使用双层钢壳建筑物（两层钢壳之间通常装填一种能制止或减缓破片飞散的材料）或钢筋混凝土建筑物。为抵抗这些结构中形成的很高的平面荷载，对于壳结构的防穿透性，需要专门设计。

对于抗爆结构来说，通常建筑物中常用的某些构造类型是不可取的。比如，脆性构造作为抗爆结构是不适合的。这种构造除了容易遭受冲击波超载下灾难性的突然破坏外，还提供了飞散碎片的来源，这些碎片被冲击波气浪猛烈撞击时，会造成较大的伤害。属于这种类型构造的例子有：无配筋的混凝土、砖、原木、石头、玻璃、塑料板和石棉板。在抗爆结构的外壳上，通常不应使用这些材料。如果在一个延性结构中，某些构件的脆性不可能避免，诸如轴向加载的钢筋混凝土柱或剪力墙，那么应提高这些构件的安全系数，即应当低估它们的承载能力。

3. 基础设计

对于具有一定冲击波抗力的结构，其框架和基础肯定能够承受较大的横向荷载。这项要求类似于对抗震设计的要求。一般说来，属于抗震型的结构，在某种程度上也是抗爆结构。

抗爆结构的基础设计中出现的问题，迄今在土木工程中尚未解决。在当前的工程实践中仍局限于静荷载设计，若能用冲击波超压的最大值估算静荷载，所设计的建筑物基础可能就很安全了。从爆炸事故研究中可以找到相当多的基础很少损坏的证据。即使对于被冲击波基本上破坏成碎块的坚固建筑物也是如此。这说明基础承受动态荷载的响应与其承受静载荷的行为是不同的。

4. 封闭结构

封闭结构是在核动力工业中已经使用的一种设计概念，现在在化学工业中开始受到注意。该结构用一个特定的结构将一个有潜在危险的作业包围起来，是为了预防可以想象到的最严重的事故后果而设计的。完全封闭的结构可能费用很高，而且还会妨碍正常操作，但它们增加了安全性。特别是对于发生失控化学反应或爆炸可能性很高的小规模试验工厂或实验室，可采用两个完全封闭的钢壳结构，可同时封闭冲击波和抑制破片。

二、设计方法

这里为设计抗冲击荷载效应的结构提供一些应用方面的一般准则，并涉及荷载的类型以及这些荷载的结构响应。所述荷载包括破片撞击、由土块以及地面运动造成的撞击。

一般说来，设计抗冲击波建筑物时应采取的步骤是：

（1）确定建筑物的位置、建筑物的布置图和设计标准。

（2）为承受静荷载，估计构件的尺寸。

（3）推测偶然性爆炸的可能来源，并确定其位置和大小。

（4）计算建筑物上的冲击波荷载。

（5）明确表示建筑物设计中必须考虑的破片。

（6）计算由破片撞击引起的荷载。

（7）当形成爆坑时，碎土抛向建筑物，计算由土块施加的荷载。

（8）明确建筑物场地的地面冲击波。

（9）为估计承受冲击波荷载的结构尺寸，进行初步分析。

（10）考虑所有的荷载，用简化法或数值法进行一次分析。

（11）为达到设计标准，需要时，应重新设计该结构，或重新估计其尺寸。

一个建筑物的设计通常包含着几个专业之间的相互配合问题。建筑工程师通常负责选定建筑物的位置和设计该建筑物的布置图，还要估计该建筑物结构构件的尺寸，以抵抗常见的荷载。这些荷载包括：结构自重、设备运转时的荷载，以及和一些自然现象（如飓风、火灾、地震等）有关的荷载。负责安全和工艺的工程师要明确表示可能的爆源位置，以及产生超压、破片及地冲击波的爆炸能量。

如果知道爆炸位置和爆炸能量，设计师就能够预测建筑物设计必须考虑的爆炸冲击波荷载，就能够对可能作用到建筑物上的地冲击波和破片进行估算。一个按几种常见荷载所设计的建筑物，当确定了该建筑物上的冲击波荷载时，分析人员就可以根据这些荷载估计该建筑物的强度。动态加载一般会使建筑物在一定的应变速率下响应。而高应变速率，可以提高材料的屈服强度。对于动态分析中的材料特性和有关结构动力学设计的分析方法，需参考有关专业书籍。这里介绍一种分析方法和有关准则，作为分析和估计建筑物结构构件尺寸的简单应用。

分析方法可分成以下两种通用的类型，即简化法和数值法。

简化法应参照结构单元动态特性的单自由度和双自由度的近似解。此解通常是以图解形式或封闭形式表示的，但有时也可采用数值积分求解。

数值法应参考有关结构单元或复杂结构体系响应方面的复杂多自由度解。为取得这些解，需要数字计算机，如计入塑性并求得动态解，费用可能很高。

1. 动态响应分析的要素

动态响应分析的三个基本要素是：明确结构上的荷载、确定承受动态加载的材料性质、计算结构对所承受荷载的响应。

这里扼要地介绍以下两方面的内容：由爆炸产生的结构上的荷载类型、评价在爆炸受载结构中出现的具有应变率特征的材料性质。

（1）瞬变荷载和准静态荷载。偶然性爆炸自然会在建筑物上产生瞬变荷载。为抗爆目的而进行设计时，须确定这些瞬变荷载对建筑物响应的影响。对于实时观察者来说，它似乎是非常短暂的；但就结构的振动周期来看，它可能是很长的。因此，相对于结构振动周期来说，可把荷载分成短时间荷载（冲量）和长时间荷载（准静态荷载）。冲量受载区和准静态受载区之间的中间区里的振动周期差不多与加载时间一样，此中间区被称为动态受载区。

这里考虑的荷载类型是由爆炸产生的，它们是冲击波产生的超压、爆炸被封闭时持续时间长的气体压力、地冲击波、破片撞击、土块引起的撞击（如出现爆坑）。

设计中最重要的荷载，一般是由冲击波产生的超压。地冲击波一般是次要的荷载。持续时间长的压力仅在封闭的条件下出现。破片的产生或土块的抛散与爆源特征和相对于地面及邻近结构的爆炸位置有关。

对于具体构件来说，可把这些荷载中的每一种按冲量荷载、动态荷载或准静态荷载分类。如果构件的基本振动周期非常短，全部荷载可能是准静态荷载（相对于该结构的周期，持续时间长）。如果构件的振动周期很长（低频），那么对于该构件来说，所有荷载可能是冲量荷载。即使如此，对于大多数建筑结构，由破片和土块产生的撞击荷载被理想化为冲量或初始速度，而气体压力荷载一般是准静态的。不难看出，对于建筑物的不同构件，同一个荷载可划分为不同的类型。荷载对结构的影响不仅与其持续时间有关，而且还与其上升时间和通常的曲线形状有关。值得注意的是，动荷载系数（DLF）的最大值始终是加载的某些特征时间（t_d 或 t）与单自由度振子的基本（固有）周期（T）之间比值的函数。最大动载荷系数（DLF）是结构的最大响应（最大挠曲、应力等）与一个相同大小的静荷载引起的最大响应的比值。还应注意，所有这些作用力都差不多给出相同的 DLF 峰值（大约为 2.0）。对于矩形和三角形作用力脉冲，当持续时间很长时（两种脉冲的上升时间为零），才出现这种情况。对于定值荷载的直线上升函数，其上升时间很短时，才出现这种情况。而对于定值荷载的阶跃函数，这些情况完全一样，或接近上述 DLF 值。众所周知，对于 talT<5.0 的阶跃函数，DLF 值为 2.0。

用上升时间为零的三角形脉冲，可十分近似地估计高能炸药装药产生的冲击波荷载。如果爆炸是由蒸气、粉尘或出现破裂的高压容器产生的，那么就可能出现截然不同的作用力函数。准静态压力荷载的曲线形状可用一个常数值的直线上升函数，或使用上升时间为零的持续时间很长的矩形或三角形力脉冲近似地估计。

建筑物上的作用力不论是冲量荷载，还是准静态荷载，分析中都可以简化。冲量荷载可由赋予结构的一个初始速度代替。这可由使总冲量等于结构中的动量改变来做到。由此初始速度求得初始动能，使初始动能等于结构变形时（弹性或塑性）所吸收的应变能，就会得到该结构的冲量渐近线。对于许多结构构件，都能够推导给出这种渐近线的方程。

当作用力都是准静态时，那么，对于弹性状态，就可采用静态分析。严格说来，这只对于非常缓慢的外加荷载才是正确的。但是，对于突然作用的定值荷载（阶跃函数），将静态分析的结果乘以 2 仍然是正确的。如材料按塑性方式变形时，使结构变形时的荷载所做的功等于变形的应变能，就能够求得准静态渐近线。至于冲量荷载，可对许多构件推导出表示其准静态渐近线的简单公式。对于完整的受载区，它还给出基于压力一冲量（P-D）概念的图解。

由爆炸产生的地冲击波是难以确定的。对于线性体系，可用一个反应谱代表它，有一些确定这个频谱的近似方法。求解非线性响应问题时，施加到建筑物基底处的地冲击波可以非常方便地表示为位移—时间函数。

（2）材料状态。在与爆炸有关的动荷载作用之下，材料中的应变速率将处于

1～100 s^{-1}的范围内，这足以使某些结构材料的屈服强度增加到静态值以上。关于结构钢、混凝土及其他材料中的应变速率效应方面的资料，已有较系统的总结。

使用数值法时，分析中可包含材料应变速率的连续变化。在这种情况下，表示屈服应力同应变速率关系的近似公式是有用的。不过，使用简化法时，需要计算应变速率的比较简单的方法。诺里斯（Norris）等人提议，应当使用某些平均值，这些数值基于达到屈服应力所要求的时间。按这种方法，这几位作者引用0.02～0.2 s^{-1}之间的平均应变速率，对于ASTM7型结构钢，他们建议将屈服应力由大约265 MPa增加到291 MPa。对于其他结构钢，大概也可保证有类似的增加，不过，只要有可用的应变速率数据，以及0.2 s^{-1}被当做对爆炸荷载的结构响应方面的合理平均值，对任何一种材料都可进行选择。

考克斯（Cox）等人报道的数值解的结果证明，应变速率对承受均匀动态内压力的环来说是非常重要的。考虑到应变速率的影响，可将峰值应变大约减小到1/3。但是，对于相同结构中的梁，应变速率对于所计算的峰值应变几乎没有影响。梁中的峰值应变只略微超过屈服点，且在弯曲时，只有梁表面经历最大应变速率。至于环，其全部横截面上的应变速率都是一样的，高应变速率显然使总屈服荷载增加，因而使总应变明显减少。

当响应中的薄膜作用占支配地位时，在数值法中就应当考虑到应变速率的影响。所谓薄膜作用，是指材料在中和轴处的明显伸展。对于简化法，还保证了静态值以上的屈服应力的一些增量。当然，完全忽略应变速率会导致保守结果。

2. 分析和设计步骤

为设计抗爆建筑物，有五个较重要的步骤必须遵照执行：设计要求、结构的形式、对动荷载的初步估计、动态分析、重复设计。

（1）设计要求。结构设计要求一般由负责安全的工程师、建筑工程师，或由某些生产部门确定，通常，工厂确定的设计要求相当多。设计要求至少应当包括以下几个方面：

1）全面说明偶然性爆炸情况，所述结构就是为此目的而设计的。这种说明必须详尽，以便能够确定影响该建筑物的冲击波超压，破片撞击、土块抛散和地面冲击波。另一方面，这正好可以为分析人员规定设计荷载（压力、冲量、破片撞击等）。

2）必须规定预计事故后，建筑物的防护等级和使用的可靠性。这种资料可使分析人员能确定是否允许玻璃破裂，侧壁或被复层必须还留在原处；是否允许破片侵入，在“预计的”事故之后，主要结构可以重复使用。

(2) 结构的形式。对许多建筑物来说，其位置、方位及基本结构形式是由其必须完成的功能来安排的。这些任务，原则上是由设计师和生产人员规定的。在某些情况下，例如密闭容器的基本功能是封闭冲击波时，设计形式可以由设计分析人员决定。不管这种资料是由其他人提供的，还是由分析人员确定的，它都应当包括建筑物的位置和方位、对周围地貌和邻近结构的确认、结构的类型（地面上浅埋、钢板和钢框架、钢壳、钢筋混凝土）、一般建筑物布置图、为静荷载设计的主要和次要结构构件的细部大样。

(3) 对动荷载的初步估计。对结构进行详细分析之前，一般先按动荷载确定主要构件的初步尺寸。对于框架结构，可通过对一个二维结构进行分析，使用等效的单自由度分析方法，或通过使用相关的设计图表和公式做到这一点。

结构分析需要估算作用在建筑物上的荷载的动荷载系数。因为确定地冲击波或破片撞击的动荷载系数是很困难的，所以通常只考虑空气冲击波荷载（主要荷载）。一旦确定了等效荷载，就能在校验不同的倒塌机构时，找到一个支配结构设计的倒塌机构。在分析中，使外部荷载的功（作用力与距离的乘积）等于应变能（塑性弯矩与铰转角的乘积）。机构分析会确定框架构件中所需要的最小塑性屈服弯矩，由此就能够确定该构件的尺寸。

动荷载的机构分析一般被限于单层框架，其理由是确定双层建筑物的等效荷载很困难。

进行了初步分析之后，就能够利用数值法校验和修改结构构件。如果采用数值法，首先尽可能精确确定构件的尺寸。这包括运用结构分析、单自由度动态分析，以及小型的多自由度的数值模型。其目的是减少用比较复杂的数值模型时所需要的重复设计次数。

在进行一个非线性的瞬变解分析前，应对计算费用作出估算。建议先对小型的试验问题求解，这种问题仅有几个自由度。

(4) 动态分析。在进行非线性动态分析和比较复杂的数值计算时，分析人员一般能够处理所有荷载，并且还能够很容易处理二次效应。使用简化法时，二次效应必然是近似的，或忽略不计的，通常难以同时处理多个荷载。

对建筑物进行冲击波荷载分析时，应考虑的几个问题是：如何处理恒荷载，梁—柱中的轴向荷载和弯曲荷载的组合效应是什么，在抗爆设计中采用剪力墙和支撑是否有益。要回答这些问题，很大程度上取决于分析的类型；不过可以给出若干一般准则。

1) 恒荷载。在抗爆设计中，通常不计恒荷载产生的应力。其理由有两个，一是同爆炸产生的荷载相比，恒荷载一般较小。这样，即使恒荷载确实降低结构的强度，减少的百分比也总是很小。二是当建筑物摆动时，与恒荷载有关的质量通常随意运动，这就使得恒荷载的实际作用难以估计。需要强调的是，进行动态分析时，附属于该建筑物的任何结构或设备的质量均应计入该建筑物的质量中。

如果抗爆设计中，恒荷载（作用）很重要，而且它们可能是多层建筑物或为低超压设计的建筑物的荷载，那么就应计入它们的作用。对于简化分析来说，处理恒荷载的普通方法是计算它们对构件弯曲能力的影响。因为有初始静弯矩和轴向荷载，这可通过减少容许塑性弯矩的方法来做到。尼尔（Neal）提出的公式将理想塑性弯矩表示成轴向荷载的函数。如用数值法，则应将恒荷载作为附加质量或集中力包括进去。如果代表设备等的（附加）质量相对于建筑物可随意移动，则能够用不动的（或移动的）力对它们进行近似估算，于是在计算这种响应时可忽略它们的质量。

2）轴向荷载效应。如上所述，静态轴向荷载往往会减小梁—柱中的允许塑性矩。因为恒荷载一般较小，这种作用往往也不大，但在简化分析中，有时用它作为计入恒荷载效应的方便方法。在大多数非线性数值分析中，由于使用应力判据预测屈服的开始，所以直接包括了轴向荷载效应。

构件中还会出现动态轴向荷载。这种效应在简化分析中被忽略。由于梁—柱的轴向响应一般以很高的频率出现，它比弯曲或侧向响应的频率高得多，所以忽略动态轴向荷载被认为是合理的。在大多数非线性数值法中，构件上动态轴向的效应已自动包括进去，除非这个特性模式被消除（如节点耦合）。在专门为框架提出的程序中，塑性通常是用塑性铰的形成来解释的。在这些程序中，计入轴向荷载对塑性矩的影响通常是可任意选择的。

3）支撑与剪力墙。支撑和剪力墙如使用得当，就能够形成有效的抗爆结构。不过，这些构件有两个主要缺点妨碍频繁地使用它们。第一，这些构件可能受到侧向荷载（支撑通常与墙板连接在一起），而此荷载可能导致建筑物过早被损坏，或至少降低平面内的强度。第二，这些构件受到破坏时，这种破坏往往是突然的，并且是十分严重的，而不是逐渐积累与扩展的。如要使用这些构件，设计分析人员就必须小心，保证它们确实不被破坏。

使用剪力墙或交叉支撑进行设计时，设计分析人员必须认识到，就其平面内承受的荷载来说，这些构件的刚性比建筑物中其他绝大多数构件大得多。这样，平行于剪力墙或支撑平面而作用的建筑物上的全部荷载，势必被这些构件所承受。这就使得荷载集中在该构件以及该结构的连接部位上。设计师必须保证这些构件和结构的连接部位，以较高的安全系数抵抗全部侧向荷载，此外还应采取措施保护它们，以免被垂直其表面的冲击波荷载破坏。

设计分析人员还应当了解到，用简化法难以处理使用剪力墙或支撑的建筑物。其主要难点在于计算该建筑物的振动周期。现在尚无可用的公式计算这些构件平面内的频率，于是，为了精确计算，需要采用数值法。这样，对于好的设计计算来说，数值法是需要的。如果一定要使用简化法，那么，作为适当的办法，多采用一个保守的办法，即设计有支撑的间壁或剪力墙，使它们承受两倍于该建筑物或间隔上的全部荷载。由于通过该结构的荷载传递上的易变性，建议进行多自由度分析。

(5) 重复设计。为了保证达到设计要求，设计分析人员必须建立为结构所许可的准则或设计限值。这些准则可包括最大允许应力、应变、变形和节点转动。在设计过程中，很少能一次性满足这些准则，因此需要重复设计。应使用诸如结构分析或单自由度等效体系的简化法，重复进行设计。如果有可能，应避免使用复杂的数值法进行重复设计。通过检验以前的响应计算结果，可以得到改变结构抗力的指导。

三、防爆和抗爆安全措施

防爆技术措施分为两大类：一类是预防性技术措施，即通过控制和消除爆炸事故发生条件，以减少或避免爆炸事故发生；另一类是防护性技术措施，即通过控制爆炸破坏力形成，以减轻或避免爆炸事故发生造成的灾害程度。由于爆炸过程及破坏力形成在极短时间内完成，爆炸事故一旦发生便会造成严重后果，因此，爆炸预防技术措施始终是防爆技术的根本措施。

1. 爆炸预防技术措施

(1) 控制工艺参数。在爆炸性物质生产过程中，正确控制各项工艺参数，防止出现超温、超压和物料漏失是有效预防爆炸事故发生的重要技术措施之一。控制工艺参数技术措施主要包括以下几个方面：

1) 温度控制，包括控制反应热量。

2) 投料控制，包括控制投料速度，防止搅拌中断，正确选择传热介质，以及配比、顺序及原料纯度等几个方面。

3) 防止“跑”“冒”“滴”“漏”等现象的发生。在生产、运输及储存易燃易爆物料过程中，“跑”“冒”“滴”“漏”等现象往往导致可燃气体或液体在环境中扩散，进而导致爆炸事故的发生。

4）紧急情况停车处理。当发生停电、停气、停水等紧急情况时，生产装置要能进行紧急停车处理；若处理不当，就有可能引起爆炸事故发生。

（2）防止爆炸性混合物形成。在爆炸性物质生产过程中，应根据这些物质的爆炸特性及生产工艺和设备条件，采取适当的预防措施，以防止在生产设备和系统内及周围形成爆炸性混合物。其主要技术措施包括以下几个方面：

1）设备密闭。充装易燃易爆物质的设备和管道如果气密性不好，就会造成“跑”“冒”“滴”“漏”等现象，在设备和管道周围形成爆炸性混合物。同样，当设备和管道处于负压状态时，外界空气便会侵入设备、管道和系统，在内部形成爆炸性混合物。

2）厂房通风。通过加强通风的方法，使侵入设备、管道和系统内的可燃气体、蒸气、粉尘/空气混合的浓度处于爆炸极限范围以外。

3）惰性介质保护。在可燃气体、蒸气、粉尘/空气混合物中加入一定量的惰性介质，可以降低爆炸性混合物中的含氧量，使之降至最大允许含氧量以外。

4）用不燃溶剂代替可燃溶剂。在满足生产工艺要求条件下，应尽可能用不燃溶剂或爆炸危险性小的物质来替代易燃溶剂或爆炸危险性大的物质，以防止爆炸性混合物形成。

（3）控制点火源。控制与消除点火源是有效预防爆炸危险性物质发生燃烧、爆炸事故的重要技术措施。现代工业生产过程中，不仅点火源种类繁多，如电火花、静电火花、冲击、摩擦、绝热压缩、高温表面、热辐射、明火、自燃着火等，而且实际作用情况复杂，有时甚至是几种点火源共同起作用。此外，各种可燃性物质的最小点火能量也不相同，因此，应根据点火源种类及实际作用情况采取相应的防爆技术措施，以有效控制或消除点火源，从而达到安全生产的目的。

（4）防爆监控措施

1）信号报警。安装信号报警装置可以在生产过程出现危险状况时，及时警告操作者采取必要的技术措施，以消除事故隐患。警报装置一般与测量仪表相连，当温度、压力、液位或可燃气浓度等超过规定控制指标时，报警系统就会发出声、光、数字显示等报警信号。

2）安全联锁。安全联锁使各种仪器和设备按预设程序依次接通的一种机械或电气装置。不符合规定操作程序时，仪器和设备便不能启动、运转或停车，以达到安全生产的目的。

3）保险装置。当信号报警装置指示出系统已出现异常情况或故障时，保险装置便能自动采取相应的措施，及时消除不正常状况或补救危险状况。

2. 爆炸防护技术措施

(1) 惰化防爆。在可燃气体（粉尘）、空气混合物中人为加入一定量的惰性介质，如氮气、二氧化碳、水蒸气、卤代烃、氦气及岩石粉等，从而达到有效破坏燃烧反应条件的一种防爆技术措施。在可燃气体（粉尘）、空气混合物中预先加入一定量的惰性介质，不仅可预防爆炸事故发生，从根本上提高生产工艺及过程的安全性；而且即使因受生产工艺、产品性能等因素的影响，允许加入的惰性介质质量不足以完全防止爆炸事故发生，也能对爆炸起一定的限制作用，使爆炸事故灾害程度得以减轻。因此，惰化防爆既是一种预防性技术措施，又是一种防护性技术措施。

(2) 爆炸抑制。爆炸抑制是指在爆炸发生及发展的初始阶段，通过对爆炸危险信号如温度或压力升高、可燃物浓度以及点火源光信号等的实时监测，及时触发抑爆系统向设备中喷洒抑爆剂，以有效抑制爆炸作用范围和猛烈程度，使设备内的爆炸压力低于其耐压强度，避免设备损坏或人员伤亡的一种防爆技术措施。抑爆系统按触发方式不同，可以分为监控动作式和爆炸波从动式两种类型；按抑爆剂作用机制不同，又可分为降温型、传热屏蔽型、惰化型以及联合作用型等几种类型。

(3) 爆炸阻隔。爆炸阻隔是利用隔爆装置对设备内发生的燃烧爆炸火焰实施阻隔，使之无法通过管道（或通道）传播到其他设备中去的一种防爆技术措施。隔爆技术措施的主要作用包括阻止火焰传播，减轻事故灾害程度，防止高速传播火焰喷射点燃或引爆其他可燃物，引起更大的爆炸压力，以及防止燃烧爆炸火焰在设备之间加速传播引起压力叠加。隔爆技术按作用机制不同，分为机械隔爆和化学隔爆两种类型。主要隔爆装置包括工业阻火器、主动式和被动式隔爆装置等几种类型。工业阻火器主要用于阻隔燃烧爆炸初期的火焰蔓延；主动式隔爆装置依据传感器探测到的爆炸信号实施制动；被动式隔爆装置则通过爆炸波作用引发制动。

(4) 爆炸泄压。爆炸泄压是指，在爆炸初始或发展阶段，通过泄压口将包围体内的高温、高压燃烧物和未燃物朝安全方向泄出，使包围体免遭破坏的一种爆炸防护技术措施。在泄压口较小的情况下，由于泄爆压力大于容器设计强度，容器仍会遭到破坏；当泄压口足够大时，泄爆压力将低于容器设计强度，容器不会遭到破坏。

(5) 爆炸封闭。爆炸封闭是指，利用封闭容器或设备对爆炸火焰和压力实施有效封闭，使周围设备或人员免遭破坏或伤害的一种防爆技术措施。因此，用于爆炸封闭的容器或设备必须能承受一定可燃物的最大爆炸压力作用而不损坏。通常，这类容器或设备必须按耐压水平或抗爆水平来设计。两者的主要区别在于，当遭受爆炸压力作用时，耐压容器不允许出现破裂或永久性塑性变形，抗爆容器则允许出现一定的塑性变形。

3. 防爆技术措施优选

选择防爆技术措施的主要依据是生产过程的爆炸危险程度，只有确定了爆炸性物质的类别、级别和组别以及爆炸危险环境区域后，才能采取相应的防爆技术措施。首先，应对产品和生产工艺全过程进行详细分析，以全面了解生产原料、中间产品及成品的物理、化学性质和危险特性，危险性物质数量、生产设备及反应温度、压力等工艺条件，以及其他可能导致爆炸危险发生的各种条件，以确定生产过程存在的爆炸危险性。其次，应考虑生产工艺要求，做到既经济又合理，使防爆技术措施不仅能避免或最大限度地减少爆炸事故发生，而且即使爆炸事故发生也能将灾害程度降到最低。此外，在选择防爆技术措施时，还应遵循以下原则：

（1）动态控制原则。在有爆炸性物质存在和参与的各生产环节中，各种工艺参数，如温度、压力、反应速率等都在变化，因此，必须采取动态控制原则及相应的技术措施，才能达到预期的防爆效果。

（2）分级控制原则。爆炸危险系统（包括分系统、子系统等）的规模、范围各不相同，危险程度和特点也各不相同。因此，必须根据生产工艺过程的特点及爆炸性物质危险程度，采取分级控制原则及相应的技术措施，才能达到既安全又经济的防爆效果。

（3）多层次控制原则。爆炸事故还应按危险程度不同采取多层次控制原则。多层次控制一般包括预防性控制、补充性控制、防止事故扩大性控制、维护性能控制、经常性控制以及紧急性控制等六个层次。

4. 冲击波设防安全距离

冲击波设防安全距离主要是防护空气冲击波对建筑物的破坏，建筑物破坏程度与冲击波强度和建筑物的结构有很大的关系。

度量冲击波对目标破坏作用的指标有冲击波峰值超压和单位面积上作用的比冲量。当冲击波峰值超压是引起目标破坏的主要因素时，距离 r 与药量 m 的三分之一次幂成比例。当以比冲量为冲击波破坏的主要因素时，距离 r 与药量 m 的三分之二次幂成比例。

实际上，确定冲击波设防安全距离时，不仅要考虑冲击波的峰值超压和比冲量，还要考虑建筑物的实际破坏程度。因此，冲击波设防安全距离与爆炸炸药量存在如下式的关系。即

$$r=Km^{a} \tag{7—13}$$

式中 r——建筑物在某一破坏等级下的安全距离（m）；

m——TNT 炸药量（kg）；

K——设防安全系数；

a——待定幂指数，$a=1/3\sim2/3$。

通过对大量的试验和事故资料的分析，并进行必要的调整修正后，得到各个破坏等级所对应的冲击波设防安全距离公式。这些公式的条件均是在爆点周围设有防护土围墙，土围墙高度高出建筑物房檐 1 m，顶宽 1 m，底宽为高度的 1.5 倍。

相对于各级破坏等级的冲击波设防安全距离计算公式如下：

对于二级破坏

$$r=25m^{1/2.8}$$

对于三级轻度破坏

$$r=7m^{1/2.6}$$

对于四级中等破坏

$$r=1.2m^{1/2.5}$$

对于五级严重破坏，按药量不同采用不同计算公式：

当药量 $m<6.4\times10^3$ 时

$$r=1.2m^{1/2}$$

当药量 $m\geqslant6.4\times10^3$ 时

$$r=2.5m^{1/2.4}$$

对于六级房屋倒塌

$$r=1.6m^{1/2.3}$$

式中 r——冲击波设防安全距离（m）；

m——TNT 当量药量（kg）。

5. 防爆和抗爆的研究动态

（1）主要应用领域

1）对现有重要建筑物进行防爆与抗爆性能评估，或进行抗爆加固。

2）根据现有重要建筑物的抗爆能力，设计和部署响应的安全防卫体系。

3）根据安全的需要，设计具有特定防爆与抗爆性能的建筑物。

（2）主要研究动态

1）研究混凝土的动态力学性能。研究其应变率效应和结构的关系。比如，为了改善混凝土的脆性，在混凝土中加入钢或尼龙纤维，发现其静态抗压强度有所提高，但在高应变率下，其抗压强度却无改善。而采用聚丙烯短微纤维，也只在失效阶段起作用。

2）开始研究结构元件的冲击动力学响应及其失效机理。主要研究梁、柱、板及其相互节点。

3）重视建筑材料与结构的碰撞动力学研究。主要是弹—靶撞击问题，比如，薄壳容器在空间粒子超高速撞击时，确定“单纯穿透”转变为“灾变性爆破断裂”的条件。

4）注视大型重要建筑物的整体结构响应问题，以及复杂结构的材料响应与结构响应的耦合问题。比如，研究卸载条件下的结构失效问题，发现入射弹性卸载波与入射塑性卸载波相互作用，可引发正面层裂。

第八章　灾害风险分析与应急管理

第一节　灾害风险分析与评估

一、风险及其度量

风险伴随着人类的活动而存在，不同的活动会带来不同性质的风险，如经常遇到灾害风险、工程风险等；风险与随机性因素有关，其大小可以度量。目前国内外对风险的定义还没有统一，不同的人在不同的研究与应用中对风险有不同的理解，如地震工程、火灾、风灾等研究领域都对相应的风险有不同的定义，因此风险的定义具有明显的多样性，但概括来说，通常有以下几种理解和定义：

（1）风险是可能发生的危险。

（2）风险是“失事”的概率。

（3）风险是产生不利后果的严重程度及其发生的概率。

其中，定义（1）的缺点是不能定量反映出所遭受危险可能性的大小，危险的程度也是隐含的。定义（2）可以衡量风险事件的发生概率，却不能反映风险事件的损失程度。定义（3）使用较为普遍，人们通常将其具体定义为：风险是指不幸事件发生的可能性及其发生后将要造成的损害，包含了不确定性和产生人们不期望后果的可能性。“不幸事件”是指能造成伤害、损失、毁坏和痛苦的事件。“不幸事件发生的可能性”称为“风险概率”（probability of risk，也称风险度）；不幸事件发生后所造成的损害称为“风险后果”（disaster of risk）。通常，人们将风险定义为风险度和风险后果的乘积。

二、风险分析的目的、内容

1. 风险分析的目的

风险分析是对人类社会中存在的各种风险进行识别、估计和评价，并在此基础上优化组合各种风险管理技术，做出风险决策，从而对风险实施有效的控制，妥善处理风险所造成的损失，期望以最小的成本获得最大的安全保障。其中的“成本”是指风险分析研究对象的人力、物力、财力和资源的投入，即为了抵抗风险、减少风险损失需要的投入；“最大安全保障”是指将预期的损失减少到最低限度，以及一旦出现损失时获得经济补偿的最大保证。

风险具有不确定性、动态性等特点，鉴于人们认知水平的局限性，而目前风险管理技术正处在不断发展完善的过程中，因此，风险分析也是一个动态过程，风险管理者必须根据实际情况随时修改决策方案，才能达到以最少的成本实现最大安全保障的目的。

进行灾害风险分析要秉着客观性、可比性、系统性的原则，确保资料的全面和可靠，防止人为造成的倾向性，从而保证评价的公正性、全面性与系统性。

2. 风险分析的主要内容

风险分析的主要内容可以分为风险识别、风险估计与风险评价、风险处理、风险决策等四个方面。分析的过程就是“风险识别—风险估计与风险评价—风险处理—风险决策”的一个周而复始的过程。

（1）风险识别。风险识别又称风险辨识，是风险分析过程中最基础、最重要的工作。进行风险识别就是要找出风险的来源、范围、特性及与其行为或现象相关的不确定性，也就是要找出可能遇到的风险和引起风险的主要因素，并对其后果做出定性估计。风险辨识是风险管理的起点，其主要内容包括以下几个方面：

1）基础资料调查。进行灾害风险分析需要建立该地区的地理结构模型、区域环境大气扩散迁移模型、生态结构模型及城市人口结构分布模型，并调查该地区的灾害历史与现状，收集灾害风险评价与管理所需的各种标准。这些决定了灾害基础资料所涵盖的内容是十分广泛的，如应该包括该地区的地理、地貌、地质、地震、水文等资料，气候、气象资料，生物、生态资料及人口资料等。

2）风险源调查。调查可能存在的灾害风险，例如可通过计算和实测得出重大技术设施在生产运行中危害物质的排放参数，如危险物的类型、排风口位置、排放量等；可调查和模拟灾害物质进入环境的迁移过程与归宿，实测危害物在环境中的时空浓度分布；可分析危害物质进入人体的途径；还可调查本区域环境生态变化的过程等，从而得出潜在的灾害风险源。

3）事故风险调查。针对不同的灾害，可统计城市各企业、单位以及重大技术设施在生产运行中，年发生重大事故频率、伤亡人数、经济损失等；统计年交通事故频率、伤亡人数、经济损失等；统计年火灾频率、伤亡人数、财产损失等；调查城市重大技术设施是否发生过灾难性事故，发生原因，发生后对整个城市环境生态、公众健康、社会经济的危害。

4）潜在风险调查。调查所研究地区易燃、易爆、有毒、放射性物质储存库的位置、储存量，这些危险物质储存库是否有安全保证；特别要调查这些危险物质储存库位置与高密度的人口区，与企业区群的距离是否合适；评估这些危险物质一旦发生恶性事故时的爆炸、杀伤及毒害范围；调查城市的自然灾害史，如地震、洪水、飓风、旱灾等发生的年频率，历史上发生过的自然灾害最大危害程度。

风险识别是一项跨学科的工作，需要有丰富的专业知识和实际工作经验，需要对风险问题有较深入的认识。正确地识别风险对风险管理的效果具有极其重要的作用，风险识别工作没有做好，必然导致风险管理的失误。

（2）风险估计与评价。风险估计是在风险识别的基础上，通过对所收集的大量损失资料加以分析，运用概率论和数理统计方法，对风险发生的概率及其后果做出定量的估计。风险评价是根据风险估计得出的风险发生概率和损失后果，把这两个因素结合起来考虑，用期望值、标准差、风险度等指标来表示，再根据国家所规定的安全指标或公认的安全指标去衡量风险的程度，以便确定风险是否需要处理和处理的程度。

对自然灾害和人为灾害，其风险评估的原则及基本内容有：

1）综合防灾对策。综合历史资料和现在的观察预报数据，建立全国、省、市级的灾害区划图或风险图；成立国家与地方、企事业单位的各级紧急救援组织；制定紧急响应和救灾措施；充分利用遥感测试技术和计算模拟；编制综合防灾规划，验证防灾对策和措施的可靠性与效率。

2）灾后恢复重建决策标准。根据可靠的灾害损失数字、城市建设环境、人文环境、经济技术实力等制定恢复重建决策标准，包括搬迁、部分搬迁或就地重建等；建立专家决策系统。

3）灾害风险预测方法和保险与投资决策。根据各类灾害基础数据和发生模式，提出风险预测方法，按照国家、集体与个人、工农业生产与人民生活等方面的经济活动规律、供求关系和灾害的风险程度，制定相应的金融保险和投资决策。

风险评价是风险分析过程和风险管理之间的衔接步骤。在此之前分析的着眼点主要在于灾害自身，此后便转移到了灾害对人类社会危害的可能性上。

（3）风险处理。风险处理就是根据风险评价的结果，选择风险管理技术，以实现风险分析的目的。

风险管理技术分为控制型技术和财务型技术。控制型技术是指避免、消除和减少意外事故发生的机会，限制已发生的损失继续扩大的一切措施，重点在于改变引起意外事故和扩大损失的各种条件，如回避风险、风险分散、工程措施等；财务型技术是指在实施控制技术后，对已发生的风险所做的财务安排。这一技术的核心是对已发生的风险损失及时进行经济补偿，使其能较快地恢复正常生产和生活秩序，维护财务稳定性，如保险、发行股票、租赁等。

(4) 风险决策。风险决策是风险分析的重要一环。在对风险进行识别、评估并提出若干种可行的处理方案后，决策者对各种处理方案可能导致的风险后果进行分析，进而做出决策，以决定采用哪一种风险处理的对策和方案。因此，风险决策从宏观上讲是对整个风险分析活动的计划和安排；从微观上讲是运用科学的决策理论和方法来选择风险处理的最佳手段。

由以上分析可见，风险识别是风险分析的基础，风险评估是风险分析的关键和核心，风险处理是实现风险决策的手段，而风险决策是对整个风险分析活动的计划、安排。

三、风险评价

目前灾害风险评估方法主要有层次分析法、专家调查法、统计分析法、模糊数学法等。

1. 层次分析法

层次分析法是人们在研究复杂事物时常用的一般性方法。该方法是美国运筹学家 T. L. Saaty 在 20 世纪 70 年代提出的一种定性与定量相结合的多因素决策分析方法，其优点是将专家的经验判断进行量化。用层次分析法进行系统分析，首先要把问题层次化，根据问题的性质和要达到的总目标，将问题分解为不同的组成因素，并按照因素间的关联影响和隶属关系，将因子按不同层次组合，形成一个多层次的分析结构模型，最终将系统分析归结为最低层次相对于最高层次的相对权重值的确定或优劣次序的排序问题。这种方法的主要特点就是把复杂的事物，按一定的分解原则，分层次地逐步分解为若干个比较简单、容易分析和认识的事物，以便对这些较简单的事物进行进一步具体、深入的研究。

利用层次分析法可以分析各因素之间的因果关系，并便于识别分析各个层次的主要风险因素。分析过程中，通常要经历由简到繁、再由繁到简的过程，以囊括所有重要的风险因素，并对已列举的各种风险因素进行认真的分析和筛选，找出影响较大、需要深入研究的主要风险因素。在城市抗震能力指标体系的建立过程中就可以采用此法，对影响城市抗震能力的各种因素（包括建筑、生命线等）的隶属关系、关联影响等进行分析，从而得到城市的抗震能力指标。

层次分析法可以用直观的图形，即“树”的形式来表示。常用的风险树分析方法有故障树分析（表明原因）、事件树分析（表明后果）和因果分析（故障树分析和事件树分析的综合）三种。

2. 专家调查法

在风险识别工作中，有时很难采用实验分析或建立数学模型来进行理论上的推导，这就需要依靠实践经验进行推断。为了克服个别分析者经验上的局限性，通常将一些专家意见进行集中分析，这就是专家调查法。专家调查法的具体方法有很多种，并没有固定的模式，工作中可以根据实际情况灵活地采用或根据需要创造新的方法。

德尔菲专家调查法就是其中的一种。德尔菲专家调查法是美国兰德公司发明的一种通信式调查方法，这种方法使专家“背靠背”地发表意见，以便听取各方面专家的意见。具体方法是：第一轮调查时，向专家说明调查意图，请专家广泛地发表自己的意见；第二轮调查时，把第一轮调查的结果整理列表，请专家修改和补充；第三轮调查时，对第二轮结果整理列表，请专家提出优缺点。每次调查结果用层次分析法进行计算整理。此法在火灾风险评估中常采用。

3. 统计分析法

收集历史上的有关数据，利用统计分析的方法得出类似事故发生的概率。如事故发生时天气条件的计算、疾病发生率的估计、地震时房屋震害概率的计算等多用此方法。

4. 模糊数学法

灾害风险涉及复杂的因果关系，很难用精确的方法加以解决，风险的界限往往是十分模糊的，模糊数学恰恰能够表达这种差异的中间过渡性，较为客观地刻画出风险的大小。如在输油管线的泄漏风险评价中，运用该方法就得到了比较满意的结果。

此外，还有公式评价法、图形叠加法、幕景分析法等，在此不再一一介绍。

尽管有以上普遍适用的灾害风险评估方法，但是由于影响灾害风险的因素特别多，而灾害往往具有突发性、不确定性等特点，因此，不同灾害的风险评估方法也是多种多样的。下面将以地质灾害为例进行简单介绍。

对地质灾害潜在风险进行研究通常是指对地质灾害所造成的损失进行分析。与其他灾害类似，地质灾害损失也可分为经济损失、人员伤亡及环境损失三种，经济损失又可分为直接经济损失和间接经济损失。由于地质灾害的种类特别多，因此风险评估的方法也非常多。

罗元华采用直接逐次统计法、直接统计计算法、抽样统计外推法、建立在灾害经济区划基础上的模数法等来计算滑坡、泥石流、崩塌灾害的直接经济损失。直接逐次统计法和直接统计计算法是一种直接统计的方法，大多应用于地质灾害发生后经济损失的统计工作。模数法将所研究区域根据某些指标（如区域中灾害点的密度、单位面积上的社会总产值、人口密度）和灾害等级划分为几个小区域，每个区内选择更小地区的直接经济损失的统计数据作为参考值，计算出单位面积上的直接损失（模数），从而推算出全区的直接经济损失。抽样统计外推法首先抽样统计出一处灾害的平均损失值，进而外推所研究区域所有灾害的损失总值，从而得出直接经济损失年平均值。这些方法实际上是计算地质灾害所造成的实际经济损失。

地质灾害风险评估是指对地质灾害的期望损失进行分析，是以地质灾害危险性分析和易损性分析为基础的。例如，张梁利用 GIS 地理信息系统 ARc/INFOR 来计算地质灾害的期望损失；常胜等以人员伤亡、建筑物损害、室内财产损失、基础设施系统、农业损失为指标来计算地质灾害的损失，总损失等于建筑物损失、室内财产损失、交通系统损失、通信系统损失、供水系统损失、供电系统损失、农业损失及其他损失之和。

由于地质灾害危险性分析和易损性分析方法多种多样，从而导致地质灾害风险分析方法的多样性。

地质灾害危险性分析是度量地质灾害的活动程度、活动特征、地理分布及其对影响区的威胁程度，它是评价地质灾害损失的基础。地质灾害危险性的评价内容、评价过程、评价手段不同，其评价方法也不同。按照分析的范围，可分为区域性地质灾害危险性分析和个体地质灾害危险性分析两类。区域性地质灾害危险性分析是对一定区域（某一地理单元、行政单元或全国）地质灾害的总体水平与危险性分布进行分析，通常以县（市）或小流域以及经纬度为计算单元划分网格，并建立不同灾种的危险性评价模型来进行分析；个体地质灾害危险性分析是针对独立的某类灾害为分析对象，一般需通过两个层次进行灾害点的危险性分析，首先从整体上评价该灾害体的活动程度、发展趋势，然后评价其破坏范围以及该范围内不同地区的受灾害威胁的程度。

（1）区域性地质灾害危险性分析

1）专家评判法。是由专家根据自己的知识和在相似地区的工作经验对研究区的地质灾害危险性直接做出判断，并进行分区分级，这是最为简单的定量评价方法。

2）因子叠加法。是将灾害形成的每一因子，按其在灾害形成过程中的作用程度进行分析，并用不同的颜色、线条或其他符号表示在相同比例尺的图上，一个因子做一张图（单因子图），然后将参加区划的几张单因子图叠在一起，视其叠置后的颜色浓度、线条密度进行滑坡发生危险性分区。

3）指标综合法。指标综合法也称为作用权值叠加法，是把所有因子在滑坡形成中所起的作用以权值（作用指数）来表示，然后把这些作用权值按一定的数学方法（数理统计、模糊评判等）进行处理，所得的综合指标与区域滑坡发生现状进行类比分析，确定滑坡发生可能性的区域特征值，以此进行区域滑坡危险性分区。

（2）个体地质灾害危险性分析

1）经验法。是根据地质灾害具有重复性、周期性等特点（即一个地区或一个灾害体的活动常常并非经过一次活动就永远停歇，而是随着外界条件的变化而反复活动），在具有相同或相近地质、地形、地貌等条件的地区或区段内，一处已发生或存在潜在的地质灾害，那么在另一处也有可能会发生或存在隐患的地质灾害。因此，可以利用灾害的重现性，用灾害频率代替活动概率。对于那些活动频繁，而且又有长时间观测记录或充分研究资料的灾害，可以建立比较系统的灾害时间序列，据此进一步分析不同时间尺度的灾害周期性变化规律，确定不同规模灾害事件的发生概率或灾害活动概率。

2）条件分析法。是通过对潜在灾害体的动力状态或形成条件进行分析，认识它们目前的稳定程度，进而判断它们活动的可能，从而间接地确定它们发生的概率。

此外，还有统计分析法、模糊评判法、层次分析法、主成分分析法、神经网络法、多层次多级模糊数学法、信息量法和基于地理信息系统的GIS计算机分析法等。

四、灾害损失分析

由以上分析可知，风险分析的过程是从风险识别到风险评估再到风险处理、风险决策的周而复始的过程。不同的灾害有各自不同的特点，每一类灾害也有各自的不确定性和复杂性，因此，对各类灾害进行风险评估变得十分复杂。针对不同灾种，国内外研究者发展了不同的灾害损失评估方法。下面以地震灾害为例加以简单介绍。

地震灾害损失估计最早可追溯到20世纪30年代，是美国为了建立地震保险业而进行的基础研究。

在20世纪70年代，美国国家海洋和大气管理局（以下简称NOAA）、美国地质调查局（以下简称 USGS）组织了工程技术人员和地球科学家组成的专家小组，对旧金山、洛杉矶等四个城市进行了大规模的地震灾害损失研究工作，最终形成了典型的 NOAA/USGS 方法，即对有丰富震害资料的结构进行统计分析，建立结构的破坏概率和烈度的关系曲线。1977 年美国政府颁布了《国家减轻地震灾害法》，表明了美国对防震减灾的重视程度。

20 世纪 80 年代，美国联邦紧急事务管理署（以下简称 FEMA）为了使地震灾害预测研究在工程和城市规划中实用，又委托应用技术委员会（以下简称 ATC）审查并给出一套可以推广应用的、适合于技术人员使用的方法。该委员会组织各方面的专家对加利福尼亚未来地震的损失进行了系统的研究，发表了著名的 ATC－13 报告，形成了 ATC 方法。之后，日本和其他一些国家相继开展了一系列的研究工作。迄今为止，美国已完成 30 多项区域性地震灾害损失预测及对策研究，日本也对多个地震强化观测区进行了地震损失的评估。此外，许多学者在建筑物的震害预测方法上进行了各种改进，如 Saucer 等提出通过建立不同结构的数学模型，计算应力和应变，得到地面加速度与结构层间变形的关系，找出该结构的层间变形和破坏概率之间的关系，最后判断震害率。Ondes Kustu 等提出以 Monte Carl 法计算一个城市建筑物在未来地震中的损失，建立了地震危险性分析模型、城市系统模型、损失估计模型。

以上方法多是以地震烈度为输入参数的，1999 年，FEMA 和国家建筑科学研究所（以下简称 NIBS）联合开发出以地震动参数作为输入的 HAZUS97 方法。经过完善和发展，1999 年 FEMA 和 NIBS 又提出了 HAZUS99 方法。之后，许多研究者利用这种方法分别对美国加利福尼亚州、纽约、哥伦比亚、南卡罗莱纳州以及土耳其、中国台湾等地的建筑物、生命线等的震害风险和损失进行了评估。

1. 以烈度为输入参数的地震经济损失估计方法

（1）直接经济损失分析。前已述及，地震直接经济损失包括建筑物或构筑物自身破坏的损失、室内财产的损失和自然资源的损失三类，下面将详细介绍各类损失的计算方法。

1）建筑物或构筑物自身破坏的损失

①某城市或地区按 I_{d} 设防的建筑在设计基准期内，遭遇到各种可能烈度地震时，建筑物预期总的直接经济损失为（采用全概率公式）：

$$L_1(I_{\mathrm{d}}) = \sum_{I_i=6}^{10} \sum_{k=1}^{n} \sum_{j=1}^{5} P(D_j \mid I_{\mathrm{d}}, I_i) \cdot l_1(D_j)_k \cdot W_k \cdot P(I_i)$$

$$= \sum_{I_i=6}^{10} Loss_1(I_d \mid I_i) \cdot P(I_i) \qquad (8—1)$$

$$Loss_1(I_d \mid I_i) = \sum_k \sum_j P(D_j \mid I_d, I_i) \cdot l_1(D_j)_k \cdot W_k$$

$$= \sum_k Loss_1(I_d \mid I_i)_k \qquad (8—2)$$

$$Loss_1 \ (I_d \mid I_i)_k = \sum_j P \ (D_j \mid I_d, \ I_i) \ \cdot l_1 \ (D_j)_k \cdot W_k \qquad (8—3)$$

式中　$Loss_1$（I_d | I_i）——基本烈度为 I 的城市或地区在设计基准期内遭遇到 I_i 烈度地震时的直接经济损失；

$Loss_1$（I_d | I_i）$_k$——基本烈度为 I_d 设防的城市或地区在设计基准期内，第 k 类结构遭遇到 I_i 烈度地震时的直接经济损失；

P（I_j）——在设计基准期内所研究的城市或地区发生烈度为 I_i地震的概率；

P（D_j | I_d，I_i）——按 I_d 设防的结构在地震烈度 I_i 作用下发生 D_j 级破坏的概率；

l_1（D_j）$_k$——第 k 类结构各级破坏对应的直接经济损失比；

k——建筑物的分类序号，共分 n 类；

D_j——震害等级的分类序号，共分五类，分别代表基本完好、轻微破坏、中等破坏、严重破坏和倒塌；

W_k——所研究的城市或地区内第 k 类建筑结构的工程造价。

②设在该城市或地区内，第 k 类房屋建筑单价为 β_k，则该城市或地区内第 k 类建筑结构的工程造价为：

$$W_k = \beta_k \cdot A_k \qquad (8—4)$$

式中　W_k——第 k 类建筑结构的工程造价；

A_k——在该城市或地区第 k 类结构的总面积。

2）室内财产损失。地震对房屋破坏不仅造成房屋本身损失，而且还会造成室内财产损失。室内财产损失有两种：一种是室内财产本身经受不住地震作用导致破坏而造成的损失；另一种是由于房屋倒塌或严重破坏造成室内财产的损失。一般说来，第一种损失极少发生，其损失值已经在建筑物直接济损失中考虑到了，第二种损失是常常发生的。

与建筑结构的损失估计类似，室内财产损失估计采用如下算法：

①按 I_d 设防的城市或地区在设计基准期内，遭遇到各种可能烈度地震时，

室内资产预期的总经济损失为（采用全概率公式）：

$$L_2(I_d)=\sum_{I_i=6}^{10}\sum_{k=1}^{n}\sum_{j=1}^{5}P(D_j\mid I_d,I_i)\cdot l_2(D_j)_k\cdot Y_k\cdot P(I_i)$$
$$=\sum_{I_i=6}^{10}Loss_2(I_d\mid I_i)\cdot P(I_i) \tag{8—5}$$

$$Loss_2(I_d\mid I_i)=\sum_{k}\sum_{j}P(D_j\mid I_d,I_i)\cdot l_2(D_j)_k\cdot Y_k$$
$$=\sum_{i}Loss_2(I_d\mid I_i)_k \tag{8—6}$$

$$Loss_2(I_d\mid I_i)_k=\sum_{i}P(D_j\mid I_d,I_i)\cdot l_2(D_j)_k\cdot Y_k \tag{8—7}$$

式中 $Loss_2$ （I_d | I_i） ——基本烈度为 I_d 设防的城市或地区在设计基准期内，遭遇到 I_i 烈度地震时的直接经济损失；

$Loss_2$ （I_d | I_i）$_k$——基本烈度为 I_d 设防的城市或地区在设计基准期内，第 k 类结构遭遇到 I_i烈度地震时的直接经济损失；

P （I_i） ——在设计基准期内所研究的城市或地区发生烈度为 I_i 地震的概率；

P （D_j | I_d，I_i） ——按 I_d 设防的结构在地震烈度 I_i 作用下发生 D_j 级破坏的概率；

l_2 （D_j）$_k$——第 k 类结构各级破坏对应的直接经济损失比；

Y_k——第 k 类结构室内资产总价值，等于在该城市或地区第 k 类结构总面积乘以每平方米建筑的室内财产平均值，可根据当地经济发展水平等因素来确定，例如，可采用多层砖砌体结构、钢筋混凝土框架结构、底层框架抗震砖房及单层砖柱厂房室内财产平均为 200 元/m^2，而钢筋混凝土柱厂房内财产平均为 250 元/m^2；

D_j——震害等级的分类序号，共分五类，分别代表基本完好、轻微破坏、中等破坏、严重破坏和倒塌。

②结构各级破坏对应的室内物资经济损失比 l_2 （D_j）$_k$。定义建筑结构内各级破坏对应的室内物资经济损失比为室内物资损失值与室内物资总价值之比，即：

l_2 （D_j）$_k$=第 k 类结构 D_j 级破坏时室内物资损失值/第 k 类结构室内物资总价值

部分研究者给出的室内物资损失比，分别见表 8—1 和表 8—2。

表 8—1　　民用和工业建筑物资经济损失比（%）

结构类型＼破坏等级	基本完好	轻微破坏	中等破坏	严重破坏	倒塌
民用建筑	0	0	0	25	95
工业建筑	0	0	0	35	90

表 8—2　　各级破坏所对应的损失比 l_2 $(D_j)_k$（%）

破坏等级	完好	轻微破坏	中等破坏	严重破坏	倒塌
室内物资损失比	0	0	0	20～40	40～95

3）自然资源的损失。自然资源的损失是指灾害造成的自然资源储备量及自然资源的变化所引起的自然资源价值的减少量。由于实际困难，在估计地震损失时，一般不考虑此类损失，而直接采用修正系数进行修正的方法间接进行计算。

4）直接经济损失。地震直接经济损失等于建筑物或构筑物自身破坏的损失、室内财产损失、自然资源的损失三种损失之和。由于分析时可能遗漏了某些因素（如自然资源的损失）对直接经济损失的影响，因而引入损失修正系数 φ，其取值范围为 1.0～1.3。所以，地震直接经济损失为：

$$L_{直}(I_d)=\varphi\cdot[L_1(I_d)+L_2(I_d)] \quad (8—8)$$

（2）间接经济损失分析。间接经济损失分为企业停产减产损失和产业关联损失，常用的损失估计方法如下：

1）企业停产减产的损失。企业停产减产的损失是由于地震造成生产设施的破坏，直接引起产值下降而产生的经济损失，它与在灾害发生后企业产出下降的幅度和企业停产时间有关。根据投入产出变化曲线（见图 8—1），其计算公式为（即图中画线部分的面积）：

$$L_3=\int_{t_0}^{t_1}[f_1(t)-f_2(t)]\mathrm{d}t \quad (8—9)$$

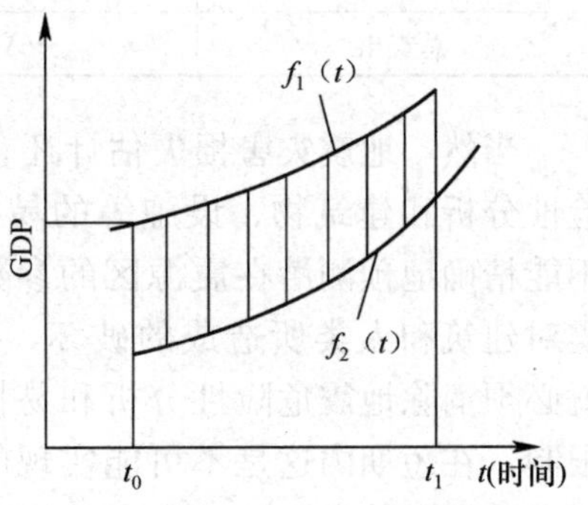

图 8—1　投入产出变化曲线

式中　$f_1(t)$，$f_2(t)$——分别表示无灾时和有灾时企业的产出变化曲线；

t_0——停产初始时间；

t_1——停产结束时间。

2）产业关联损失。产业关联损失是指一个产业部门受灾后，对相关产业部门所间接造成的损失。这种损失在地震区和非地震区的相关产业部门都可能发生。地震后，每一个经济部门由于劳动力损失、资产和设备损失、原材料交付延误或动力供应中断以及市场需求的变化，都会造成该部门产品的减少。而整个经济体系各部门之间在经济上和技术上是相互依存的。因此，一个部门的停产和减产，必然使与之有供求关系的其他部门的生产减退，从而给相关部门的经济造成不利影响，且这种影响是一个长期的过程。

目前，计算由于一个部门减产引起其他部门净产出减少的产业关联损失时，通常采用投入产出法，即利用投入产出表（见表 8—3）来说明一个产业的产品是如何在其他产业部门进行分配的。

表 8—3　　投入产出表

<table>
<tr><td colspan="2" rowspan="2">产出 / 投入</td><td>产业采购</td><td rowspan="2">最终需求</td><td rowspan="2">总产出</td></tr>
<tr><td>$I_1 \cdots I_i \cdots I_j$</td></tr>
<tr><td rowspan="5">加工部门</td><td>I_i</td><td></td><td></td><td></td></tr>
<tr><td>⋮</td><td></td><td></td><td></td></tr>
<tr><td>I_i</td><td>$\cdots X_{ii} \cdots X_{ij}$</td><td>$Y_i$</td><td>$X_i$</td></tr>
<tr><td>⋮</td><td></td><td></td><td></td></tr>
<tr><td>I_j</td><td>$\cdots X_{ji} \cdots X_{jj}$</td><td>$Y_j$</td><td>$X_j$</td></tr>
<tr><td colspan="2">支付部门</td><td>$\cdots V_i \cdots V_j$</td><td>—</td><td>—</td></tr>
<tr><td colspan="2">总支出</td><td>$\cdots X_i \cdots X_j$</td><td>—</td><td>—</td></tr>
</table>

当然，地震灾害损失估计还包含了许多不确定性，这种不确定性来自地震危险性分析和建筑物、设施等的易损性分析中各个环节的误差或不确定性。例如：不能精确地预测潜在震源区的参数、计算其地震动大小和分布，不能精确估计地震对建筑和人类所造成的破坏、损害等。因此，要想精确地估计地震灾害损失，就必须消除地震危险性分析和易损性分析中各环节的不确定性。由于科学水平的限制，在短期内这是不可能实现的。但是，尽管包含有很大的不确定性，我们仍可以通过评估潜在地震灾害的损失，有针对性地采取有效的措施，从而尽最大限度地减轻地震灾害所造成的损失。

2. 以地震动参数为输入的地震损失估计方法——HAZUS99 方法

HAZUS99 方法是美国联邦紧急事务管理署（FEMA）与国家建筑科学研究所

(NIBS）合作开发的地震损失评估软件，目前得到广泛使用。该软件全面、系统地涵盖了地震风险评估的各个方面，评估的对象包括一般建筑物（如住宅、商业、工农业和政府等建筑物）、重要设施（如医院、警察局、消防局和学校等）、公用设施系统（如供水、供气、供电和通信系统等）、交通系统（如公路、铁路、轻轨、机场、渡口和码头等），以及非结构构件、对加速度敏感的非结构构件。评估的内容包括建（构）筑物的破坏、直接经济损失、社会损失（如人员伤亡、需要安置的居民数量），以及造成的次生灾害（如洪水、火灾和有害物质的泄漏等）和经济冲击。用该软件进行评估时，不仅应考虑地震动的作用，还应考虑地表破坏（如沙土液化、震陷、滑坡等）对震害的影响。

由上节内容可知，以烈度为输入参数的地震经济损失估计方法主要体现在进行易损性分析和地震危险性分析时是以地震烈度作为基本量。同理，以地震动参数为输入的地震经济损失估计方法也主要体现在以上两个方面。由于用烈度作为基本参数进行地震区划具有很多难以解决的弊端，因此，以地震动参数代替烈度进行地震区划是目前的发展方向。鉴于 HAZUS99 方法涵盖的内容非常丰富，本书仅介绍以地震动参数为输入的易损性分析方法，其各类损失的评估方法与上节类似。

HAZUS99 方法的创新之处是采用非弹性等效静力分析（push-over）方法对建筑结构进行动力分析，以考虑建筑结构在强烈地震作用下产生中等以上的破坏阶段时，超出弹性阶段进入非弹性阶段的震害的预测。该方法简单、精确，既解决了弹塑性分析复杂烦琐、不稳定等问题，又解决了单纯按弹性分析精度不足的问题。HAZUS99 方法的基本分析步骤如下：

第一步，根据结构的类型、抗震设防级别、层数、建筑高度和建筑材料等参数，构造出结构的抗力曲线，又称能力曲线。该曲线可用结构的基底剪力—顶点位移曲线、层剪力—层间位移曲线来表示。

第二步，将设防地震加速度反应谱转换成需求谱，与抗力曲线放在同一坐标系内。所谓的需求谱是指加速度反应谱的加速度—周期关系用加速度—位移坐标形式表达的曲线。计算时，分别求出加速度反应谱和位移反应谱，以加速度谱值为纵坐标，以位移谱值为横坐标，就可得需求谱曲线。该曲线上任一点与原点的连线即为对应单自由度体系的刚度，即该连线为线弹性体系的力—位移关系。

第三步，依据两条曲线交点对应的谱位移、各震害等级的谱位移均值和谱位移自然对数标准差，计算出结构对应各个震害等级的超越概率。

第四步，用相邻震害等级中相对轻的震害等级对应的超越概率减去相对重的震害等级对应的超越概率，得到结构处于各个震害等级的概率。

可见，该方法的关键内容是抗力曲线和需求曲线的确定，下面将详细叙述。

(1) 抗力曲线。结构的抗力曲线表示的是将地震荷载等效成侧向静力荷载逐步加到结构上，结构从弹性—开裂—屈服—弹塑性—承载力下降—倒塌全过程的位移反应，通常采用基底剪力—顶点位移关系曲线来表示。横向等效侧力的分布对分析结果的影响很大，可分为固定形式和自适应形式两大类。固定形式是指横向力分布在整个分析过程中保持不变，而自适应形式是指在分析过程中横向力分布形式随着结构弹塑性性能的改变而改变。此外，还有广义乘方分布、与实际地震动相联系的加载模式以及经验侧力分布模式。由于自适应形式的分布处理起来比较复杂，因此目前通常采用固定形式的横向力分布。常用的有均匀分布、倒三角分布、反应谱振型组合得到的第一振型水平力分布、基于弹性动力分析或反应谱分析得到的侧力分布、第一振型分布与第二振型分布相加或相减、质量向量与结构第一振型之积成正比的侧力分布等六种固定分布形式。

为直接与需求谱对照，通常将力（基底剪力）变换为谱加速度。典型建筑抗力曲线（也称为 push-over 曲线）是侧向位移的函数，坐标系是位移—加速度。抗力曲线由三个控制点：设计点、屈服点和极限点（见图 8—2）。设计点表示现行的抗震设计规范所要求的强度，是理论上的建筑强度。屈服点是指结构由线弹性状态进入弹塑性状态的转折点，是考虑设计中的冗余度、规范条文的保守程度和材料的真实强度后确定的建筑物的真实抗侧力强度。极限点表示当整个结构体系达到完全塑性状态时建筑物的最大强度。结构从遭受水平力作用开始到屈服点为止，其抗力曲线是线性的，结构所受的力与产生的位移成正比，自振周期与刚度相关。从屈服点到极限点，结构从有效弹性状态到完全塑性状态，其抗力曲线的斜率发生变化，对超过极限点的抗力曲线，假设其仍保持塑性。屈服点（A_y，D_y）和极限点（A_u，D_u）的计算公式如下：

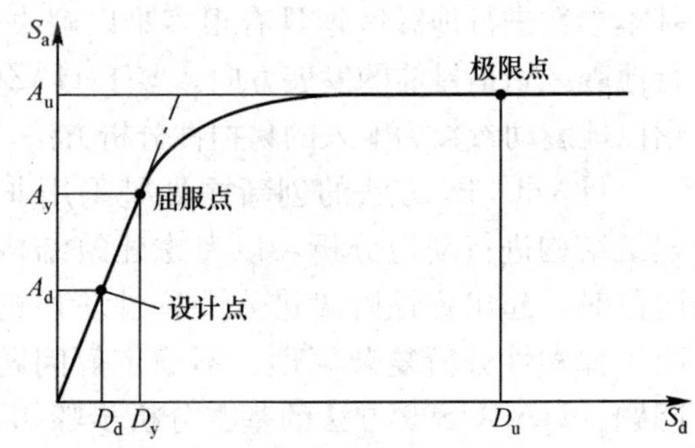

图 8—2　建筑结构抗力曲线示例

$$A_y = C_s\,\gamma/\alpha \tag{8—10}$$

$$D_y = 9.8 A_y T_e^2 \tag{8—11}$$

$$A_u = \lambda A_y \tag{8—12}$$

$$D_u = \lambda \mu D_y \tag{8—13}$$

式中　C_s——设计强度系数；

T_e——建筑物的自振周期；

α——第一振型参与系数；

γ——屈服强度和设计强度之比；

λ——极限强度和屈服强度之比；

μ——延性系数，均可查表得到取值。

由此，可以构造一条典型建筑物的抗力曲线。

（2）需求谱。需求谱可以很方便地表达地震作用。弹性需求谱是由作为地震动输入的加速度反应谱换算得来的。可以由工程场地地震安全性评价、地震小区确定设计反应谱，即依据一个与地震危险曲线相协调的设定地震，借助地震动衰减规律估计出工程场地的地震动参数。也可以直接根据区划图和建筑物抗震设计规范确定的地震影响系数转换。HAZUS99方法将美国分为西部和中东部，在给定设定地震的情况下，推荐许多衰减关系可以求得场地设防的加速度峰值，构造出反应谱。在加速度—周期（S_a—T）坐标系中表示的加速度反应谱，可以依下式转换为加速度—位移（S_a—S_d）坐标系中的需求谱。

$$S_d=9.8S_a(T)T^2 \tag{8—14}$$

结构进入中等破坏以上的震害等级，变形超出弹性阶段，需求谱的纵坐标 S_a 需要按下式折减。

$$\begin{aligned} S_a(T)&=S_{asi}/R_a && 0\text{ s}\leqslant T\leqslant 0.3\text{ s} \\ S_a(T)&=S_{ali}/T/R_v && 0.3\text{ s}\leqslant T\leqslant 1.0\text{ s} \\ S_a(T)&=S_{ali}\cdot T_{vd}/T^2/R_v && T>1.0\text{ s} \end{aligned} \tag{8—15}$$

式中　R_a，R_v——分别为短周期和长周期段的折减系数；

S_{asi}，S_{ali}——分别表示 0.3 s 和 1.0 s 对应的短、长周期反应谱幅值。实际评估中，短、长周期的界线值 T_{vd} 要在 1.0 s 以上作进一步调整。

R_a、R_v 可按下式进行计算：

$$R_a=2.12/[3.12-0.68\ln(B_{eff})] \tag{8—16}$$

$$R_v=1.65/[2.31-0.41\ln(B_{eff})] \tag{8—17}$$

其中，B_{eff} 为有效阻尼，包括弹性阻尼和滞回阻尼两部分。弹性阻尼与结构形式有关，采用材料在达到屈服点之前的阻尼；滞回阻尼则与反应的振幅、滞回圈的面积有关。

（3）易损性曲线。得到抗力曲线和需求谱的交点后，利用它对应的谱位移，可求得相应建筑物处于第 j 震害等级或更高等级的累积概率。

$$P(d_s \mid S_{di}) = \Phi\left[\frac{1}{\beta_{dj}}\ln\left(\frac{S_{id}}{\overline{S_{dj}}}\right)\right] \tag{8—18}$$

式中 $P(d_s \mid S_{di})$——给定谱位移 S_{di} 的条件下，建筑物处于震害等级 d_s（基本完好、轻微破 S 坏中等破坏 M、严重破坏 E 或倒塌 C）的累积概率；

Φ——标准正态累积分布函数；

$\overline{S_{dj}}$——第 j 个震害等级对应谱位移的均值，可以用层间位移角的均值（$\overline{S_{dj}}=\delta_{Rj}\cdot\alpha_2\cdot H$）；

δ_{Rj}——第 j 震害等级对应的层间位移角的均值；

α_2——等效高度比；

H——建筑物总高度；

β_{dj}——某个震害等级 j 中的谱位移自然对数正态标准差。

用易损性曲线可表示建筑物在地震作用下产生谱位移 S_{di} 时各个震害等级的超越概率，如图 8—3 所示。

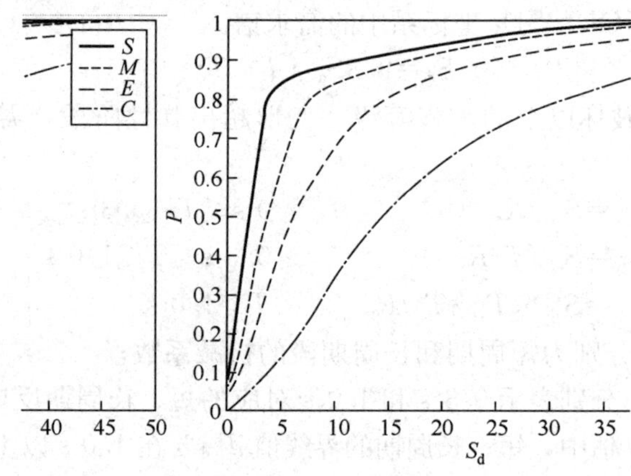

图 8—3 易损性曲线示例

第二节 灾害应急管理

一、应急管理及救援概述

1. 应急管理

随着社会经济水平的提升和现代化生产的发展，生活节奏日趋加快，生产规模逐步扩大，人们生活、生产过程中就不可避免地潜伏着大大小小的危险源，尤其是重大火灾、爆炸、毒物及化学品泄漏等事故灾害往往危害极大。虽然通过一定的安全设计、操作、维护、检查等措施，可以预防和减少事故，降低风险，但还远远达不到绝对的安全。因此，必须制定一套长期有效的紧急措施和应急管理体系，以应对突发性紧急事件的发生。

应急管理（emergency management）又称紧急事件管理，是针对特、重大灾害的危险处置提出的。一般而言，危险包括人的危险、物的危险和责任危险。人的危险有生命危险和健康危险；物的危险指对物质财富的威胁；责任危险则源于法律上的损害赔偿责任，即第三者责任险。危险是由意外事件、意外事件发生的可能性以及意外事件可能发生的危险情景构成。应急管理就是对意外事件的这些环节进行的管理。虽然并非所有的紧急事件都是灾害，但所有的灾害都可归于紧急事件。

20世纪70年代以来，建立重大事故应急管理体制和应急救援系统受到国际社会的普遍重视，许多工业化国家和国际组织都制定了一系列重大事故应急救援法规和政策，明确规定了政府有关部门、企业、社区的责任人在灾害应急中的职责和作用，并成立了相应的应急救援机构和政府管理部门。1984年印度博帕尔毒物泄漏事故发生后，美国于1986年颁布了《应急计划与社区知情权法》，1987年美国联邦应急管理署、环保署、运输部发布了《应急计划技术指南》。欧盟在1982年发布了《重大工业事故危险法令》，并于1986年进行了修订和补充。1993年国际劳工大会通过的《预防重大工业事故公约》，将应急计划（预案）作为重大事故预防的必要措施。1978年日本国土厅颁布实施的《大规模地震对策特别措施法》，对地震灾难预防、应对措施、信息传递、灾后重建以及财政金融措施等作了规定，通过加强危机管理尽量减少地震造成的损失。

灾害管理包括灾前的减灾、防备、预报和预警，灾后的应急、恢复和重建，为准备对付下一次灾害而做的减灾、防备、预报、预警和应急，可见灾害管理是一个封闭循环系统。在整个灾害管理闭环周期中，应急管理虽然只是时间很短暂的一个阶段，但从保护人员和灾后恢复重建来说，它却是一个极为重要的阶段，因为良好的应急管理不但可以在很大程度上减少伤亡，而且为以后恢复重建的顺利进行打下了基础。

应急管理周期通常由四部分组成：①减轻行动期，旨在减轻可能发生的紧急事件的严重程度和影响；②防备行动期，旨在使防灾机构有能力处理紧急事件造成的后果；③反应行动期，旨在控制紧急事件的负面影响；④恢复行动期，旨在恢复基本服务和正常运行，时间几乎与反应行动期同步。

与应急管理周期划分相对应的是应急管理的内涵，包括预防、预备、响应和恢复四个阶段。尽管在实际情况中，这些阶段往往是重叠的，但它们中的每一部分都有自己单独的目标，并且成为下一阶段内容的一部分。应急管理四个阶段的定义划分、内容和应对措施总结如下：

预防就是从应急管理的角度出发，防止紧急事件或事故的发生所采取的应急行动。如制定安全法律、法规、安全规划，强化安全管理措施、安全技术标准和规范，对员工、管理者及社区进行应急宣传与教育等。

预备又称准备，是在应急发生前进行的工作，主要是为了建立应急管理能力。它把目标集中在发展应急操作计划及系统上。主要内容包括国家政策，应急预案（计划），应急通告与报警系统，应急医疗系统，应急救援中心，应急公共咨询材料，应急培训、训练与演习，应急资源，互助救援协议，特殊保护计划，实施应急救援预案。

响应又称反应，是在紧急事件发生之前以及灾害期间和灾后应立即采取的行动。响应的目的是通过发挥预警、疏散、搜寻和营救以及提供避难所和医疗服务等紧急事务功能，使人员伤亡和财产损失尽量减少到最小。

恢复是在灾害发生之后立即着手进行的一系列工作安排。它首先使受灾影响地区恢复最起码的服务，然后通过紧急状态下的自救或社会救助手段使灾区恢复到正常状态。要求立即开展的恢复工作包括灾害损失评估，清理废墟，现场消毒、去污，食品供应，提供避难所、生活必需品和其他装备；长期恢复工作包括保险赔付、贷款和核批，失业评估，应急预案的复查，灾区的灾后重建以及实施安全减灾计划。

预备、响应和短期恢复工作要求在政府部门和企业间协调和决策时具备熟练的战术，以便应对紧急状态下的应急行动。长期恢复和减灾要求在计划、政策设计和采取降低风险行动以及控制潜在危险的影响方面，具有战略性的指导行动。在采取应急行动之前，预防和预备阶段可持续几年、几十年，乃至上百年；然而，如果应急发生则导致随之而来的恢复阶段，则新的应急管理又以预防工作开始一个新的封闭循环。

2. 应急救援

应急救援是当前国际社会极其关注的一项社会性防灾减灾工作，既涉及科学技术，也涉及计划、管理、政策等。灾难性的事故对社会具有极大的危害，而救援工作又涉及众多部门和多种救援队伍的协调配合，所以灾害应急救援也就不同于一般事故的处理，而成为一项社会性的系统工程，受到政府和有关部门的重视。在我国大中城市以及化工、石油、建筑、矿山、冶金、电力等行业，正开始实施应急救援体系建设工作。建立灾害应急救援预案和应急救援体系是一项复杂的安全系统工程。由于重大灾害具有发生突然、扩散迅速、危害范围广等特点，就决定了救援行动必须迅速、准确和有效，因此，救援工作只能实行统一指挥下的分级负责制，以区域为主，安全、救护、公安、消防、环保、卫生、质检等部门密切配合，协同作战，迅速、有效地组织和实施应急救援，尽可能地避免和减少损失；并实时根据灾害的发展情况，采取受灾单位自救和社会救援相结合的形式，充分发挥受灾单位及地区的优势和作用。其中，工程救援与医疗救援是最主要的两项基本救援任务。

应急救援的基本任务应包括以下几个方面：受灾现场急救，组织群众撤离；有效控制危险源，防止灾害扩展；做好现场清洁，消除危害后果；查清灾害原因，评估危害程度。此外，在应急救援体系建设中，必须形成一套完整的灾害应急救援预案，以保证灾害应急救援工作能够得到切实、有效、快速地执行，从而最大限度地控制和减少灾害的破坏力度。

灾害应急预案又称灾害应急计划，是防灾减灾系统的重要组成部分。应急预案的总目标是控制紧急事件的发展并尽可能消除灾害隐患，将灾害对人、财产和环境的损害减少到最低限度。统计表明，有效的应急系统可将灾害损失降低到无应急系统的6%。

目前，我国也有不少专项法律法规和条例的内容要求涉及应急救援预案和救援体系建设。《中华人民共和国安全生产法》要求："生产经营单位的主要负责人有组织制定并实施本单位的生产安全事故应急救援预案的职责。""生产经营单位对重大危险源应当登记建档，进行定期检测、评估、监控，并制定应急预案，告知从业人员和相关人员在紧急情况下应当采取的应急措施。""县级以上地方各级人民政府应组织有关部门制定本行政区域内特大生产安全事故应急救援预案，建立应急救援体系。"《中华人民共和国消防法》要求："消防安全重点单位应当制定灭火和应急疏散预案，定期组织消防演练。"国务院《使用有毒物品作业场所劳动保护条例》要求："从事使用高毒物品作业的用人单位，应当配备应急救援人员和必要的应急救援器材、设备，制定事故应急救援预案，并根据实际情况变化对应急救援预案适时进行修订，定期组织演练。"

二、灾害应急救援系统

1. 应急救援系统的内容

应急救援系统是一项完整的安全系统工程，其主要内容包括以下几个方面：

(1) 应急救援组织机构。

(2) 应急救援预案（计划）。

(3) 应急培训和演习。

(4) 应急救援行动。

(5) 灾害现场清理。

(6) 灾后恢复与重建工作。

(7) 灾损评估与善后处理。

2. 应急救援系统的组织机构

应急救援系统由以下几个运作机构组成：

(1) 应急指挥机构。统筹安排，协调应急组织各个机构的运作和关系。

(2) 现场指挥机构。负责灾害现场的指挥工作，调度人员，分配资源。

(3) 支持保障机构。提供应急物质资源和人员、技术支持的后方保障。

(4) 新闻媒体机构。安排与灾害有关的媒体报道、采访及新闻发布会。

(5) 信息管理机构。管理信息，并提供各种信息资源为应急工作服务。

灾害一旦发生后，上述各机构要不断调整运行状态，协调关系，形成整体，使系统快速、有序、高效地开展现场应急救援行动。

3. 应急救援预案

应急救援预案是针对各种可能发生的灾害所需的应急行动而制定的指导性文件，它是应急救援系统的重要组成部分。

(1) 应急救援预案内容

1) 对紧急情况和事故灾害的辨识、评价。

2) 对人力、物资和工具等资源的确认与准备。

3) 指导建立现场内外合理有效的应急组织。

4) 设计应急行动战术和程序。

5) 制订训练及演习计划。

6) 针对特殊危险制订专项应急计划。

7) 制定事故后的现场清除、整理及恢复措施等。

(2) 应急救援预案基本要求

1）科学性。应急救援预案的制订必须在全面调查研究的基础上，开展科学分析和论证，以科学的态度形成一套严密、统一、完整的应急反应方案来配合与指导应急救援工作的展开。

2）实用性。应急救援预案应符合承灾体现场和当地的客观情况，具有适用性和实用性，便于操作。

3）权威性。应急救援预案应明确救援工作的管理体系、救援行动的组织指挥权限及各级救援组织的职责和任务等一系列行政性管理规定，保证救援工作的统一指挥。应急救援预案还应经上级部门批准后才能实施，保证预案具有一定的权威性和法律保障。

4. 应急救援行动

首要的应急救援行动是确定灾害现场对策，即应急行动方案：

（1）现场初始评估。

（2）危险物质的探测。

（3）建立现场工作区域。

（4）确定重点保护区域。

（5）行动的优先原则。

（6）增援梯队。

另外，应急救援行动还需要人力资源、物资与设备、个人防护装备等资源的支持和保障。

5. 灾后恢复工作

在应急救援活动结束后必须马上对受灾系统进行恢复工作，而且恢复得越快越好。灾后恢复工作主要包括：

（1）现场警戒和安全。

（2）灾后现场清理。

（3）为从业及相关人员提供帮助。

（4）灾损的评估。

（5）保险的索赔。

（6）事故调查。

（7）灾后重建。

6. 应急救援系统的运作机理

应急救援系统为顺利完成救援任务，首先必须明确系统的组织结构体制。当灾害发生时，由信息管理机构首先接收报警信息，并立即通知应急指挥机构和灾害现场指挥机构在最短时间内赶赴灾害现场，投入应急工作，并对现场实施必要的交通管制。如有必要，应急指挥机构应进而通知新闻媒体和支持保障机构进入工作状态，并协调各机构的运作，保证整个应急行动可以高效有序地进行。同时，现场指挥机构在灾害现场开展应急指挥工作，并保持与应急指挥机构的实时联系，从而支持保障机构调动应急所需人员、技术支持及物质资源投入灾害现场应急救援工作，信息管理机构则同步为其他各机构提供信息服务。应急救援系统如此运作能使各个机构明确自己的职责，管理统一，分工协调，从而满足灾害应急救援快速、高效、有序进行的需要。

7. 应急救援准备的基本程序

应急救援准备工作主要是要抓好组织机构、人员、装备三落实，并制定切实可行的工作制度，使救援的各项工作达到规范化管理。

目前我国各大中城市和政府有关部门都在建立灾害应急救援机构，并在应急救援系统的建设方面做出了相应的尝试。如 2002 年 5 月 1 日发布实施的《南宁市社会应急联动规定（试行)》是中国第一个多部门、多警种应急联动的地方政府法规。南宁市社会应急联动中心的地理信息系统由公安、交警、消防、急救、防洪、护林防火、防震、防空、水、电、气等 56 类应急救助资源和经济社会发展信息构建而成的信息化、数字化“南宁”平台，覆盖市辖区 10 092 km^2。南宁市“110”报警服务台，火警“119”、急救“120”、交警“122”等报警救助系统，市长公开电话“12345”及水电、管道燃气、防洪、护林防火、防震、防空等应急救助系统纳入统一的指挥调度系统。公安部于 2002 年 6 月向全国公安系统正式推广南宁市社会应急联动中心的社会应急联动工作模式。

灾害应急预案与应急救援是一个完整的学科体系，它包括自然灾害类、事故灾难类、公共卫生类等多种专项应急预案及救援管理的内容。

三、我国相关应急预案简介

应急预案是指面对突发事件，如自然灾害、重特大事故、环境公害及人为破坏的应急管理、指挥、救援计划等。它一般应建立在综合防灾规划之上。其几大重要子系统为：完善的应急组织管理指挥系统，强有力的应急工程救援保障体系，综合协调、应对自如的相互支持系统，充分备灾的保障供应体系，体现综合救援的应急队伍等。

1. 国内应急预案发展概述

进入 21 世纪，世界范围内出现了一系列重大危机，如“9・11”事件、“非典”

暴发、禽流感流行以及印度洋地震海啸等。人们逐渐认识到，建立应急预案管理机制、加强重大危机应对工作势在必行。而据有关资料表明，我国每年因突发公共事件造成的损失十分惊人。比如由国家行政学院公共管理教研部副教授李军鹏提供的资料显示：2003 年，我国因生产事故损失 2 500 亿元、各种自然灾害损失 1 500亿元、交通事故损失 2 000 亿元、卫生和传染病突发事件损失 500 亿元，共计 6 500 亿元，约相当于当年我国 GDP 的 6%。另据中国人民大学劳动人事学院副院长郑功成做的统计显示：2004 年，全国发生各类突发事件 561 万起，造成 21 万人死亡、175 万人受伤。全年自然灾害、事故灾难和社会安全事件造成的直接经济损失超过 4 550 亿元。

一方面，灾害的形势十分严峻；另一方面，人类面对灾害的抵御能力又非常脆弱。事实上，在 2003 年的“非典”之前，我国应对突发公共事件的能力几乎是一块白板。通过抗击“非典”，大量的问题和矛盾被集中暴露。在此后不到 3 年间，各级政府为填补此项“空白”做了不少探索和努力，从中央到地方，一批单项性、部门性的应急预案相继出台，国家和地方财政相应的预算开支也大为增加。于是，编制应急预案，健全应急管理体系，成了政府全面履行职能，进一步提高行政能力的重要举措。于是，应急预案的发展在我国开始“大步前行”。

“非典”之后，党中央、国务院提出了加快突发公共事件应急机制建设的重大课题。党的十六届三中、四中全会明确提出，要建立健全社会预警体系，提高保障公共安全和处置突发事件的能力。

2003 年 7 月，胡锦涛总书记在全国防治“非典”工作会议上深刻指出，我国突发事件应急机制不健全，处理和管理危机能力不强；一些地方和部门缺乏应对突发事件的准备和能力。我们要高度重视存在的问题，采取切实措施加以解决。

2003 年 10 月，党的十六届三中全会提出：提高公共卫生服务水平和突发性公共卫生事件应急能力。

2004 年 9 月，党的十六届四中全会进一步明确提出：要建立健全社会预警体系，形成统一指挥、功能齐全、反应灵敏、运转高效的应急机制，提高保障公共安全和处置突发事件的能力。

随后，按照党中央、国务院的决策部署，我国突发公共事件应急预案编制工作有条不紊地展开，主要历程如下：

2003 年 5 月 7 日，国务院第 7 次常务会议审议通过了《突发公共卫生事件应急条例》。

2003 年 12 月，国务院办公厅成立应急预案工作小组。

国务院在安排2004年工作时，把加快建立健全突发公共事件应急机制，提高政府应对公共危机的能力，作为全面履行政府职能的一项重要任务作出了部署。

2004年1月，召开了国务院各部门、各单位制定和完善突发公共事件应急预案工作会议。

2005年1月26日，《国家突发公共事件总体应急预案》经国务院第79次常务会议讨论通过。

2005年2月，中央政治局常委会听取并原则同意国务院关于国家突发公共事件应急预案编制工作的报告；当月底，国务院向全国人大常委会报告突发公共事件应急预案编制工作情况。

2005年4月，国务院作出关于实施国家突发公共事件总体应急预案的决定。

2005年5—6月，国务院印发四大类25件专项应急预案；80件部门预案和省级总体应急预案也相继发布。

2005年7月下旬，国务院召开全国应急管理工作会议，温家宝总理在会上强调：加强全国应急体系建设和应急管理工作，必须做好健全组织体系、运行机制、保障制度等工作。

2006年1月6日，国务院授权新华社全文播发了《国家自然灾害救助应急预案》。

2006年1月8日，国务院授权新华社全文播发了《国家突发公共事件总体应急预案》。

2006年1月10日起，国务院授权新华社陆续摘要播发五件自然灾害类突发公共事件专项应急预案和九件事故灾难类突发公共事件专项应急预案。

2006年6月15日，新华社授权发布《国务院关于全面加强应急管理工作的意见》。

2006年7月7—8日，国务院在北京召开全国应急管理工作会议等。

至此，我国应急预案框架体系初步形成。

2. 国家突发公共事件总体应急预案解读

所谓突发公共事件，是指突然发生，造成或者可能造成重大人员伤亡、财产损失、生态环境破坏和严重社会危害，危及公共安全的紧急事件。突发公共事件主要分自然灾害、事故灾难、公共卫生事件、社会安全事件4类；按照其性质、严重程度、可控性和影响范围等因素分成4级，特别重大的是Ⅰ级，重大的是Ⅱ级，较大的是Ⅲ级，一般的是Ⅳ级。

具体来看，自然灾害主要包括水旱灾害、气象灾害、地震灾害、地质灾害、海洋灾害、生物灾害和森林草原火灾等；事故灾难主要包括工矿商贸等企业的各类安全事故、交通运输事故、公共设施和设备事故、环境污染和生态破坏事件等；公共卫生事件主要包括传染病疫情、群体性不明原因疾病、食品安全和职业危害、动物疫情以及其他严重影响公众健康和生命安全的事件；社会安全事件主要包括恐怖袭击事件、经济安全事件、涉外突发事件等。

针对这些突发公共事件，国务院于 2006 年 1 月 8 日发布了《国家突发公共事件总体应急预案》，简称“总体预案”。该总体预案是全国应急预案体系的总纲，明确了各类突发公共事件分级分类和预案框架体系，规定了国务院应对特别重大突发公共事件的组织体系、工作机制等内容，是指导预防和处置各类突发公共事件的规范性文件。

《左传》有言：“居安思危，思则有备，备则无患。”基于此，总体预案开宗明义，其编制的主要目的是为了提高政府保障公共安全和处置突发公共事件的能力，最大限度地预防和减少突发公共事件及其造成的损害，保障公众的生命财产安全，维护国家安全和社会稳定，促进经济社会全面、协调、可持续发展。在总体预案中，明确提出了应对各类突发公共事件的六条工作原则：以人为本，减少危害；居安思危，预防为主；统一领导，分级负责；以法规范，加强管理；快速反应，协同应对；依靠科技，提高素质。把保障公众健康和生命财产安全作为首要任务，最大限度地减少突发公共事件及其造成的人员伤亡和危害，这体现了现代行政理念对人民政府“切实履行政府的社会管理和公共服务职能”的根本要求。

总体预案还明确，突发公共事件的信息发布应当及时、准确、客观、全面。要在事件发生的第一时间向社会发布简要信息，随后发布初步核实情况、政府应对措施和公众防范措施等，并根据事件处置情况做好后续发布工作。信息发布形式主要包括授权发布、散发新闻稿、组织报道、接受记者采访、举行新闻发布会等，这意味着社会公众有了获得权威信息的渠道。

就绝大多数情况而言，突发公共事件的现场都在基层。第一时间、第一现场的基层干部、群众怎样应对突发事件，对于控制事态、抢险救援、战胜灾难有着至关重要的作用。他们不慌不乱、镇静有序，按预案自救、互救，就可大大减少人民生命财产损失。

基于这个认识，总体预案特别要求：充分动员和发挥乡镇、社区、企事业单位、社会团体和志愿者队伍的作用，依靠公众力量，形成统一指挥、反应灵敏、功能齐全、协调有序、运转高效的应急管理机制。

在此基础上，还要加强宣传和培训教育工作，提高公众自救、互救能力，增强公众的忧患意识和社会责任意识，努力形成全民动员、预防为主、全社会防灾救灾的良好局面。

3. 自然灾害类专项应急预案简介

5 件自然灾害类突发公共事件专项应急预案分别是国家自然灾害救助应急预案，国家防汛抗旱应急预案，国家地震应急预案，国家突发地质灾害应急预案，国家处置重、特大森林火灾应急预案。编制自然灾害类专项应急预案，是为了保证自然灾害类突发公共事件应急管理工作协调、有序、高效进行，最大限度地减少人民群众的生命和财产损失，维护灾区社会稳定。

(1) 国家自然灾害救助应急预案适用于凡在我国发生的水旱灾害，台风、冰雹、雪、沙尘暴等气象灾害，火山、地震灾害，山体崩塌、滑坡、泥石流等地质灾害，风暴潮、海啸等海洋灾害，森林草原火灾和重大生物灾害等自然灾害及其他达到启动条件的突发公共事件。预案规定，国家减灾委员会为国家自然灾害救助应急综合协调机构。在具体实施中，民政部组织协调国家发展改革委、财政部等部门，安排中央救灾资金预算，并按照救灾工作分级负责、救灾资金分级负担，以地方为主的原则，督促地方政府加大救灾资金投入力度。要整合各部门现有救灾储备物资和储备库规划，分级、分类管理储备救灾物资和储备库。要完善民政灾害管理人员队伍建设，提高其应对自然灾害的能力，并规范突发自然灾害社会捐助工作。

(2) 国家防汛抗旱应急预案适用于全国范围内突发性水旱灾害的预防和应急处置。预案规定，有防汛抗旱任务的县级以上地方人民政府设立防汛抗旱指挥部，在上级防汛抗旱指挥机构和本级人民政府的领导下，组织和指挥本地区的防汛抗旱工作。当江河发生洪水时，水文部门应加密测验时段，及时上报测验结果，雨情、水情应在 2 h 内报到国家防总，重要站点的水情应在 30 min 内报到国家防总，为防汛抗旱指挥机构适时指挥决策提供依据。

(3) 国家地震应急预案适用于地震灾害事件（含火山灾害事件）的应急处置。预案明确，地震灾害事件发生后，有关各级人民政府立即自动按照预案要求，实施对本行政区域地震灾害事件的应急处置。省级人民政府是处置本行政区域重大、特别重大地震灾害事件的主体。必要时，由国务院实施国家地震应急处置，国务院有关部门和单位按照职责分工密切配合、信息互通、资源共享、协同行动。

(4) 国家突发地质灾害应急预案适用于处置由于自然因素或者人为活动引发的危害人民生命和财产安全的山体崩塌、滑坡、泥石流、地面塌陷等与地质作用有关的地质灾害。预案明确要建立健全按灾害级别分级管理、条块结合、以地方人民政府为主的管理体制。发生地质灾害或者出现地质灾害险情时，相关市、县人民政府可以根据地质灾害抢险救灾的需要，成立地质灾害抢险救灾指挥机构。省级人民政府结合本地实际情况成立相应的地质灾害应急防治指挥部。超出事发地省级人民政府处置能力时，国务院可以成立临时性的地质灾害应急防治总指挥部，负责特大型地质灾害应急防治工作的指挥和部署。

（5）国家处置重、特大森林火灾应急预案适用于我国境内发生的重、特大森林火灾的应急工作。预案规定，在国务院统一领导下，国家林业局负责制订和协调组织实施本预案。本预案在具体实施时应遵循统一领导、分级负责的原则，落实各项责任制。扑救森林火灾由当地人民政府森林防火指挥部统一组织和指挥。如果出现火场对林区居民地、重要设施构成极大威胁，造成重大人员伤亡或重大财产损失，以及地方政府请求救助或国务院提出要求等情况时，立即成立“国家林业局扑火指挥部”，具体承担应急处置重、特大森林火灾的各项组织指挥工作。

4. 事故灾难类专项应急预案简介

9 件事故灾难类突发公共事件专项应急预案分别是国家安全生产事故灾难应急预案、国家处置铁路行车事故应急预案、国家处置民用航空器飞行事故应急预案、国家海上搜救应急预案、国家处置城市地铁事故灾难应急预案、国家处置电网大面积停电事件应急预案、国家核应急预案、国家突发环境事件应急预案、国家通信保障应急预案。编制这 9 件专项预案，是为了规范事故灾难类突发公共事件的应急管理和应急响应程序，及时有效地实施应急救援工作，最大限度地减少人员伤亡、财产损失，维护人民群众生命财产安全和社会稳定。

（1）国家安全生产事故灾难应急预案适用于特别重大安全生产事故灾难的应对工作，超出省级人民政府处置能力，或者跨省级行政区、跨多个领域（行业和部门）的安全生产事故灾难等。预案规定，特别重大安全生产事故灾难发生后，有关企业、地方应立即开展处置工作，及时向上级人民政府和有关部门报告有关情况，启动国家安全生产事故灾难应急预案。安全生产事故灾难现场应急处置的领导和指挥以地方人民政府为主，国务院有关部门加强指导和协调。必要时，由国务院安委会或安委会办公室协调指挥应急处置工作。

（2）国家处置铁路行车事故应急预案适用于铁路发生特别重大行车事故。特别重大铁路行车事故发生后，铁道部和国务院有关部门、事发地人民政府按照各自职责、分工、权限，共同做好铁路行车事故应急救援处置工作。必要时，由国务院或国务院授权铁道部成立非常设的国家处置铁路行车事故应急救援领导小组，组织事故处置工作。

（3）国家处置民用航空器飞行事故应急预案适用于民用航空器特别重大飞行

事故及涉外民用航空器飞行事故等。预案规定，国家处置民用航空器飞行事故指挥部设在民航局，负责组织、协调、指挥有关应急处置工作。飞行事故发生时，有关单位、组织、各级政府和部门应各司其职，按照预案及时有效地开展应急处置、医疗卫生和物资保障等工作。

（4）国家海上搜救应急预案适用于我国管辖水域和承担的海上搜救责任区内海上突发事件的应急反应行动，以及涉及中国籍船舶、船员遇险或可能对我国造成重大影响或损害的其他海域突发事件的应急反应行动等。预案规定，建立国家海上搜救部际联席会议，指导全国海上搜救应急反应工作，省级海上搜救机构承担本省（区、市）海上搜救责任区的应急组织指挥工作。海上突发事件发生后，海上搜救分支机构、省级海上搜救机构、中国海上搜救中心根据事件情况依次响应。

（5）国家处置城市地铁事故灾难应急预案适用于地铁（包括轻轨）发生特别重大事故灾难，以及地铁正常运营受到严重威胁等情况。地铁事故灾难应急处置实行属地负责制，事发地人民政府是处置工作的责任主体。必要时，由建设部牵头，省级人民政府和国务院有关部门等按照职责分工和权限，负责有关地铁事故灾难的应急管理和特别重大、重大事故灾难的应急处置工作。

（6）国家处置电网大面积停电事件应急预案适用于电力生产重特大事故、电力设施大范围破坏、电力供应持续危机等大面积停电事故。事故发生后，电网、电力企业应及时启动预案，开展应急处置工作，各省级人民政府、国务院有关部门按照各自职责，组织做好相关工作，必要时，成立国家处置电网大面积停电事故应急领导小组，统一领导和指挥处置工作。

（7）国家核应急预案主要适用于核电厂可能发生严重核事故的应急准备和应急响应。预案规定，我国核应急实行三级组织体系，即核电厂营运单位应急组织、核电厂所在省（区、市）核应急组织和国家核应急组织，视情况分别启动相应级别的预案，做好应急处置和支援等工作，必要时，由国务院组织、协调全国的核应急管理工作。

（8）国家突发环境事件应急预案适用于超出事件发生地省级人民政府处置能力、跨省（区、市）的突发环境事件等。预案规定，国务院有关部门和地方各级人民政府及其相关部门，负责突发环境事件信息接收、报告、处理、统计分析，以及预警信息监控。特别重大环境事件预警信息经核实后，及时上报国务院。根据需要，国务院有关部门和全国环境保护部际联席会议成立环境应急指挥部，负责指导、协调应急处置工作，并按照属地为主、分级响应的原则，由事件发生地省级人民政府成立现场应急救援指挥部，具体组织实施有关处置工作。

（9）国家通信保障应急预案适用于特大通信事故及其他特别重大突发公共事件发生后的通信保障、通信恢复工作等。工业和信息化部设立国家通信保障应急领导小组，负责领导、组织和协调全国通信保障和通信恢复工作。各省级通信管理部门负责组织和协调本地区相关应急通信工作，各基础电信运营企业负责组织开展本企业通信保障和通信恢复，并做好预防和应急准备工作。